応用昆虫学の基礎

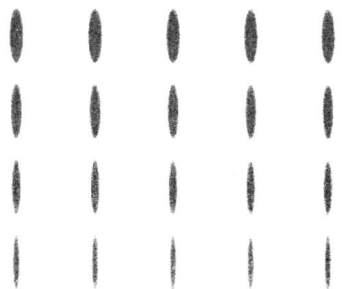

中筋房夫　内藤親彦　石井　実
藤崎憲治　甲斐英則　佐々木正己
著

朝倉書店

はしがき

　科学・技術はめざましい勢いで進展しており，とくに最近の数々の成果には目をみはるものがある．昆虫学においても例外ではない．このような日進月歩の科学の発達を考えれば，教える側の教師にも，教えられる側の学生にも，最新の知識を取り入れた教科書が必要となってきている．応用昆虫学の教科書としては，『新応用昆虫学』『現代応用昆虫学』（いずれも朝倉書店），『応用昆虫学入門』（川島書店）などが現在使われている．中でも旧帝大系教授によって書き継がれてきた『新応用昆虫学』（旧版，『応用昆虫学』）は，応用昆虫学全体を体系立てて解説した標準的教科書として，昆虫学を学ぶ学生にとって必修のものである．しかし，前二者は刊行されて約15年が，後者もすでに5年が経過している．本書『応用昆虫学の基礎』はこのような背景をふまえて企画された．求められることは，世紀の転換点にある今日，基本的な知識を最低限記述した上で，最近の昆虫学上の進歩と，昆虫学を利用した応用技術の発展の著しい分野に焦点を当てることであろう．本書はこれらの点を強く意識して書かれた．

　本書は序章に加えて，分野ごとに6章に分かれている．序章では，簡単な昆虫学史を紹介した上で，21世紀に向けての応用昆虫学の発展と貢献の方向を展望した．第1章では，系統分類学の成果をふまえて，系統進化の帰結としての生物多様性の意義について述べている．第2章では多様な生活史のパターンや行動特性を通して，それぞれの昆虫が持つしたたかな生存戦略を描いた．第3章では，時間的・空間的に異質な生息環境の利用に対応する個体群の構造と機能，複数の生物個体群間に生じる相互作用系の動態を論じた．第4章では，近年その進歩が著しい昆虫の生理，生化学や分子生物学の成果を紹介すると共に，昆虫研究が広く生物の生理や遺伝機構の解明にどう貢献しつつあるかを解説している．以上が応用昆虫学の基礎に関わる部分である．昆虫学のこれらの基礎的成果に立脚して，応用技術の研究が活発に展開されている．第5章では，近年作物保護のキーワードとなりつつある総合的害虫管理（IPM）の考え方と実例を紹介している．第6章では，21世紀の最も魅力ある応用分野としての昆虫利用の発展方向を展望している．

はしがき

　本書は大学学部や大学院前期課程（修士）の2単位の授業科目に，各章2回の時間配当で使用できる教科書を意図して作られている．大学院生には，巻末の参考文献から各章に対応する文献を選んで読ませるなど，セミナー対応も可能である．このように本書は専門書としてではなく，教科書としての使用を主目的に編集されているため，本文中の文献引用を最小限に抑えた．例えば，本文中にオリジナリティを明示すべき場合でも，図表の引用で出典が示されておれば，本文中の引用は省略している．また比較的新しい事実でも，既に専門書や総説に公表されている事例は，引用が省かれている．本書の目的をご理解の上，お許し願いたい．なお，図表の引用に関しては，出版社，学会等に許可を得た．

　本書は教科書として編集されているが，昆虫学関係の研究者，技術者，さらには生物学一般に興味を持たれている方々にも，昆虫学の最新の知識が紹介されている書として，お読みいただけることを期待している．本書は1998年11月に企画され，1年余りで出版の運びとなった．企画から編集過程全般にご協力いただいた，朝倉書店編集部に厚く御礼申し上げる．

2000年2月

著者代表
中筋房夫

目　　次

序．応用昆虫学がめざすもの ………………………………〔中筋房夫〕… 1
　　a．20世紀，わが国応用昆虫学の進歩 ……………………………… 1
　　b．21世紀に向けて …………………………………………………… 4

1．昆虫の種多様性と系統進化 ………………………………〔内藤親彦〕… 7
　1.1　昆虫の出現と適応放散 …………………………………………… 7
　　a．昆虫の起源 ………………………………………………………… 7
　　b．現存昆虫群とその特徴 …………………………………………… 7
　1.2　種と多様性 ………………………………………………………… 15
　　a．種の認識 …………………………………………………………… 15
　　b．同定と分類 ………………………………………………………… 16
　　c．形態と多様性 ……………………………………………………… 18
　1.3　種の多様化機構 …………………………………………………… 21
　　a．変　　異 …………………………………………………………… 21
　　b．自然環境における変異 …………………………………………… 22
　　c．隔　　離 …………………………………………………………… 25
　　d．種分化の様式 ……………………………………………………… 26
　　e．種分化の進化的意義 ……………………………………………… 34
　1.4　系統と進化 ………………………………………………………… 35
　　a．系統分類とその方法 ……………………………………………… 35
　　b．系統発生の進化機構 ……………………………………………… 38

2．生活史の適応と行動 ………………………………………〔石井　実〕… 42
　2.1　昆虫の季節適応 …………………………………………………… 42
　　a．さまざまな生活史 ………………………………………………… 42
　　b．非休眠発育 ………………………………………………………… 43
　　c．活動停止 …………………………………………………………… 44

d.	周年経過の推定	52
e.	季節的なイベント	54
2.2	昆虫の生活史と行動	59
a.	行動生態学と化学生態学	59
b.	配偶行動と性選択	61
c.	餌資源の探索と選択	68
d.	社会性昆虫の生活	73

3. 個体群と群集の生態学 〔藤崎憲治〕 77

- 3.1 個体群と群集とは何か … 77
  - a. 個体群の構造 … 77
  - b. 個体群とそれを取り巻く環境要素 … 78
  - c. 群　　集 … 79
- 3.2 個体群の増殖 … 80
  - a. 生存と繁殖のスケジュール … 80
  - b. 個体群の成長モデルと個体群パラメータ … 82
  - c. 密度効果とこみあい効果 … 86
- 3.3 個体群と生活史戦略 … 87
  - a. 生活史戦略の理論 … 87
  - b. 生活史形質と自然選択 … 91
- 3.4 個体群の動態とその決定要因 … 95
  - a. 変動主要因と密度依存要因 … 95
  - b. 個体数変動と資源 … 97
  - c. 個体数変動の周期性 … 99
  - d. 個体群動態と遺伝 … 101
- 3.5 種間関係と群集構造 … 102
  - a. 種　間　関　係 … 102
  - b. 群集構造とその決定要因 … 106

4. 生体機構の制御と遺伝的支配 〔甲斐英則〕 109

- 4.1 昆虫に特徴的な現象，機能 … 109
  - a. 水　分　代　謝 … 109

b．飛　　翔 ………………………………………………………… 110
　　c．社　会　性 ……………………………………………………… 110
　　d．変　　態 ………………………………………………………… 111
　　e．多　様　性 ……………………………………………………… 111
　4.2　エネルギー代謝 …………………………………………………… 111
　　a．解　糖　系 ……………………………………………………… 111
　　b．α-GP サイクル ……………………………………………… 114
　　c．プロリンの酸化と TCA サイクル（トリカルボン酸サイクル）…… 115
　　d．飛翔筋のエネルギー出力 ……………………………………… 116
　4.3　成長と発育 ………………………………………………………… 117
　　a．機　能　分　化 ………………………………………………… 117
　　b．脱皮・変態とホルモン ………………………………………… 118
　　c．その他の昆虫ホルモン ………………………………………… 125
　4.4　生体防御 …………………………………………………………… 126
　4.5　化学生態学 ………………………………………………………… 127
　4.6　分子進化 …………………………………………………………… 128
　　a．共生微生物 ……………………………………………………… 128
　　b．分子進化学 ……………………………………………………… 129
　4.7　細胞の中の時間と空間 …………………………………………… 131
　　a．前後，背腹，左右 ……………………………………………… 131
　　b．細胞の空間認識機構 …………………………………………… 133
　　c．生殖細胞形成機構 ……………………………………………… 135
　　d．細胞の時間認識機構 …………………………………………… 135

5．総合的害虫管理 …………………………………………〔中筋房夫〕… 140
　5.1　害虫防除法 ………………………………………………………… 140
　　a．有機合成農薬 …………………………………………………… 140
　　b．天敵資材 ………………………………………………………… 142
　　c．忌避資材 ………………………………………………………… 143
　5.2　総合的害虫管理とは ……………………………………………… 143
　　a．複数防除法の合理的統合 ……………………………………… 144
　　b．経済的被害許容水準（EIL） …………………………………… 147

c．害虫個体群のシステム管理 …………………………………… 150
5.3　総合的害虫管理の実例 ……………………………………………… 153
　　　a．露地栽培ナスでのミナミキイロアザミウマのIPM ………… 153
　　　b．果樹害虫のIPM ……………………………………………… 157
　　　c．ワタ害虫のIPM ……………………………………………… 161

6．有用資源としての昆虫　　　　　　　　　　〔佐々木正己〕 … 164
6.1　二大有用昆虫利用の歴史：カイコとミツバチ ……………………… 164
6.2　生物的防除資材 ……………………………………………………… 165
　　　a．導入天敵による永続的防除 ………………………………… 165
　　　b．「生物農薬」としての利用 ………………………………… 166
　　　c．天敵の導入，管理上の問題点 ……………………………… 168
　　　d．有害植物の防除 …………………………………………… 169
6.3　媒介機能の利用 ……………………………………………………… 169
　　　a．ポリネーション …………………………………………… 169
　　　b．致死遺伝子，不妊剤などの媒介機能の利用 ……………… 172
6.4　有用物質の生産と利用 ……………………………………………… 173
　　　a．カイコ絹タンパクの多目的利用 …………………………… 173
　　　b．多様なミツバチ生産物 ……………………………………… 175
　　　c．抗菌活性物質の利用 ………………………………………… 177
　　　d．昆虫関連微生物による有用物質の生産 …………………… 178
　　　e．培養細胞の利用 …………………………………………… 180
　　　f．その他の有用物質利用の可能性 …………………………… 180
6.5　機能モデルとしての有用性 ………………………………………… 181
　　　a．すぐれた飛翔能力 ………………………………………… 182
　　　b．小型ロボット ……………………………………………… 182
　　　c．退色しないチョウの翅の干渉色 …………………………… 183
　　　d．スズメバチの飛行燃料をモデルとしたスポーツドリンク … 183
　　　e．ホタルの発光原理，生体防御系を利用した微生物検知薬 … 184
　　　f．神経系における分散並列処理機構 …………………………… 185
　　　g．社会性昆虫のコロニーにみる自己組織化 …………………… 185

6.6　昆虫自体の機能改変と形質転換植物用遺伝子素材の供給 ……… 186
　　a．クワ以外でも食べる広食性のカイコ ……………………………… 186
　　b．刺さないミツバチ，アルファルファを選好するミツバチ ………… 186
　　c．トランスジェニック昆虫作りの原理と現状 ……………………… 187
　　d．共生微生物を介した目的昆虫の改変 …………………………… 188
　　e．昆虫遺伝子を発現するトランスジェニック植物 ………………… 189

参 考 文 献 ……………………………………………………………………… 193
図表引用文献 …………………………………………………………………… 196
和 文 索 引 ……………………………………………………………………… 199
欧 文 索 引 ……………………………………………………………………… 207

序. 応用昆虫学がめざすもの

a. 20世紀，わが国応用昆虫学の進歩

　昆虫学(entomology)は，昆虫という動物の中の1つの分類群を研究材料として行われる総合的な科学である．生物，動物の中に占める昆虫類の位置は，それを構成する種の多さ，生存様式の多様さにおいて特異なものである．命名された種だけでも95万種以上といわれており，熱帯雨林の林冠部に生息する多くの未知の昆虫やダニ類を含めると3,000万種を超えるという推測もなされている(May, 1988)．

　昆虫は動物の進化史上，空中に行動圏を広げることができた4つの分類群の1つで，鳥類とともに空中を最も効果的に利用し，移動分散を容易にした．その結果，深海を除くほとんどすべてを生息場所とし，多様に種分化した．

　このように多様な種分化をとげた昆虫を材料とする研究もまた多様に広がり，生物学上の重要な研究課題のほとんどに，昆虫学が貢献している．

　わが国の昆虫学は，明治維新以後，近代科学としての歩みを始めた．しかしながら，初期の段階では，農作物害虫の防除を目的とした実学，応用昆虫学(applied entomology)の色彩が強かった．このことは大学の昆虫学の研究室が，1878年に駒場農学校(東京大学農学部の前身)に，やや遅れて札幌農学校(北海道大学農学部の前身)におかれたことでもわかる．それ以後も，昆虫学講座(または研究室)は，すべて農学部に設置されている．理学部や教育学部などにも昆虫学の研究者は数多くいるが，昆虫学講座はおかれなかった．昆虫学講座とは別に，いくつかの大学や旧高等専門学校に養蚕学講座がおかれ，農林省蚕糸試験場(現蚕糸昆虫農業技術研究所)などとともに，わが国の近代化を経済的に支えた絹生産技術の発展に大きく貢献した．

　昆虫学の発展を支えた他の研究機関は，明治中期に設立された農林省農事試験場(後に農業技術研究所，現農業環境技術研究所)やその支場，各県に設立された農業試験場などである．農業関係試験場では，イネの害虫，ウンカ・ヨコバイ類，ニカメイガ *Chilo suppressalis* などに関する生理，生態の膨大な情報を蓄積した．これらとは別に森林害虫は農林省林業試験場(現森林総合研究所)，家畜害

虫やミツバチ類の養蜂は畜産試験場で研究されてきた．人の病気の中には，マラリアや日本脳炎などのようにカ類などの昆虫が媒介するものが多い．これらの研究分野は衛生昆虫学と呼ばれ，伝染病研究所(後の医科学研究所)や予防衛生研究所(現感染症研究所)，大学医学部の医動物学(寄生虫学)講座などで研究されてきた．

昆虫学関連の研究分野とは独立に，多くの遺伝学の研究機関では，ショウジョウバエ類を材料とした遺伝学の基礎研究が行われ，それらは生物学の発展に大きく寄与した．

先に述べたようにわが国の昆虫学が実学(応用昆虫学)として出発したのは事実であるが，農学部にありながら，大学の昆虫学講座では主として基礎昆虫学を発展させ，そのレベルを世界的に高めてきた．たとえば北海道大学や九州大学では昆虫分類学，東京大学では昆虫生理学，京都大学では昆虫生態学というように，それぞれ特色ある分野に研究の焦点を当てて研究と教育がなされてきた．養蚕学が果たした昆虫生理・生化学，遺伝学や昆虫病理学に対する貢献の大きさも特筆に値する．

第二次大戦中に開発され，戦後，農業害虫や衛生害虫の防除に広く用いられるようになった有機合成農薬は，その後の応用昆虫学の方向に大きな影響を与えることとなった．新たに農薬化学，毒物学の分野が大きな比重を占めるとともに，既存の研究機関に加えて，農薬企業の研究所が応用昆虫学へ重要な貢献をするようになった．近年では単なる殺虫剤ではなく，害虫の生理，生殖，行動などを制御する化学的資材，たとえばフェロモン剤や昆虫成長制御剤などの開発を積極的に行っている．

有機合成殺虫剤の登場とその多用は，それらの高い防除効果とはうらはらに，いくつかの弊害ももたらした．弊害とは，栽培現場における殺虫剤抵抗性(resistance)の発達，害虫の誘導多発生(resurgence)，および農業生態系外における食品への残留(residue)，野生生物の破壊(razing of wild life)，いわゆる4Rといわれるものである．最近では一部の農薬に内分泌攪乱物質(endocrine disrupter)，いわゆる環境ホルモンとして作用する疑いがもたれている．このような背景を受けて，1960年代後半から合成殺虫剤のみに依存した防除法からの転換を図るべきだとの主張がなされ(FAO, 1967)，総合的害虫管理(integrated pest management, IPM)の考え方へと発展していった．

1980年に京都で開催された第16回国際昆虫学会議を記念して，大会会長石井

象二郎の編集で出版された『昆虫学最近の進歩』(石井, 1981)は, 昆虫学諸分野における研究の到達点と, それに対するわが国研究者の貢献を総合的にレビューした. またこの国際会議を契機にわが国の昆虫学研究者が国際的に活躍の場を広げていくことになる.

その後の20年の昆虫学関連分野の進歩は著しい. たとえば生態学の分野における行動生態学, 社会生物学の台頭があげられる(図序.1). これらの分野の研究では, 従来の生態学がとっていた, 多くの事実の積み上げから理論を導くという帰納的研究手法から, 理論に基づく仮説の提唱とその検証という演繹的研究手法へと, パラダイムの変更をせまるものとなった. 他の特筆すべき変化は, 遺伝子化学的手法の発展と普及であろう. 遺伝子組換え技術を用いた害虫抵抗性作物の作出などの遺伝子工学的研究はもとより, 遺伝子化学的分析手法は, 分類学, 系統進化学, 生態学, 生理学などあらゆる分野で用いられるようになった(図序.2). 現在わが国では, 国家プロジェクトとして巨費を投じて, ヒト, イネゲノムの塩基配列の解読が進められている. これらとは別に, 世界的にショウジョウバエ類やカイコガ *Bombyx mori* の遺伝子の解読も進められている. 昆虫類が持つ特有の遺伝情報が明らかにされれば, 胚発生や形態形成の機構の解明, 有用形質の遺伝資源としての利用の道を開くことに大きく貢献するに違いない.

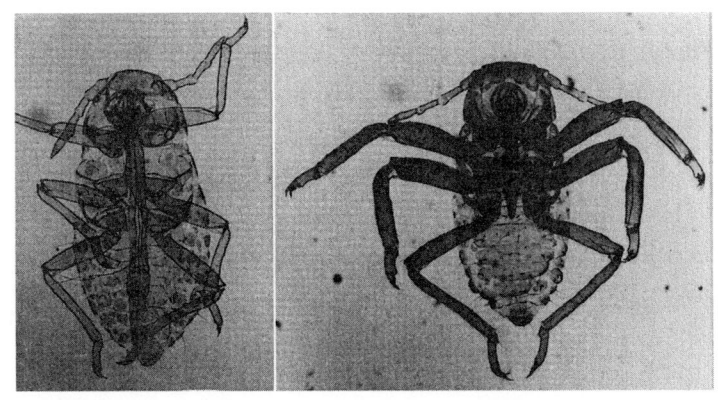

図 序.1 ボタンヅルワタムシ *Colophina clematis* の短い口吻の1齢幼虫(兵隊)(右)と通常の口吻を持つ1齢幼虫(左)(青木重幸原図)
短い口吻を持つ1齢幼虫は摂食を行わず, 2齢に脱皮できない. 短い口吻はアブラムシの天敵を攻撃する武器として使われる.
社会性昆虫ハチ, アリ, シロアリ類以外の昆虫にも, 外敵に対する防衛専門の不妊の多型が存在するという青木重幸の発見は, その後の社会生物学の発展に大きな影響を与えた.

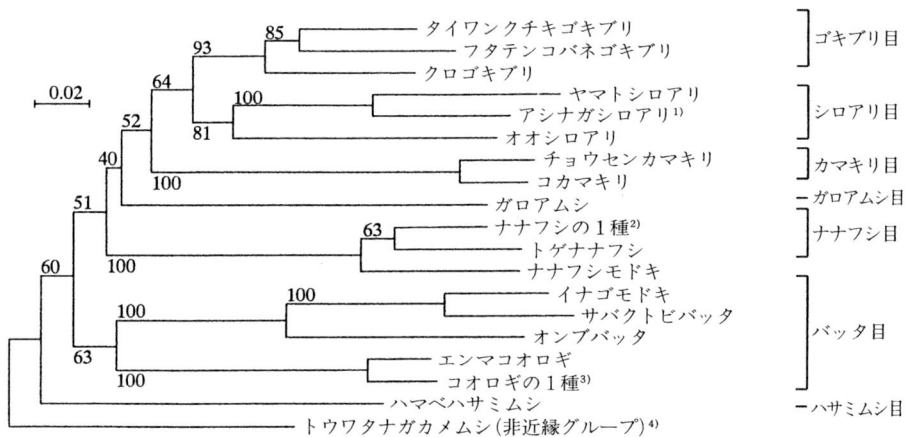

図 序.2 ミトコンドリアのシトクロームオキシダーゼⅡ遺伝子変異を用いて作られた，バッタ目およびその近縁目の分子系統樹の例(Maekawa ら，1999 より作図)

図左上の 0.02 は，遺伝距離の大きさを示している．また枝上の数値は，繰り返し数 1,000 回のブートストラップ値を示し，数値が大きいほどその部分の枝分かれの信頼度が高い．
1) *Longipeditermes longipes*, 2) *Trigonophasma rubescens*, 3) *Acheta domesticus*, 4) *Oncopeltus fasciatus*.

昆虫学や応用昆虫学の発展の詳しい歴史については，巻末の参考文献に示された教科書類を参照していただきたい．

b. 21 世紀に向けて

1999 年に世界人口は 60 億人を超えた．21 世紀半ばには 90 億人に達すると予想されている．一方，食糧生産量は，1980 年代後半から頭打ちになり，その後ほとんど増加していない(図 序.3)．今後の食糧生産の動向については，いろいろ異なる予測がなされているが，確かなことは，向こう 40〜50 年間に 30 億人もの人口増加を支えるだけの食糧増産がなされねばならないということである．食糧を増産するためには，農地を拡大するか，既耕地の単位収量を増加させるかの 2 つのオプションしかないが，熱帯雨林の開拓以外に新たな農地の獲得が難しい現状では，前者のオプションをとるには限界がある．とりうるオプションとしては農地の単位収量を飛躍的に増加させることしかないが，これまで発展させてきた近代農業技術は，農業の持続性という観点から多くの問題を抱えている．21 世紀の農業には，農業の持続性を維持しながら，収量を今より増加させうる技術が必要とされており，作物保護技術の開発もこの方向で進むことが求められてい

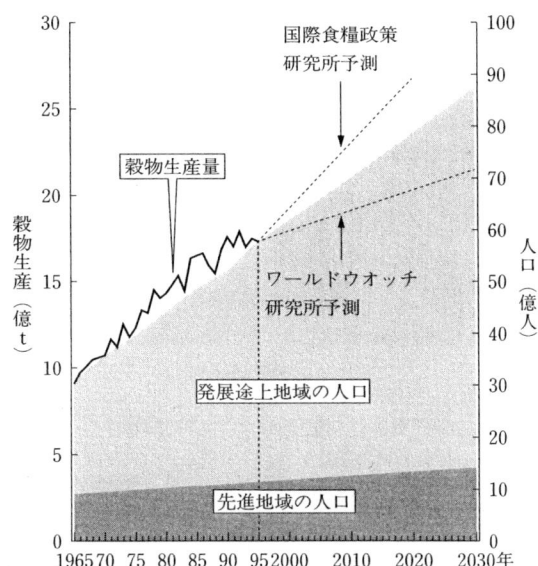

図 序.3 21世紀における世界人口と穀物生産量の予測(朝日新聞,1995年8月10日朝刊)
穀物生産量はUSDA,人口は国連統計による.

る.1999年に制定されたわが国の新農業基本法ともいわれる「食糧,農業,農村基本法」にも,食糧の自給率向上とともに,農業の環境保全に果たす役割や持続的農業の確立がうたわれている.総合的害虫管理の考え方が重視されている所以である.

21世紀の他の重要な課題は,生物多様性の維持を含む環境問題への対処である.先にも述べたように,生物種の多くを占める昆虫類の多様性の維持こそが,応用昆虫学に課せられた重要な責務である.このためには,系統分類学,進化学,遺伝学,生態学などの諸分野が,密接に協力し合って,学際的総合科学としての生態系保全科学を確立することが要請されている.熱帯雨林の多くが存在する発展途上国において,この分野の研究が立ち遅れている現状を考えるなら,国際協力による研究推進の重要性は明らかである(図 序.4).

昆虫の生物資源としての重要性は,21世紀においてますます増加するであろう.昆虫利用にかかわる応用昆虫学の分野は魅力的な未開拓の分野である.生物多様性の維持によって,昆虫の有用な遺伝資源が保護されるならば,昆虫の持つ有用な形質,たとえばストレス環境耐性,抗生作用の作物への組込み,天敵育種

図 序.4 マレーシアのサラワクにある熱帯林の林冠にはりめぐらされた観察用のウォークウェイ（井上民二原図）

熱帯林の林冠部は生物多様性の宝庫といわれ，1,000万種を超える未知の昆虫など小動物が生息していると推定されている．このウォークウェイによって，それらの観察が可能になり，多くの発見がなされた．この国際協力プロジェクトを指導していた京都大学の井上民二（写真の人）は，1998年9月にこの熱帯林で飛行機事故のため亡くなった．

などの技術開発によって，作物生産の向上を図ることも可能になるであろう．

20世紀の科学は，専門分野の細分化を限りなく進め，研究手法は分析的方法が厳密化し，扱う対象も個体，組織，細胞，分子へと微細化される歴史であった．分析的手法の有効性は広く認識されており，引き続き中心的な研究手法としてとられ続けるであろう．しかしながら，21世紀に課せられた食糧，環境，資源問題は，いずれも高度に複合した要素を含んでいるため，特定の専門分野や従来の研究手法のみによる個別の解決は難しい．これまでに蓄積された多様な情報を総合化する有効な研究手法の確立が要求される時代となるに違いない．たとえば，多くの生物による相互作用から成り立つ共生系の構造と機能を解明するためには，幅広い分類学的知識と生態学的洞察力を持ち，厳密な生理生化学的分析手法を習得した研究者（または集団）の，総合化された能力が不可欠である．すぐれた応用科学的成果を得るためには，それぞれの基礎科学が高いレベルに成熟していなければならない．

1. 昆虫の種多様性と系統進化

1.1 昆虫の出現と適応放散

a. 昆虫の起源

　昆虫類は節足動物の多足類の祖先から分化したと考えられている．それらの最も古い化石は，約4億年前の古生代デボン紀の地層から出土したトビムシやイシノミの仲間で，昆虫類の特徴である翅をまだ持っていない(図1.1)．石炭紀後期になるとカゲロウ，トンボ，カワゲラ，ゴキブリ，バッタ類などの有翅昆虫類の化石が現れ，古生代の終期であるペルム紀(二畳紀)には現存の昆虫の目の大部分が出現した．昆虫の歴史にその名を残す原トンボ目の巨大昆虫, *Meganeuropsis* には翅の開長が75cmにも達する種もいたが，この仲間は古生代の終わりには絶滅している．ハチやチョウの類は中生代に入ってから分化し，白亜紀における被子植物の繁栄は，その生活を植物に依存するハチ，チョウ，ハエ類の多様性の増加と密接に結びついている．新生代第三紀には現存昆虫の科のほとんどが分化していたと考えられる．

b. 現存昆虫群とその特徴

　適応放散をとげた昆虫類は，現在の地球上に生存する生物の中で種多様性が最も大きい．学名がつけられているものだけでも約95万種(1993年現在)おり，未記載種を合わせると少なくとも500万種は存在していると考えられている．高次分類群の取り扱いは研究者によって必ずしも同じではないが，現存昆虫類は主として形態に基づいて30目に大分類されている．最近では，大あごと小あごが頭蓋内に深く入り込むトビムシ目，カマアシムシ目，コムシ目の3目を内顎綱(Entognatha)とし，それらが頭蓋の外に出ている他の27目を昆虫綱(Insecta)または外顎綱(Ectognatha)とし，これら2綱を合わせて六脚上綱(Hexapoda)として扱うことが多い．研究者によっては，トビムシ目とカマアシムシ目を側昆虫綱(Parainsecta)とし，コムシ目を昆虫綱の中の内顎亜綱として扱うこともある．昆虫綱は内顎綱のように翅を持たない無翅亜綱(Apterygota)と翅を持つ有

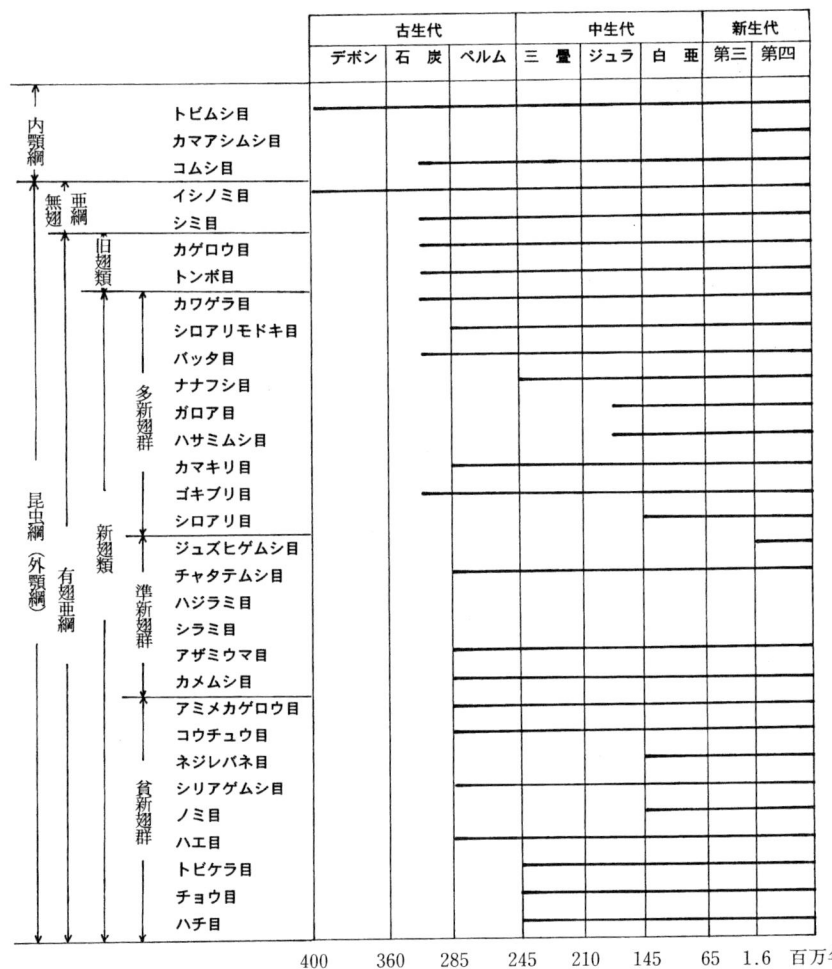

図 1.1　現存昆虫目の大分類と化石の出現記録(森本, 1989, 笹川, 1984 および Kukakiva-Peck, 1994 を改写)

翅亜綱(Pterygota)に分けられ，前者にはイシノミ目とシミ目が含まれる．有翅亜綱は腹の上で翅をたたむことができない旧翅類(Palaeoptera)と，翅をたたむことができる新翅類(Neoptera)に分けられ，カゲロウ目とトンボ目が前者に属する．新翅類は不完全変態をする多新翅群(Polyneoptera)および準新翅群(Paraneoptera)と，完全変態をする貧新翅群(Oligoneoptera)の3群に分けられている．多新翅群には後翅に幅広い肛葉を持つカワゲラ目，シロアリモドキ目，ゴキ

ブリ目，カマキリ目，ナナフシ目，バッタ目，ガロアムシ目，ハサミムシ目およびシロアリ目が含まれる．準新翅群では後翅に肛葉が発達しておらず，口器は特殊化した咀嚼口または吸収口であるチャタテムシ目，ジュズヒゲムシ目，シラミ目，ハジラミ目，アザミウマ目およびカメムシ目がこの群に含まれる．そして，蛹期をはさみ，成虫と幼虫で形態や生活様式が著しく異なる貧新翅群には，アミメカゲロウ目，コウチュウ目，ネジレバネ目，シリアゲムシ目，ノミ目，ハエ目，トビケラ目，チョウ目およびハチ目が属する．

現存昆虫類の目の特徴と主な昆虫群を以下に述べる（以下，15ページまでの図は参考文献石川，1996より）．

●トビムシ目（粘管目）　　Collembola
　体長は0.3〜5 mm．第1腹節の下部に粘管があり，第4腹節の下部には跳躍器の機能を持つ叉状器がある．自然林の腐食に富む土壌性のものが多いが，樹上性のものもいる．日本から約340種，世界から約3,500種が知られている．（ヒメトビムシ類，マルトビムシ類）

●カマアシムシ目（原尾目）　　Protura
　体長は0.5〜2 mm．触角を欠く．腹部は12節で，第1〜3節下部に腹脚がある．菌根を食べ，土や落葉層に住む．日本から63種，世界から約650種が知られている．（カマアシムシ類，クシカマアシムシ類）

●コムシ目（双尾目）　　Diplura
　体長は2〜20 mm．目を欠く．腹部第1〜7節下部に1対ずつのとげ状突起があり，尾部付属片は長い糸状またははさみ状．土壌や落葉層に生息し，植物遺体や菌糸を食べる．日本に14種，世界に約800種が分布する．（ナガコムシ類，ハサミコムシ類）

●イシノミ目　　Microcoryphia（Archaeognatha）
　体長は8〜15 mm．体表は灰褐色の鱗粉で覆われる．第2〜9腹節に腹刺，第1〜7腹節に腹胞を備える．尾端に3本の長い尾を持つ．日陰の岩や樹皮で生活し，陸上の藻類を主に食べる．日本に15種，世界に約450種が分布する．研究者によってシミ目に含める場合もある．（イシノミ類）

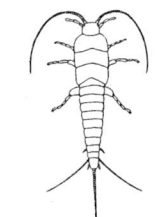

●シミ目(総尾目)　　Zygentoma (Thysanura)

　体長は1～20 mm．形態はイシノミ目に似るが，体表は普通銀色の鱗粉で覆われ，目は発達が悪いかまたは欠く．大あごは頭函と2か所で関節する．屋内にすむものは雑食性で，紙，衣類，乾物などを食害する害虫として知られる．日本から14種，世界から約400種が知られる．（シミ類）

●カゲロウ目(蜉蝣目)　　Ephemeroptera

　体長は2～30 mm．成虫は口器が退化し，腹部先端に2本または3本の長い尾毛を持ち，前翅は後翅よりも顕著に大きい．幼虫は第1～7腹節に気管鰓を持つ．幼虫と成虫の間に亜成虫の発生段階がある．幼虫は水中生活者で，すみ場所に適応した形態をし，すみわけすることで知られている．日本から145種が知られ，世界には約2,000種以上が分布する．（カゲロウ類，ヒラタカゲロウ類）

●トンボ目(蜻蛉目)　　Odonata

　体長は18～107 mm．成虫はほぼ同長の長い4枚の翅と発達した複眼と咀嚼口を持つ．雄の交尾器は副交尾器と呼ばれ，腹部第2または第3節にある．成虫はなわばり行動をとるものも多い．幼虫は肉食でヤゴと呼ばれ，水中生活をする．環境変化の影響を受けやすく，日本のレッドデータブックに名を連ねる種も多い．日本から190種，世界から5,180種が知られている．（イトトンボ類，サナエトンボ類，ヤンマ類，トンボ類）

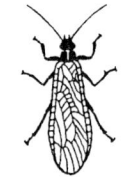

●カワゲラ目(襀翅目)　　Plecoptera

　体長は3～40 mm．成虫の触覚は細長く，多数の節からなる．前翅は細長く，後翅には大きな肛葉があり，静止時にはそれらの翅を腹の上に重ねて水平にたたむ．腹部先端に2本の尾毛を備える．主に渓流に生活する幼虫は，胸部下面や腹部末端に気管鰓を持つ．日本から約170種，世界から約2,000種が知られる．（アミメカワゲラ類，カワゲラ類）

●シロアリモドキ目(紡脚目)　　Embioptera

　体長は6～15 mm．雌成虫は無翅，雄成虫は有翅または無翅．前脚の第1跗節は膨らみ，糸腺を持つ．成虫幼虫ともに糸腺から出した絹糸で筒巣を作り，雌成虫はその中で卵や幼虫を保護する性質がある．熱帯や亜熱帯に多く，日本に2～3種，世界に2,000種以上が分布する．（シロアリモドキ類）

●バッタ目(直翅目)　　Orthoptera

　体長は 5〜75 mm．前翅はやや角質化し，発音器を備えるものも多い．跳躍用に後脚が発達している．口器は咀嚼型で植物の葉を食べるものが多いが，雑食性の仲間もいる．大発生で知られる「飛蝗」は，トノサマバッタが高密度条件で生育した場合に生じる群生相で，長距離飛行に適した形態をしている．日本から約 390 種，世界から約 20,000 種が知られている．(バッタ類，キリギリス類，コオロギ類)

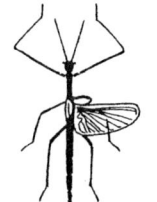

●ナナフシ目(竹節目)　　Phasmida

　体長は 36〜149 mm．体は棒状で植物の枝に擬態しているといわれている種が多いが，植物の葉に似るコノハムシもこの仲間である．前脚の基部は彎曲し，頭部を抱え込むように変形している．植食性で，行動は緩慢である．日本に 18 種，世界には熱帯を中心に約 2,500 種が分布する．(ナナフシ類)

●ガロアムシ目　Notoptera(Grylloblattodea)

　体長は 20〜30 mm．やわらかい褐色の体をし，翅を持たない．触覚と尾毛は細長く，多数の節からなる．北半球の標高の高い土壌中や石の下にすみ，クモなどの小動物を食べる．日本に 5 種，世界に約 20 種が分布する．(ガロアムシ類)

●ジュズヒゲムシ目(絶翅目)　　Zoraptera

　触覚は数珠状で，シロアリに似る．日本に分布しない唯一の目である．世界からは約 30 種が知られている．

●ハサミムシ目(革翅目)　　Dermaptera

　体長は 4〜50 mm．前翅は短く，革質化しているため，腹部は露出する．腹部先端に尾毛が変化したはさみを持つ．一般に石の下や落ち葉の中にすみ，夜間活動して小昆虫などを餌としている．雌親が卵や若虫の世話をする種がいる．日本から 20 種，世界から約 1,900 種が記録されている．(クロハサミムシ類)

●シロアリ目(等翅目)　　Isoptera

体長は6〜20 mm(女王は最大で120 mm)．女王，王，職アリ，兵アリなどの社会的多型を示す．女王と王は羽化時に翅を持つが，飛行後地面におりたのち翅を失う．職アリと兵アリは若虫の状態にとどまっており翅を持たない．腸内の共生微生物によるセルロース分解の助けを借りて木材を食害する害虫として有名であるが，自然生態系における植物遺体の分解者としての役割も大きい．日本から18種，世界から2,200種以上が知られる．(シロアリ類)

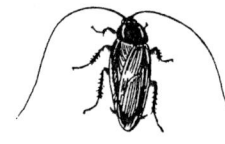
●ゴキブリ目(網翅目)　　Blattaria

体長は4〜50 mm．体は扁平な卵形で，発達した前胸は頭部を覆い，口器は下口式となる．雌は卵鞘を作り，その中に卵を生み込む．集合フェロモンを出し集合生活をする種が多い．自然環境下で生活するもののほか，人間の居住空間に入り込み，不快昆虫として嫌われる種もいる．日本から52種，世界から約3,700種が知られている．(ゴキブリ類，チャバネゴキブリ類)

●カマキリ目(蟷螂目)　　Mantodea

体長は18〜90 mm以上．前脚は腿節と脛節が変形し鎌状となる．前胸は細長く伸張し，逆三角形の頭部がその先端につく．肉食性で，熱帯および亜熱帯に多く，植物の葉や花に模倣してそれらの上で獲物を待つ種も多い．日本に9種，世界に約2,000種が分布する．(カマキリ類，ヒメカマキリ類)

●チャタテムシ目(噛虫目)　　Psocoptera

体長は1〜10 mm．ひ弱そうな昆虫で，相対的に大きな頭には長い触覚と原始的な咀嚼口を持つ．自然環境に生息する種が多く，カビや地衣類などを餌とする．一部の種は家屋内にすみ，人間生活とかかわりを持つものもいる．日本から92種，世界から3,000種以上が知られている．(チャタテ類，コナチャタテ類)

●ハジラミ目(食毛目)　　Mallophaga

体長は0.9〜11.3 mm．体は扁平で，頭部は比較的大きく，咀嚼口を持つ．翅はなく，中胸と後胸は癒合し，3対の脚は発達している．鳥類に外部寄生するものが多いが，哺乳類を寄主とするものもいる．日本から約150種，世界から約2,800種が知られる．(ケモノハジラミ類)

●シラミ目(虱目)　　Anoplura

体長は 0.5〜6 mm. 体は扁平で, 頭部は小さく, 吸収口を持つ. 翅はなく, 発達した 3 対の脚の附節の先端に鉤状の爪がある. 哺乳類の血液を吸う外部寄生者で, 寄主特異性が強い. 日本に約 40 種, 世界に約 500 種が分布する. (ヒトジラミ類)

●アザミウマ目(総翅目)　　Thysanoptera

体長は 1〜10 mm. 翅は翅脈が退化し, 細長い毛がその周辺を取り巻いている. 口器は吸収型. 不完全変態群に属するが運動性のある蛹期を経る. 植食性のものが多く, 重要な農業害虫も含むが, 肉食性や菌食性のものもいる. 日本から約 200 種, 世界から約 5,000 種が知られている. (アザミウマ類, クダアザミウマ類)

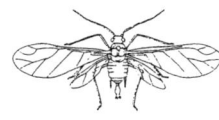
●カメムシ目(半翅目)　　Hemiptera

針のような長い口吻を持つ. 本目は前翅が全体に膜質の同翅亜目(Homoptera)と, 前翅の基部が革質化した異翅亜目(Heteroptera)に大別される. 同翅亜目：体長は 2〜100 mm. 植食性で, 多くの重要害虫を含む. 日本に約 2,000 種, 世界に約 50,000 種が分布する. 異翅亜目：体長は 0.5〜110 mm. 強い臭いを出すものが多い. 植食性または捕食性で, 植物の液汁を吸う植食性のものには多くの農業害虫が含まれる. 動物の体液を吸う捕食性のものには, 天敵として評価されるものもいる. 捕食性の一部は水生である. 日本から約 920 種, 世界から約 39,000 種が知られる. (セミ類, ウンカ類, アブラムシ類, カイガラムシ類, カメムシ類, アメンボ類)

●アミメカゲロウ目(脈翅目)　　Neuroptera

体はやわらかく, 咀嚼口を持つ. 体に比べ相対的に大きな翅を持つ. 翅脈はレース様で, 前後翅はほぼ同長, 静止時は屋根形にたたむ. 幼虫は捕食性で, 陸生または水生. 本目をさらに 3 目に分けて扱うこともある. 日本から約 150 種, 世界から約 6,000 種が知られる. (ヘビトンボ類, カマキリモドキ類, ウスバカゲロウ類, ラクダムシ類)

●コウチュウ目(鞘翅目)　　Coleoptera

体長は 0.25〜160 mm. 口器は成虫幼虫ともに咀嚼型. 表皮は角質化し, 体は一般にかたい. 角質化した前翅は通常中後胸および腹部を覆う. 後翅が飛翔の機能を持ち, 相対的に大きな後翅は, 静止の際は折りたたまれて前翅の下に納められる. 生

活は多様で，植食性，捕食性，菌食性，腐食性など，あらゆる動植物を食物として利用する．現存昆虫群で最大の目を誇る．日本から約10,000種，世界から約370,000種が知られる．（オサムシ類，コガネムシ類，ハムシ類，テントウムシ類，ホタル類）

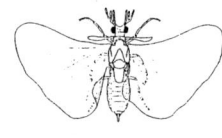

●ネジレバネ目(撚翅目)　　Strepsiptera

体長は0.5～6 mm(雄)．雄は1対の後翅を持ち，前翅は平均棍化している．雌はうじむし状で，翅を持たない．いくらかの目の昆虫に内部寄生し，過変態を行う．雌雄で寄主昆虫が異なる種もいる．日本から41種，世界から約500種が知られる．（ハチネジレバネ類）

●シリアゲムシ目(長翅目)　　Mecoptera

日本産の前翅長は9～25 mm．体はやわらかく，顔は前方へ細長く伸び，先端に咀嚼口を持つ．雄は腹端の把握器を背中側に曲げ，サソリのような姿勢をとる．幼虫はいもむし型で，土やコケの中にすみ，腐植，死肉，コケなどを食べる．日本から45種，世界から約500種が記録されている．（シリアゲムシ類）

●ノミ目(隠翅目)　　Siphonaptera

体長は1～9 mm．翅がなく，体は左右に扁平で，頑丈にできている．後脚は特に跳躍用に発達している．成虫は温血動物に寄生し，大半は哺乳類を吸血する．幼虫はいもむし型で，成虫の糞や動物の体から脱落した有機物を食べる．日本から71種，世界から1,800種が知られる．（ヒトノミ類）

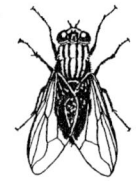

●ハエ目(双翅目)　　Diptera

体長は1～40 mm．成虫は1対の前翅のみを持ち，後翅は退化し平均棍となる．口器は舐め型，または吸収型．幼虫はうじむし型で，脚を持たない．地球上のあらゆる環境にすみ，あらゆる動植物や腐植物を餌とする．成虫は花蜜，樹液，腐敗動植物，糞，動物血液，昆虫類などを餌とし，幼虫は腐敗動植物，糞，生きた植物やキノコの組織，昆虫類の成虫や幼虫，哺乳類の各器官や組織の一部などを食物としている．日本から5,300種，世界から約110,000種が知られる．（カ類，ガガンボ類，アブ類，イエバエ類，ヤドリバエ類）

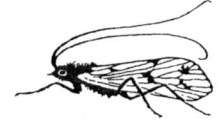

●トビケラ目(毛翅目)　　Trichoptera

　前翅長が5～40 mmのものが多い．成虫は一般に口器が退化し，食物をとらない．翅は小毛に覆われる．幼虫はいもむし型で，腹部末端にかたい尾肢を持ち，その先端は鉤爪状となる．幼虫は水生で，糸を吐いて巣網や筒巣を作りその中で生活するものが多い．日本から320種，世界から10,000種以上が知られる．(ナガレトビケラ類，エグリトビケラ類)

●チョウ目(鱗翅目)　　Lepidoptera

　開長は2.5～250 mm．口器は花蜜や樹液の吸収に適した管状の口吻となっている．体や翅は鱗粉に覆われ，翅はさまざまな模様を持つ．便宜的に主に昼間活動するチョウ類と夜に活動するガ類に分けて扱うことが多い．幼虫はいもむし型や毛虫型で，主に生きた植物組織を食べて成長するが，枯れ葉，貯蔵穀物，動物の毛や排泄物などを食べるものもいる．重要な農林業害虫を多く含む．日本からはチョウ類が約250種，ガ類が約5,000種，世界からはチョウ類が約18,000種，ガ類が約120,000種知られている．(アゲハチョウ類，セセリチョウ類，コウモリガ類，ヤガ類)

●ハチ目(膜翅目)　　Hymenoptera

　体長は0.18～50 mm．翅は膜質で，後翅の前縁にある翅鉤により，飛翔時には前後翅が連結し1枚の翅として機能する．地上生活に適応し，翅を欠くものもいる．口器は咀嚼型であるが，吸収やなめる機能も持つものもいる．腰にくびれがなく，毒針を持たない広腰亜目と，腰がくびれ，毒針を持つ細腰亜目に大別される．広腰亜目の幼虫は植物の葉，茎，幹などを食べて育ち，農林業害虫も多い．細腰亜目には捕食寄生性，狩猟性，訪花性など多様な生活型がみられ，有用昆虫も多い．社会性の発達もみられる．日本から約4,500種，世界から130,000種以上が知られている．(ハバチ・キバチ類，ヒメバチ・コバチ類，アリ類，スズメバチ類，ハナバチ類)

1.2　種と多様性

a.　種の認識

　自然界における生殖集団の単位は種(species)である．種の定義としては，Mayr(1969)の「種は互いに交配する自然の個体群のグループであり，他の同様なグループから生殖的に隔離されているものである」という考えが一般に受け入

れられている．これは「生物学的種概念」(biological species concept)といわれているが，実際に自然界において種を認識することは容易でない．同じ場所に生息する同所性個体群を対象とする場合は，生殖的隔離の有無によって1種またはそれ以上の種の存在を認識することができるかもしれないが，地理的に離れた異所性個体群を対象とする場合は，それらの間の生殖隔離の実態を明らかにすることはさらに難しい．

　従来の種の認識は「形態学的種概念」(morphological species concept)に基づくことが多いといえる．形態は機能を反映した結果であると考えると，形態の違いは生活史の違いを意味し，種の違いの基準となる．分類学を専門とする研究者は，野外で採集された主として成虫の標本を研究材料とし，多くの標本を比較することにより，分布の範囲や形態の変異幅を考慮に入れて種を認識することが一般的であった．多くの昆虫群で，特に近縁種を区別する基準として外部生殖器の構造の違いが重視されてきた．これは外部生殖器が異種間の交雑を防ぐ生殖隔離に密接に関係していると考えるためであり，実際に他の形態形質よりも差が大きいことが多い．しかし，形態的な違いがほとんどないにもかかわらず，異なる生態的地位を持つ同胞種(sibling species)の存在が認められるようになり，形態のみによる種の認識には限界があると考えられている．

　現在の種認識は生物学的種概念と形態学的種概念の折衷であるといえる．形態形質のほかに，生態や生理的特性を加味し，さらに最近では染色体や分子特性などの遺伝的形質を考慮に入れて，種を認識することも多くなっている．また，実際に交配実験により種を認識する研究もみられる．

b. 同定と分類

　認識した昆虫の種名を決めることを同定(identification)という．カブトムシ *Allomyrina dichotoma* やナミアゲハ *Papilio xuthus* などのようになじみの深い昆虫や，コナガ *Plutella xylostella* やツマグロヨコバイ *Nephotettix cincticeps* などの重要な農業害虫，あるいはカイコガ *Bombyx mori* やセイヨウミツバチ *Apis mellifera* などの有用昆虫は分類の専門家でなくても同定が容易である．また，顕著な特徴のある昆虫は図鑑によって同定することもできるが，人間生活とかかわりの少ない昆虫や微小な昆虫群となると同定は難しくなる．その際は，分類の専門家が作成した検索表(key)や種の特徴を書いた記載文を読みこなして同定しなければならないが，相当の知識を必要とする．同定が困難な場合は，分類

の専門家に依頼する必要がある．

　昆虫分類の専門家といえども，すべての昆虫の種名がわかるわけではなく，それぞれ目とか科といった単位の分類群を専門として研究していることが多い．分類研究者は普通，昆虫の形態的特徴によって種を同定している．同定の対象となる昆虫は乾燥標本や液浸標本であることが多く，種の認識に必要となる生態や遺伝情報が備わっていないことが多い．結果的に形態の差は生活史の違いを反映していることが多く，豊富な経験に基づく研究者の判断によって同定された種名を用いるのが確かである．

　種名としては，学名(scientific name)と和名および英名が使われる．学名は世界共通語であり，国際動物命名規約(International Code of Zoological Nomenclature)に基づいて認められた種名である．学名にはラテン語またはラテン語化された単語が使われており，種名は1758年にスウェーデンの分類学者Linnaeusによって提唱された二名式(binomen)が今も使われている．たとえば，セイヨウミツバチの学名は *Apis mellifera* Linnaeusと表されるが，*Apis*は属名(generic name)を，*mellifera*は種小名(specific name)を意味している．属名は単数主格の名詞であること，種小名は属名を修飾する形容詞または分詞，属名を限定する属格の名詞，属名と同格の単数主格の名詞のいずれかであることが規定されている．最後のLinnaeusは命名者を表すが，学名の記述に際しては必ずしもこれを引用する必要は義務づけられていない．命名者が（　）でくくられている場合は，命名時とは異なる属名が用いられていることを意味している．属名と種小名にはイタリック体を用いる．セイヨウミツバチという名前は和名で，英名は *honey bee* と名づけられているが，これらの俗名は命名に当たって特別な規約はない．

　同定の結果，対象種が新種と判明した場合は，国際動物命名規約に従って新しい学名を与え，その種の特徴を書き添えて新種として公表する．その際，新種の基準となる完模式標本(holotype)を1個体指定し，同種に属するその他の個体で指定されたものを副模式標本(paratype)とする．新種の決定には細心の注意が必要で，日本だけでなく，これまでに世界から命名されているすべての近縁種と比較しなければならない．調査が不十分で，対象種にすでに名前がついていて同物異名(synonym)とされたり，すでに使われている種名を新種に与え異物同名(homonym)の扱いを受けることもある．

　学名は属名と種小名で構成されるが，各々の昆虫はさらに上位の分類群に属している．主な分類階級は下位から種(species)，属(genus)，科(family)，目

(order), 綱(class), 門(phylum)がある. たとえば, セイヨウミツバチは, 節足動物門(Arthropoda), 昆虫綱(Insecta), ハチ目(Hymenoptera), ミツバチ科(Apidae), ミツバチ属(*Apis*)に属している. しかし, 昆虫類の位置づけはこれらの6階級では不十分であることが多く, 科の下に亜科(subfamily)や族(tribe), 科の上に上科(superfamily)など, 中間の階級を設けてより詳しい位置づけがなされている. このことは上位分類階級がたぶんに主観的なものであることを示唆している. なお, 上位分類群の学名の語尾は規約によって定められており, 上科名には-oidea, 科名には-idae, 亜科名には-inae, 族名には-iniをつける.

c. 形態と多様性

バッタ類は昆虫の基本的な形態的特徴を多く有しているため, 昆虫の形態の解説にしばしば登場する(図1.2). 昆虫類の基本的な構造は体節制で, 頭部(head), 胸部(thorax)および腹部(abdomen)の環節体に分化している. 各々の環節体には生活上の機能と結びついた形態的特徴が備わっている. 頭部は6節からなり, 主として外部環境の情報収集を担当しており, 触角(antenna), 単眼(ocellus), 複眼(compound eye)などの感覚器官を持つとともに, 食物を取り込む口器(mouthparts)を備えている. 胸部は運動の中枢の役を担っており, 前胸(prothorax), 中胸(mesothorax), 後胸(metathorax)の3節で構成されている. 各節に1対の脚(leg)を備え, 各脚は基部より基節(coxa), 転節(tro-

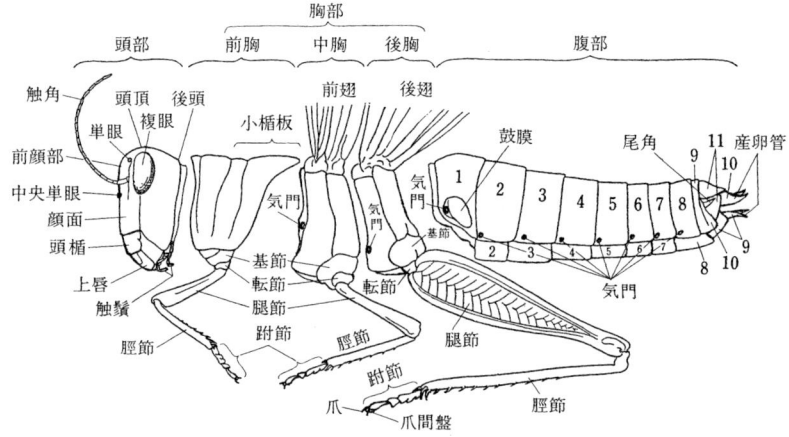

図1.2 昆虫の基本的体制(バッタの側面解剖図)(平嶋, 1986)

chanter)，腿節(femur)，脛節(tibia)，跗節(tarsus)の5節からなる．中胸と後胸には各々1対の翅(wing)を備え，翅には固有の翅脈(vein)がみられる．腹部は11節からなり，先端部に外部生殖器(external genitalia)を持つ．

　昆虫類は生活の多様化とともに餌や生息場所を変え，それに合わせて形態を変化させてきた．形態は諸形質の中で最も認識しやすい利点を持つことから，昆虫類の多様性を理解する上で重要な形質である．特に生活とかかわりの深い口器や翅や脚には著しい多様性がみられる．

　[口　器](図1.3)　口器は食物を取り込む器官で，生活上最も重要な形態である．昆虫類の基本的な口器はバッタ類でみられるような咀嚼型で，上唇(labrum)，1対の大あご(mandible)，1対の小あご(maxilla)，下唇(labium)，それに舌(hypopharynx)で構成されており，特に発達した大あごで食物を噛み砕

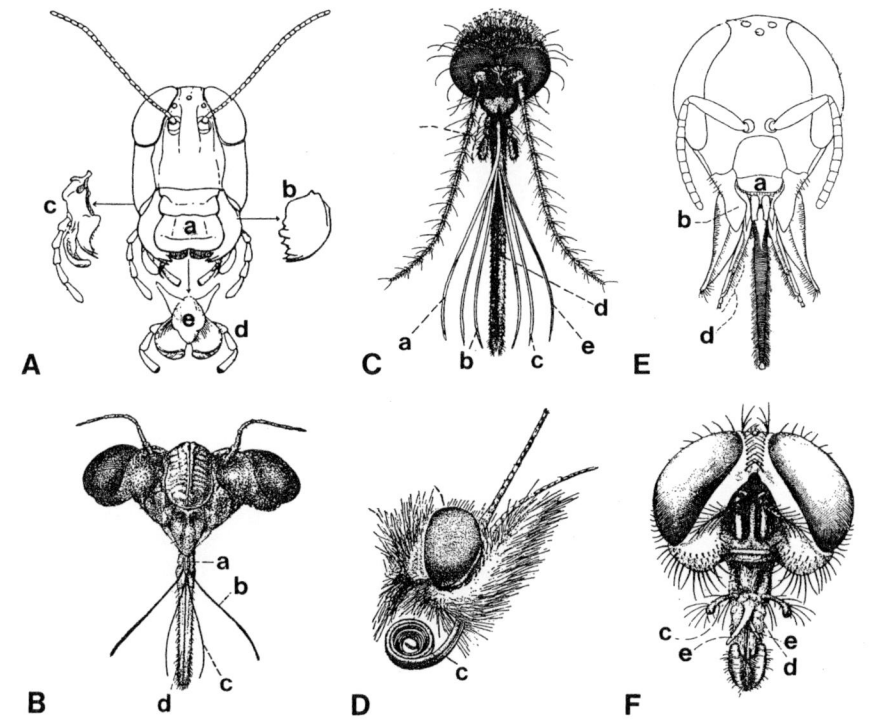

図 1.3　昆虫類の多様な口器(MetcalfとFlint, 1962；Ross, 1956)
A：バッタ類の咀嚼型口器, B：セミ類の嘴型口器, C：カ類の刺吸型口器, D：チョウ類のサイフォン型口器, E：ミツバチ類の咀嚼と吸収の両用型口器, F：ハエ類の舐吸型口器.
a：上唇, b：大あご, c：小あご, d：下唇, e：舌.

く．咀嚼型口器から，植物や動物組織に口吻を突き刺し液状の食物をとるようにいろいろな吸収型口器が生じている．カメムシ，セミ，アブラムシ類などの半翅類の口器は嘴型(beak)で，大あごと小あごが細い刺針(stylet)に変形し，下唇も鞘状に変形して刺針を包んでいる．カ類の刺吸口も大あごと小あごのほか，舌や上唇も変形して刺針を形成し，鞘状の下唇がこれを包んでいる．チョウやガ類は小あごの外葉が発達したサイフォン型の口吻(proboscis)を持つ．ハエ類の口器は舐吸型で，下唇が変形し唇弁を形成する．ミツバチ類は咀嚼口器と吸収口器を合わせ持っている．

［翅］ 翅は昆虫を特徴づける最も顕著な形態形質であり，トンボやカワゲラ類のように前後翅とも同大・同形で，翅脈が均等に分布する翅が原始的と考える．生活の多様化と飛行能力の向上とともに翅も変化し，特に前翅に著しい多様性がみられる．バッタやハサミムシ類の前翅の革質または角質化(覆翅)，カメムシ類の前翅基部の硬化(半翅鞘)，甲虫類の前翅の硬化(翅鞘)があり，コオロギやキリギリス類では前翅の一部が発音器に変形している．飛行能力では，後翅が平均棍(halter)に退化し，前翅しか持たないハエやアブ類が最もすぐれている．2対の翅を持つハチやチョウ・ガ類でも前翅と後翅を連結させる構造が発達しており，1枚の翅として機能させる傾向がみられる．ネジレバネ類では前翅が退化し，後翅で飛翔する．固着生活をするカイガラムシ類の雌や吸血性のノミやシラミ類では両翅が退化している．密度条件によって無翅または有翅となるアブラムシ類

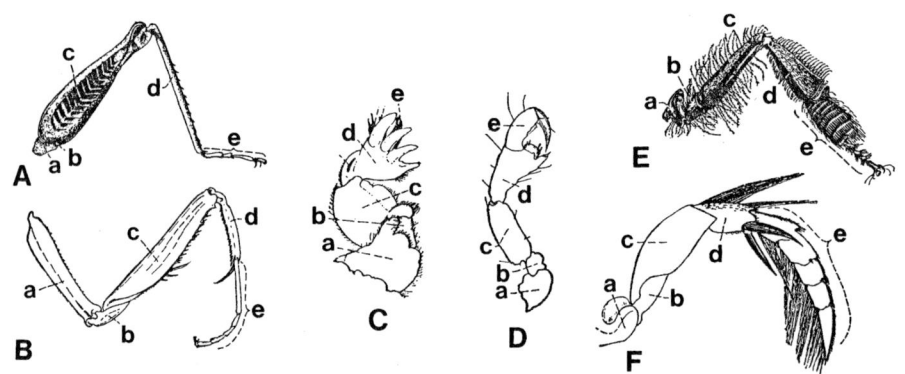

図 1.4 昆虫類の多様な脚(MetcalfとFlint, 1962)
A：バッタ類の跳躍に適した後脚，B：カマキリ類の捕獲に適した前脚，C：ケラ類の土掘りに適した前脚，D：シラミ類のつかみに適した前脚，E：ミツバチ類の花粉採取に適した後脚，F：ゲンゴロウ類の泳ぎに適した後脚．
a：基節，b：転節，c：腿節，d：脛節，e：跗節．

や，短翅または長翅になるウンカやバッタ類がある(第3章参照).

[脚](図1.4) 脚にも多様な特殊化がみられる．基本的な形態を示すとしたバッタ類でも，後脚は跳躍に適したように腿節が著しく発達している．ケラ類は前脚を土掘りに適した頑丈な構造に，カマキリ類は同じく前脚を獲物の捕獲に適した形に，シラミ類は毛をしっかりとつかむのに適したように前脚の形を変化させている．後脚では，ミツバチ類が花粉の採取に適したように，また，ゲンゴロウ類では水中の運動に適したように，各々跗節を特殊な形にしている．

1.3 種の多様化機構

Mayr(1963)は種分化(speciation)について次のように述べている．「種分化とは，生態的な変化を可能にする新しい遺伝子複合体ができることであり，進化はこれによって前進する．種分化がなかったとしたら，生物界の多様性も，適応放散もなく，進化的前進もほとんど生じなかっただろう．ゆえに種分化は進化の要である．」生物多様性の源は変異(variation)であり，隔離(isolation)によってそれらの変異を異なる生殖集団に分離・固定するのが種分化である．現存昆虫類にみられる驚くほどの多様性は，種分化によって形成された数百万種といわれる昆虫類の各々の種が示す特徴の総和である．

a. 変　　異

同一種に属する昆虫は互いによく似ているが，同じではない．われわれ人間は一人一人の識別が可能なほど個体変異が顕著であるが，昆虫でも厳密にはまったく同じ形をした個体はいないであろう．われわれの目を通して認識できる昆虫の形態や行動は表現型(phenotype)であるが，それらの形質発現の担い手は遺伝子型(genotype)である．個体が持つ各々の遺伝子座上の遺伝子型の違いが表現型の違いとなって発現する．同一種に属する昆虫はよく似た遺伝子群を共有していると考えられるが，個体レベルで生ずる遺伝子や染色体の突然変異，成熟分裂時に起こる相同染色体の対合とその後のランダム分離，対合期に生じる染色体の組換えなどにより，同じ遺伝子構成を持つ配偶子(卵や精子)は皆無に近いし，それらの受精によって発生する個体間では遺伝子構成の違いはさらに大きい．

種を構成する個体の各々の遺伝子構成の総合がその種の遺伝子プール(gene pool)であり，それらによって発現される表現型の総合が，その種の自然界における変異幅となる．しかし，1つの遺伝子座を考えてみても，遺伝子型と表現型

は常に同じとは限らない．最も単純な遺伝様式，たとえばメンデル遺伝の基礎となったエンドウの豆の形を例にとると，純系の丸い豆(AA)は皺の豆(aa)に対して完全優性で，それらを交配した次世代の豆はすべて丸い豆(Aa)となる．表現型が同じ丸い豆でも，遺伝子型が異なっている．次世代の豆では対立形質のうち優性形質 A が発現され，劣性形質 a は発現されずに保存されている．この例のようにヘテロ接合(Aa)では，発現されない遺伝子が潜在的変異として実際の自然個体群に多量に保有されている．対立形質も常に2つとは限らず，3種以上の複対立遺伝子が座上する遺伝子座もある．これらの対立遺伝子は突然変異が集団中に固定したもので，実際の遺伝子座上の対立遺伝子は完全優劣とは限らず，環境の選択を受けやすいものから，環境の選択を受けない中立的なものまで種々の段階がある．

　遺伝子型と表現型の関係はさらに複雑で，反応基準(reaction norm)の影響で，同じ遺伝子型が同じ表現型を発現するとは限らない．すなわち，遺伝子型の形質発現に環境の影響が介在することがある．実験室で飼育中の純系の昆虫の幼虫を餌量を違えて飼育した場合，羽化成虫の体長や体重に大きな差が生じることがある．この場合，幼虫の体の大きさを支配する遺伝子型はほぼ同じと考えられ，餌という環境が遺伝子の発現に影響したと結論づけられる．顕著な例は多型(polymorphism)にみることができる．同じ遺伝子型を持つアブラムシでも，低密度の飼育では無翅成虫となり，高密度飼育では有翅成虫となる．社会的多型といわれるミツバチ類の社会でも，女王バチと働きバチは表現型は異なるが，これは幼虫期に与えられる餌の違いによる影響で，遺伝子型に顕著な違いはない．

　このように種個体群が遺伝子プールとして保有する遺伝子型の変異は非常に大きなもので，その一部が現在の環境の下で表現型の変異として現れている．

b.　自然環境における変異

　昆虫は種によって一定の分布域と発生時期を持っている．すなわち，種は自然環境において空間的ならびに時間的広がりを持って存在しており，種々の形質で変異に勾配(cline)がみられる．たとえば，北海道から九州南部まで分布するエンマコオロギ *Teleogryllus emma* の頭幅は，同一地域においても変異がみられるが，北から南に向かって連続的に大きくなる(図1.5)．幼虫の発育期間は，特に長日条件下で北から南に向かって顕著に長くなっている．このようにポリジーン(polygene)によって支配される形質は，多くの昆虫類において日本列島で変

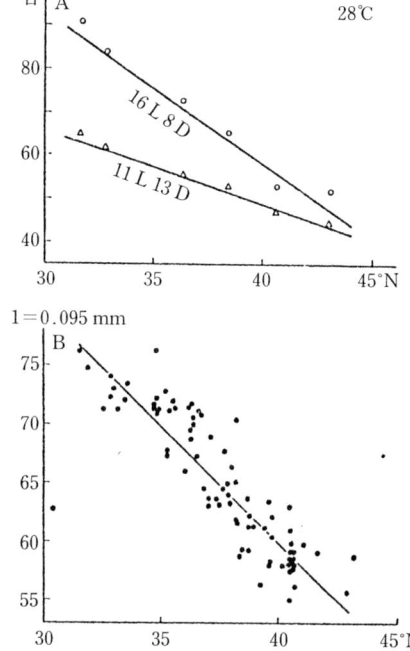

図 1.5 エンマコオロギの幼虫の発育期間(A)および成虫の頭幅(B)にみられる地理的変異(正木, 1974)
横軸は原産地の緯度を示す.

異の傾斜を示すことが知られている.

1つまたは少数の遺伝子座が関与して発現される多型形質でも,地理的および時間的変異が顕著な例がある.ナミテントウ *Harmonia axyridis* は日本およびアジア東北部に広く分布する甲虫の1種であり,1遺伝子座上の複対立遺伝子に支配される4型の色彩多型の存在が知られている.色彩多型の頻度は地域によって異なるが,中国大陸や北海道では紅型が多く,九州や四国では二紋型が多くなる地理的勾配がみられる.これらの多型の頻度はまた,時間の経過とともに変化している.長野県諏訪地方における1910年から1955年にわたる45年間の調査では,二紋型が増加し,紅型が減少している.これら多型頻度の地理的ならびに時間的変化は環境の温度勾配への適応現象として説明されている(図1.6)(駒井,1963).

バラの害虫であるアカスジチュウレンジバチ *Arge nigrinodosa* には,成虫の胸部側板がオレンジ色の個体と黒の個体がいる(図1.7).顕著な色彩多型の例であるが,交配実験の結果,この多型は1遺伝子座上の完全優劣の対立遺伝子(オレンジ色が優性,黒色が劣性)による,最も単純なメンデル遺伝の様式に従うこ

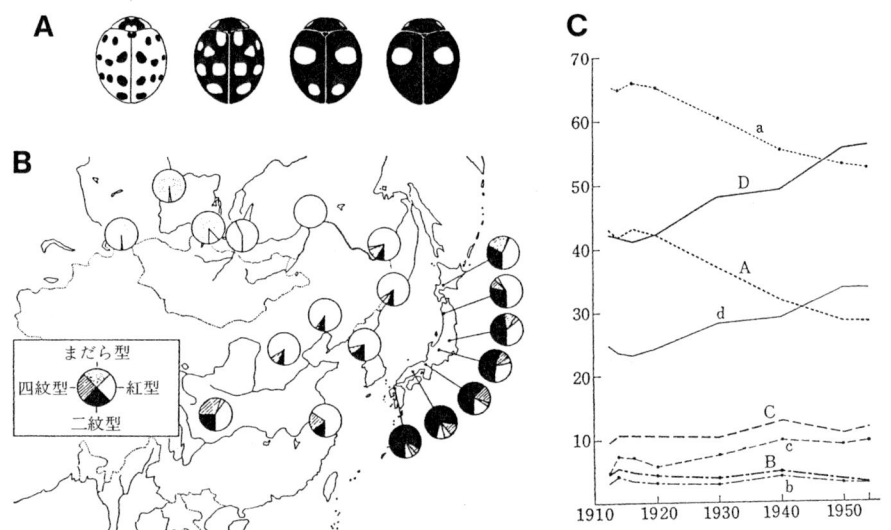

図 1.6　ナミテントウの多型と変異
A：鞘翅斑紋の多型．左から紅型，まだら型，四紋型，二紋型(佐々治，1989)．
B：多型頻度の地理的変異(佐々治，1998)．
C：諏訪地方における多型頻度の時間的変異．A：紅型，B：まだら型，C：四紋型，D：二紋型．a〜d はそれぞれの遺伝子頻度を表す(駒井，1981)．

図 1.7　アカスジチュウレンジバチの色彩多型(内藤親彦原図)
交尾中のオレンジ型雌(左)と黒型雄(右)．

とが明らかとなった(NaitoとSuzuki，1991)．本種は北海道から九州まで日本中に広く分布しているが，多型頻度に地理的特徴がみられる．オレンジ色個体は日本中に分布しているが，黒色個体は東日本から北海道にかけてみられ，名古屋以西ではこれまで捕獲されていない．長野県伊那および木曽地方では，オレンジ色と黒色の遺伝子頻度はともに約3：1であるが，やや西の中津川附近で黒色遺

伝子が消滅する．

c. 隔　　離

　Mayr(1969)の種の定義にあるように，自然環境に生息する昆虫類の異種間には，交雑を阻止する隔離機構が存在する．隔離機構は種多様性の維持機構として重要な役割を果たすことが考えられる．

　植物と動物では基本的に交配システムが異なっている．一般的にいって，植物は虫媒花でも風媒花でも，受粉段階で同種異種の区別を厳密に行うことはできず，受粉後における花粉管の伸長阻止，自家不和合，F1やF2個体の発育不全や生殖機能の低下など，動物の交配後隔離(postmating isolation)に相当する機構が発達している．一方，昆虫を含め動物では異種間の交雑を事前に防ぐ交配前隔離(premating isolation)の機構を発達させている．

　(1)　環境的隔離(habitat isolation)：生活場所や餌などの生活環境を変え，自然界ですみわけている昆虫は多い．カゲロウやカワゲラ類の幼虫は種によって川の瀬や淵などにすみわけ，単食性の植食者や寄生者は寄主を違えて生活している．

　(2)　季節的隔離(seasonal isolation)：生殖時期を異にし，時間的なすみわけを行っている．秋に鳴くツヅレサセコオロギと夏に鳴くナツノツヅレサセは形態がよく似た同胞種である．

　(3)　行動学的隔離(ethological isolation)：近縁種間で行動を違え，生殖的に隔離が成立している．ホタル類の発光パターン，チョウ類の一連の儀式化された配偶行動，セミ類やコオロギ類の発音パターン，ウンカ類やヨシノメバエ類の振動パターンなどはこの例である．

　(4)　化学的隔離(chemical isolation)：性フェロモンなどの性誘引物質を違えることにより交雑を防ぐ．多くの夜行性のガ類は近縁種で性フェロモンの組成や構成比を変えており，交雑が阻止されていると考えられている．昼行性の昆虫類でも，マツハバチ類は種特異的な性フェロモンを種内交信に使っている．

　(5)　機械的隔離(mechanical isolation)：外部生殖器の構造は昆虫の種ごとに特異的であることが多く，その違いが直接的または間接的に異種間の交尾や精子の移送を防ぐと受け止められている．

　これらの隔離機構は，分離する集団間の交雑を防ぐ機構として種形成の前に生じたものではなく，種分化の途上もしくは分化後の遺伝的変化の副産物として生

じることが考えられる．種分化の成立要因としては，地理的隔離(geographical isolation)が重要視されている．外的要因としての地理的隔離は，現在もなお種分化の主流をなす地理的種分化の成立要因として必須であり，また，現実に地理的障壁をはさんで近縁種が分布している例は多い．

d. 種分化の様式

種の多様化は種分化によってもたらされる．昆虫類の各々の種は時間の経過とともに，変化する環境に自らを適応させて進化していくことが考えられる(向上進化，anagenesis)．しかし，この進化では種が変化することはあっても，種数が増加することはない．種数の増加を意味する種の多様化は，1つの種が2つまたはそれ以上の種に分かれる分岐進化(cladogenesis)によってもたらされる．種は自然界で地理的ならびに時間的広がりを持つ存在であるが，種分化はそれらの集団が遺伝的障壁によって分断され，2つの隔離された生殖集団に分離することである．しかし，実験的再現の難しさもあり，種分化がどのような機構により，どのような過程を経て達成されるかは依然として謎といえる．

1960年頃までは，ネオダーウィニズムの影響もあり，種分化は地理的隔離による，比較的大きな個体群の分離を前提とする考えが支配的であった．最近になって種分化に関する研究がさかんになり，種分化の過程が多様であることが明らかになってきた．Bush(1975)の類別に従って，種分化の様式とその例を解説する．

1) 異所的種分化(allopatric speciation)：大集団の地理的障壁による分離

従来から最も受け入れられてきた種分化の様式で，海や山脈などの地理的障壁によって，もとの種が比較的大きな2つの集団に分断され，隔離されている期間に各々の集団が異なる遺伝的変異を蓄積し，別種となる．海や山脈をはさんで昆虫の近縁種が分布する例は世界各地から報告がある．日本では琉球列島に分布する昆虫類がこの様式の例としてよく取り上げられる．クマバチ類(図1.8)やセミ類で，近縁種の分布と列島の地史との対応から異所的種分化の過程が考察されているが，海浸と海退が繰り返された地史に加え，競争的排除などの他の種間干渉の関与が示唆されている．

2) 異所的種分化：小集団の出芽的分離

Mayr(1963)が周辺種分化(peripatric speciation)として提出したものである．すなわち，もとの種の分布域の周辺に隔離された小個体群は，高頻度の同系交配

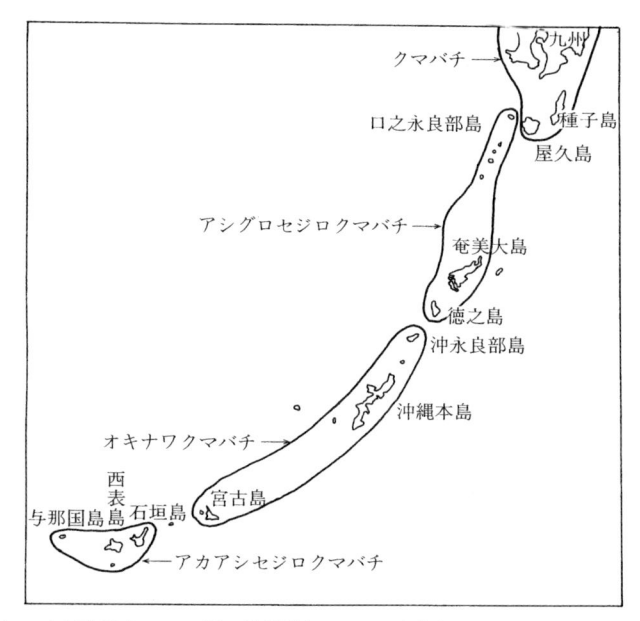

図 1.8 クマバチ属 *Xylocopa* 4 種の琉球列島における分布(Yasumatsu と Hirashima, 1964 および Yamane ら, 1983 を変改写)

による遺伝的浮動(genetic drift)によって対立遺伝子の頻度を初期段階で変化させ(創始者効果, founder effect), 新しい遺伝的組成を急速に作り上げ, 短期間にもとの種から種分化するとする考えである. ハワイ諸島にはこの地域に固有のショウジョウバエ類 *Drosophyla* が 700 種以上分布することが知られている. ハワイ諸島のうち最も古いオアフ島が約 560 万年前にでき, 最も新しいハワイ島が約 40 万年前にできたという歴史もわかっていることから, Carson ら(1973)は種形成途上の例をとらえることを期待しながらこの群の種分化について研究した. 結果的には, 種分化途上の例はみられず, 近縁種はすべて生殖的に隔離されていることが明らかとなった. 一連の研究結果から, 彼らはハワイ諸島におけるショウジョウバエ類の種分化が, 従来考えられていたような長時間を必要としない急速な事象であると結論づけた(図 1.9).

周辺種分化は地理的に隔離される初期集団が著しく小さいことと, 隔離集団の種形成の時間がはるかに短い点で従来の異所的種分化とは異なる. しかし, 種分化の前提が集団の地理的隔離にあるとする点では同じである.

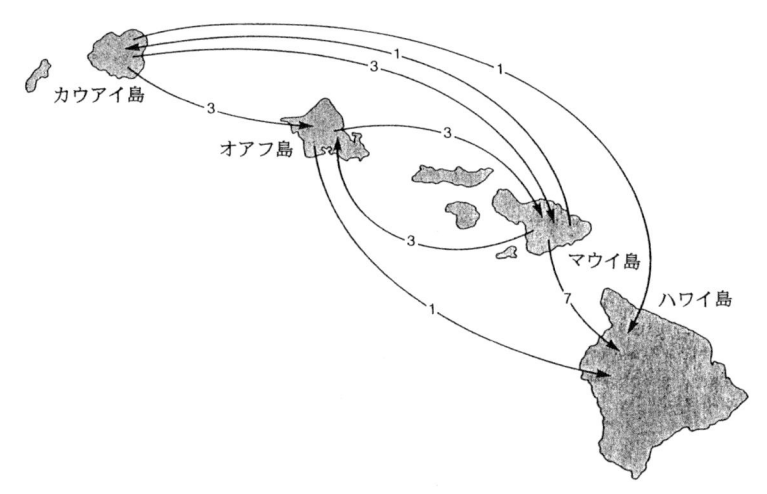

図1.9 ハワイ諸島においてショウジョウバエ属 *Drosophila* の一群で生じたと推定される小個体群の移住とそれに続く種分化の回数(Dobzhanskyら,1977)
矢印は移住の方向を,数字は定住が起こったと思われる最小回数を表す.移住の大半はより古い島からより新しい島に向かって起こっている.

3) 側所的種分化(parapatric speciation)

オーストラリアのハネナシバッタ類 *Vandiemenella* やナナフシ類 *Didymuria* などの移動性の少ない昆虫群で提唱された定所的モデル(stasipatric model)はその代表である(図1.10)(White, 1973；Craddock, 1973).このモデルでは,染色体再構成により新しい染色体組を持った集団が,狭い交雑帯を形成しながらもとの種集団を押し退けていき,結果的に異なる染色体構成を持つ2つの集団が互いに接しながら存在することになる.これらの染色体構成の異なる集団が別種と認められるかどうかについては異論があり,種分化の様式としては議論の余地があるといわれている.

近年,地理的種分化の途上の両個体群が,地理的障壁の消滅によって2次的に接触したために生じる交雑帯(hybrid zone)を対象として,種分化の機構を明らかにしようとする試みが多い.しかし,一般に狭いこの交雑帯は側所的種分化の際に形成される移行集団と考える研究者もいる.

Alexander(1968)や正木(1972)がコオロギ類で提唱した季節的種分化や気候的種分化も,分離の様式からみると側所的種分化に分類される.非休眠性の熱帯個体群が北上し,冬に遭遇した際,卵期または幼虫期に休眠機構を獲得した北部の

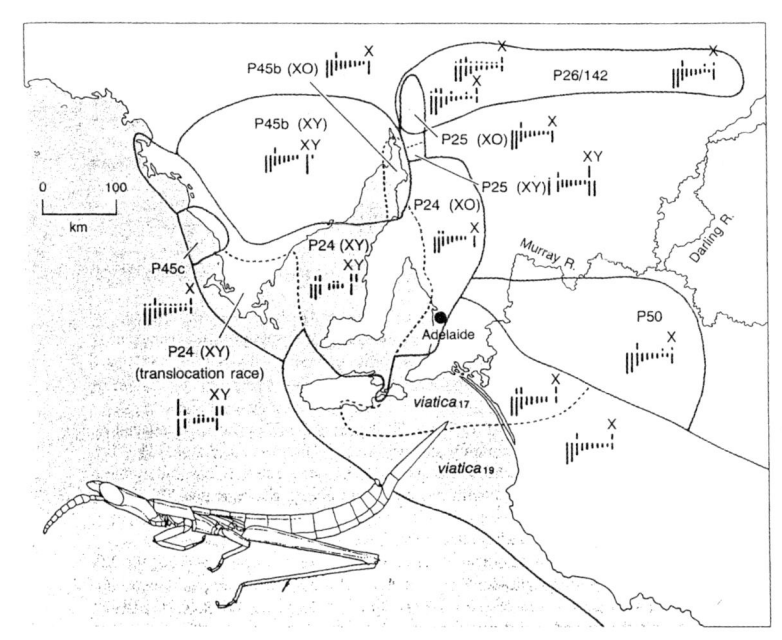

図 1.10 オーストラリア南部におけるハネナシバッタ *Vandiemenella* の種および系統の分布 (White, 1978)
異なる核型で特徴づけられる種は実線で,系統は破線で区切られている.

周辺個体群が,もとの非休眠個体群から分離し,新しい生殖集団を北の気候帯に分化させる.

4) 同所的種分化(sympatric speciation)

ミバエ類の同所的種分化:寄主特異性の強い植食性昆虫類や寄生性昆虫類では,地理的隔離なしに寄主転換を果たした種が派生する,いわゆる同所的種分化の可能性が議論されてきた.この説を強く支持したのは Bush ら (1969-1994) の北米産の単食性ミバエ類 *Rhagoletis* に関する一連の研究である.*Rhagoletis pomonella* には形態的には区別のできない野生のリンゴであるサンザシを寄主とするサンザシ生態種と栽培サクランボを食害するサクランボ生態種がいる.これらの2種の生態種はアメリカのウィスコンシン州では,同所的に,しかも交雑することなく存在している.サクランボは約100年前にヨーロッパから北米に移入され,サンザシが分布する地域内にサクランボ畑が作られた経緯から,本来サンザシで生活していた種個体群の一部がサクランボに寄主転換し,同所的に種分化を果たしたと考えられた.Bush らは成虫の寄主選択性(host selection)と幼虫の

可食性(larval survival)を支配する，各単一遺伝子座の2つの対立形質を想定し，新しい植物上に適応した遺伝子を成虫，幼虫ともにホモに持つ個体の出現が，同所的種分化の発端であるとした．そして，各々の寄主植物上およびその近辺(habitat selection)での同族交配(assortive mating)が，同所下に生存する2つの個体群間の遺伝子流動を阻止すると説明した．この説明はMaynard-Smith(1966)が数理解析から論じた同所的種分化の可能性を現象的に立証するものと受け止められている．

　ミバエ類のほかにも，マツハバチ，アシブトコバチやツノゼミ類などの寄主特異性の強い昆虫群で同所的種分化の機構が論じられたが，実験的な裏づけによって証明された例はない．2種のミバエにおいても，両者にはかなりの遺伝的差異が認められており，野生リンゴでもサクランボでも成育可能なヘテロ個体の消滅過程や，両個体群間の生殖隔離の成立過程を実証することは難しい．むしろ，野生リンゴの集団のごく一部がサクランボ畑に飛来し，その後急激な変化をとげて種分化を果たしたとする，小集団の出芽の分離を発端とする異所的種分化による説明を否定することもできない．一般には，同所的種分化は理論的には可能であるが，実際に起こるのは難しいと受け止められている．

　シダハバチ類の同所的種分化：ニホントガリシダハバチ *Hemitaxonus japonicus* は日本の自然環境下で，同所的種分化が進行中の貴重な例である(図1.11)(内藤，1988，1989)．本種は日本固有種で北海道から九州中部まで分布し，イノデ *Polystichum polyblepharum* とジュウモンジシダ *Polystichum tripteron* を寄主植物としている．紀伊半島では北緯33度40分付近の南北約10 kmの帯状地帯を境に，南に1種と北に生態種2種が分布している．その南側では，雌成虫も幼虫も2種のシダを区別なく寄主植物として利用する寡食性個体群として分布している．一方，帯状地帯の北側では，ジュウモンジシダに産卵し，それを食べて生育する生態種(ジュウモンジ生態種)と，イノデにのみ産卵し，それを食べて生育する生態種(イノデ生態種)が同所的同時的に分布している．両生態種に形態的違いはみられないが交雑することはなく，生殖的に隔離された状態で存在している．そして，南北10 kmの帯状地帯で，雌成虫の寄主選択性と幼虫の可食性が急激に変化・分離し，種形成が進行している．

　近縁種の類縁関係や分布様式から判断すると，本種は本来ジュウモンジシダを寄主植物とし，北から南に分布を広げてきたと考えられる．ジュウモンジシダが少なくなる日本南西部の温暖地で，豊富に分布し，同時に芽吹くイノデに寄主転

1.3 種の多様化機構

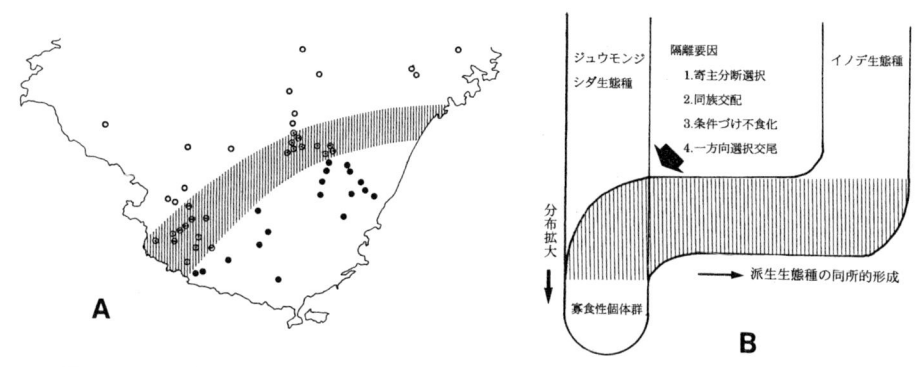

図 1.11 紀伊半島南部におけるニホントガリシダハバチの生態種の同所的形成(内藤親彦原図)
A：生態種形成の分布実態．○：2つの生態種の分化している地点，◉：新しい生態種の形成が進行中の地点，●：寡食性個体群が分布している地点，▯▯▯：生態種の同所的形成の進行が予想される地帯．
B：生態種の同所的形成の模式図．

換を果たし，新しい生態種(イノデ生態種)を派生している．同所的種分化では，新しい生殖集団の独立性がいかに保証されるかが最大の問題点である．本種では4つの生殖隔離要因が効果的に働き合って，この難問を克服している．すなわち，(1)雌成虫の寄主選択性は1遺伝子座の対立形質によって支配され，ホモ接合雌はジュウモンジシダまたはイノデを，ヘテロ雌はジュウモンジシダを優先的に選択する．(2)雌雄の交配は寄主選択性により飛来する寄主植物上で行われる．イノデ上には派生形質と考えられるイノデ選択のホモ接合が集まりやすくなる．膜翅目昆虫類の遺伝的特徴であるが，雄は半数体であるため寄主選択因子を1つ持ち，この性質が同族交配をさらに高める．(3)幼虫の不食性は雌成虫の継続産卵に影響される条件づけ効果によってもたらされる．幼虫はもともと寡食的性質を持ち，ジュウモンジシダとイノデで成育可能であるが，派生寄主への継続産卵により幼虫がイノデを食べ続けると，もとの寄主植物に対する不食性が発達するものと思われる．(一般に考えられているように，幼虫の可食性が成虫の産卵選択性とは独立の1遺伝子支配であるとすると，2種の寄主植物を食べるヘテロ接合の集団からのすみやかな除去が困難である．) (4)派生生態種であるイノデ生態種の雄はジュウモンジシダ生態種の雌と交尾できるが，雌はジュウモンジシダ生態種の雄とは交尾しない．この一方向的な選択交尾はもとの集団からの遺伝子流動を阻止し，派生生態種の遺伝的独立性を保証している．

シシガシラ *Struthiopteris niponica* を寄主植物とするシシガシラハバチ *Hemitaxonus sasayamensis* は，ニホントガリシダハバチと形態的に区別ができ

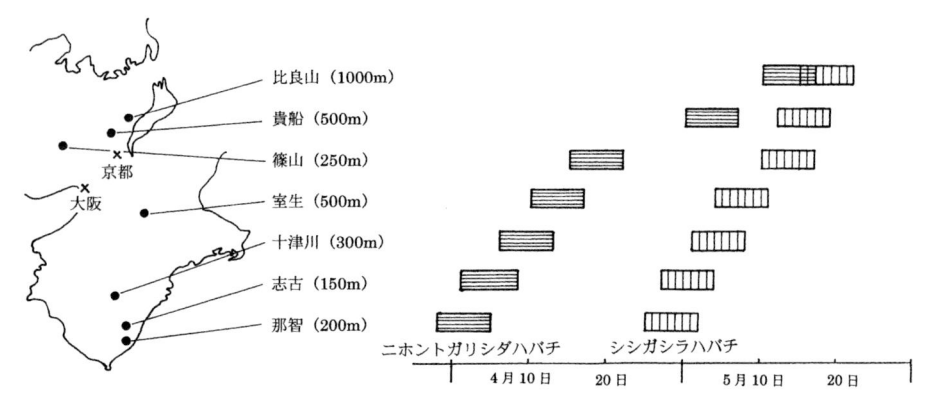

図 1.12 近畿地方におけるニホントガリシダハバチとシシガシラハバチの成虫の発生期間
(内藤親彦原図)

ない同胞種である．本種はジュウモンジシダ生態種とよく似た分布をしているが，本州低地では成虫の発生時期が約20日早く，2種の出現期がともに約1週間であることから，野外で両種成虫が混生することはなく，時間的に隔離されている．ところが分布域を北または高所へたどっていくと，発生期が両種個体群の一部で重なる．たとえば，兵庫県の氷ノ山では1,200 m，滋賀県の比良山では1,000 m，秋田県の月山では800 m附近で，成虫が同所的，同時的に存在するようになる．しかし，これらの混生地域においても両種は交雑することなく，生殖的に隔離されている(図1.12)．

日本の冷温帯地域では，ジュウモンジシダの芽吹き時期がジュウモンジシダ生態種の発生より早く，芽吹き状態のシダにしか産卵できない雌は，遅く芽吹く一部のシダのみに産卵している．シシガシラはジュウモンジシダと同所的にみられるが，芽吹きが後者よりもやや遅い．これらの事実から，ジュウモンジシダ生態種のうち，分布の時間的周辺部にいる個体群がシシガシラに同所的に寄主転換を果たした可能性が高い．シシガシラ生態種はその後日本の低山地に分布を広げ，現在の分布状態に至ったと考えられる．

シラネワラビ *Dryopteris austriaca* を寄主植物とするシラネワラビハバチ *Hemitaxonus paucipunctatus* とクサソテツ *Matteuccia struthiopteris* を寄主植物とするメスグロトガリシダハバチ *H. melanogyne*，およびイッポンワラビ *Arachniodes mutica* を寄主植物とするタケウチトガリハバチ *H. takeuchii* とイヌワラビ *Athyrium niponicum* を寄主植物とするイヌワラビハバチ *H. athyrii* は，各々同胞種である．シラネワラビハバチとタケウチトガリハバチはともに，東シ

ベリア，朝鮮半島，カラフトに分布し，日本では北海道と本州の高地に分布している．一方，メスグロトガリシダハバチとイヌワラビハバチは日本固有種で，日本の低山地に分布している．各々の同胞種は標高差において地理的に隔離されているが，寄主植物は一部で分布が重なり，そこでは同じ場所で同時に芽吹いている(図1.13)．これらの同胞種も種分化の発端は同所的分化であったと考える．やはり，シラネワラビハバチとタケウチトガリハバチが北から南に分布を広げる過程で，各々の寄主植物の分布の南限近くで，同所的，同時的に芽吹く別のシダに寄主転換を果たし，メスグロトガリハバチとイヌワラビハバチという新しい生殖集団を派生させたと考えられる．その後，派生種は南に分布を広げ，もとの種とは地理的に分離するに至っている．

このように，トガリシダハバチ属の種多様化は一貫して寄主転換を伴う同所的種分化として解釈できる．寄主転換の対象となる新しいシダは，旧いシダと同所的，同時的に芽を吹く種で，2種のシダは必ずしも近縁であるとは限らない．これは本属の雌成虫が寄主植物のシダが葉を展開する短い時期に限って産卵する習性と関係している．ハバチ類における寄主転換を伴う種分化は，植物の種分化と

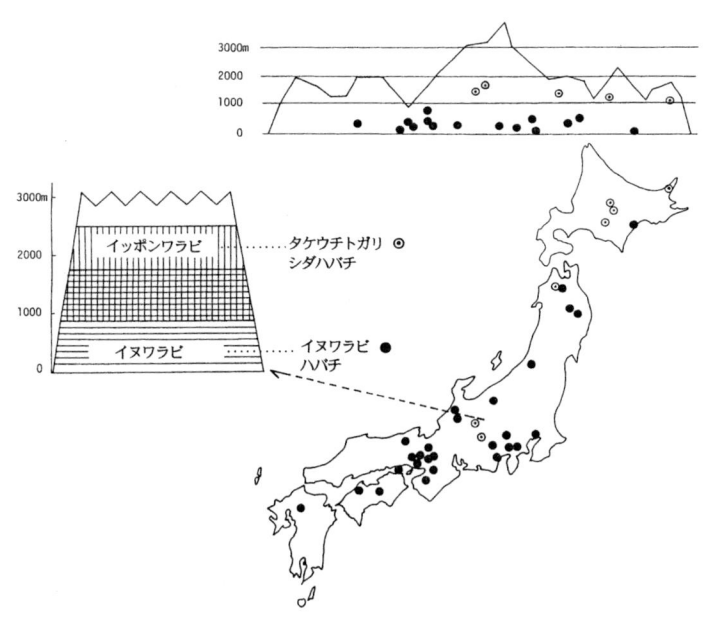

図 1.13 タケウチトガリシダハバチとイヌワラビハバチの分布，およびそれらの寄主植物の長野県における垂直分布(内藤親彦原図)

並行して起こるのではなく，よく似た生活環を持つ比較的近縁の植物に対して起こると考えられる．派生種の時間的分離や地理的分離は種分化後の副次的現象であろう．

e. 種分化の進化的意義

昆虫類は他の陸生動物と比べると体が小さいことが特徴で，各々の種の生活環境，すなわち生態的ニッチ(ecological nitch)も特殊で狭いといえる．昆虫類の種多様性が著しく大きいのは，翅を備えた機能的な構造を持つとともに，体を小さくすることにより種ごとのニッチを小さくし，それによって地球環境と利用資源を限りなく細分化して，各々の環境に適応する種を派生してきた結果である．生物が異環境へ適応を分裂させる現象，それが種分化である．

昆虫類を含め生物の基本的性質の1つは放散(divergence)である．個体数を増やし，分布圏を広げ，変異性を高め，生活形態を多様化するなどのいわば遠心力である．一方で，生物は自然環境の中で1つの生殖集団として安定したまとまりを維持しようとする求心力を合わせ持っている．これらの遠心力と求心力のバランスの結果が自然界における種の存在形態であるといえる．種は一定の環境に適応を果たし，限られた空間的ならびに時間的広がりを持って存在する生殖集団である．昆虫の種がさらに異環境に進出・適応を果たす手段が種分化なのである．

昆虫類の種分化を適応の分裂ととらえると，個体群の地理的分離が必ずしも種分化の前提とはならない．たとえば，比較的均一な環境に分布する種が地理的障壁により2つに分離された場合，環境に勾配がなければ2つの昆虫の集団も変化しないかもしれない．経度に平行に分布する種はこれに該当すると思われる．経度に対して垂直に分布する場合，あるいは高度を違えて分布を広げる場合は，温度や植生などの環境に顕著な勾配があり，地理的に分離した集団は各々の環境により適応した生殖集団を形成し，結果的に種分化に至ることが考えられる．琉球列島の昆虫群や日本の低地と高地に分布する近縁種はこの例である．

地理的種分化は多くの場合，地理的障壁による種個体群の分離という受け身的現象を出発点にしている．琉球列島のように個体群の分離が顕著な場合もあるが，陸続きの環境ではどのような障壁が実際に作用してきたかは断言できない．エンマコオロギ類でみられる気候的種分化は，寒冷地域への積極的な適応個体群の分離であり，地理的障壁は介在しない．また，ニホントガリシダハバチの同所的種分化においては，同所下で新しい生殖集団を派生するために，4つの隔離要

因が同時に効果的に働き合っている．新しい環境への適応の分裂の手段である種分化という現象は，基本的には積極的な過程でなければならない．

種分化の理解のために，その様式によって地理的種分化，側所的種分化，同所的種分化に分類して解説したが，これらは結果としてみられる分離の形であり，その機構を説明するものではない．昆虫類は各々独自の生存様式と環境適応機構を発達させてきた歴史的存在である．彼らが新しい環境を開拓し，そこに新しい種を派生させる方法もまた多様である可能性が大きい．

1.4 系統と進化

a. 系統分類とその方法

昆虫類の種多様性が分岐進化を通してもたらされたと考えると，現存昆虫類が過去にどのような分化の道筋を経て，現在どのような関係で存在し合っているのかが問題となる．分岐進化を歴史的に研究するのが系統分類学(systematics)である．しかし，人類の歴史をはるかに超える昆虫類の過去を再現することは不可能である．過去の歴史的証拠である昆虫化石を研究する方法はあるが，彼らの歴史を切れ間なく再現できるほどの資料の蓄積はないし，それを期待することも難しい．したがって，実際には現存昆虫類にみられる諸形質の比較から系統関係を類推する方法が行われている．系統推定の方法については多くの考え方や解析方法が提出されているが，主なものを紹介する．

1) **伝統分類法**(conventional method)

生物進化の考えが受け入れられていなかった時代にも分類体系は存在していた．Linnaeus は生物の個体が持つ形質の類似と差異から分類群(taxon)と階級(rank)の存在を認めた．個体の集合である基本ユニットを種とし，類似形質を持つ種の集合を属とし，さらに科，目，綱，門などの上位階級を設けた．昆虫類でも形質にみられる類似性と類縁関係におおまかな一致があることやその体系の便宜性から，この分類体系は進化の考えが定着した後も，そして現在も，実際に使われることが多い．しかし，用いる形質の重みづけや分類群の認知が研究者によって異なることが多いために，同じ昆虫類を対象とした研究でも，結果として表現される分類体系は一致しないことが多い．

2) **表形分類法**(phenetic method)

伝統分類法と同じく種を基本ユニットとするが，主観的な形質の重みづけを排し，形質を等価に評価し，総体的な類似度で体系を表現する．形質の類似性を数

量的に表現するため，数量分類学(numerical taxonomy)ともいわれる．できるだけ多くの形質を扱い，計算処理方法に改善を施し，全体的類似度を表形図(phenogram)に表現して近縁関係を明らかにしようとする．しかし，進化途上で起こる収斂(convergence)や平行現象(parallelism)を排除できないことや，形質によって異なる進化速度を考慮できないなどの理由で，真の系統関係を表現していないとの批判が多く，系統分類法としての一般的な支持は得られていない．しかし，表形分類法における数理手法の開発は，以下に述べる分子系統学や分岐分類学の発展に重要な役割を演じた．

3) 分子系統学(molecular phylogeny)

制限酵素の利用，ポリメラーゼ連鎖反応(PCR)法の開発および核酸塩基配列解読技術の発達などにより，近年著しい発展をとげている分類法で，酵素タンパクのアロザイム分析や核DNAおよびミトコンドリアDNAの塩基配列の類似と差異から系統を推定する．分子レベルでは塩基置換の速度が一定であること，および収斂の解析が比較的容易であることにより，形態形質では適用に問題があった表形分類の手法が生かされる．すなわち，分子レベルでの総体的類似度から系統推定が可能となり，分子の塩基置換の数から分岐の年代推定も行える利点がある(図1.14)．塩基配列などのデータの解析方法には，平均距離法(UPGMA法)

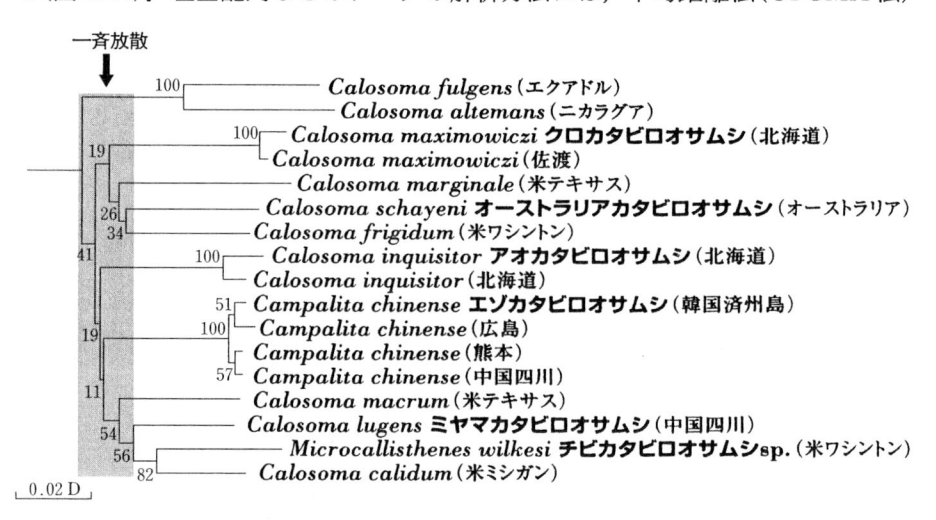

図1.14 ミトコンドリアND5遺伝子領域によるカタビロオサムシ亜族の分子系統樹(NJ法)
(大澤，2000)
現存する基本的な種の多くが，本系統の分化初期のごく短い間に，一斉放散により生じたことを示唆している．

や近隣結合法(NJ法)など，分類単位(taxa，タクサ)間の遺伝的距離から系統樹を構築する距離行列法や，想定される祖先型の塩基配列から塩基置換の回数が最小になる系統樹を作成する最節約法，あるいは，塩基置換の確率モデルに基づき，ある塩基配列が実現する確率が最大になる系統樹を選ぶ最尤法など，多くの手法が開発されている．分子系統法は比較形態による系統推定よりも客観性の高いことが認められているが，遺伝子の機能領域と非機能領域で塩基置換の速度が異なることや，アミノ酸を指定するコドンの3塩基のうちでも第1および第2塩基に比べ第3塩基の置換率が顕著に高いことなど，塩基置換の速度がゲノムの全塩基配列を通して，必ずしも一定でないことを考慮に入れる必要がある．したがって，種内や近縁種間を比較する場合と属や科を比較する場合など，系統解析の対象となる分類単位によって，解析に適当な遺伝子領域を探索する必要がある．また，種などのユニットの認識は分子手法で行うことは現実的に難しく，形態形質の助けを借りなければならないというジレンマを抱えている．

4) 分岐分類法(cladistic method)

Hennig(1965)により提唱された分類法で，派生形質の共有を血縁の基準とみなし分類体系を構築する(図1.15)．現存昆虫類では旧い形質と新しい形質がモザイク状に存在すると思われ，より新しい形質の共有がより近縁性を表すものと考える．最初に形質の評価が必要で，複数の分類単位にみられる共有原始形質(symplesiomorphic character)と共有派生形質(synapomorphic character)を区別するとともに，収斂や平行現象などの非相同形質の決定を行う．次に派生形質を共有する分類単位をひとまとめにし，より上位の分類単位を作る．この作業を

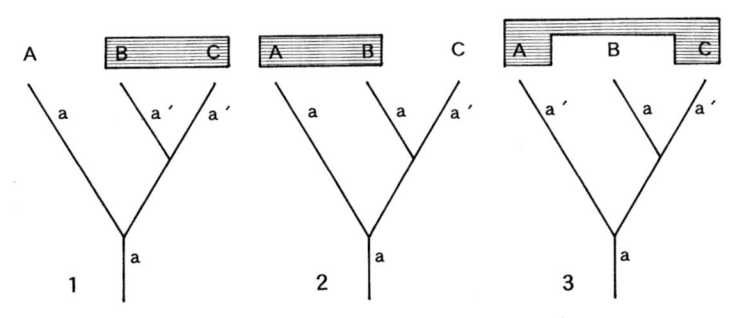

図 1.15 形質の類似に基づく3通りの群形成
1：タクサBとCは派生形質の共有により単系統群を構成する，2：タクサAとBは原始形質を共有するため側系統群を構成する，3：タクサAとCは収斂形質を共有するため多系統群を構成する．
aは原始(祖先)形質，a′は派生(子孫)形質を表す．

積み重ね，分岐図(cladogram)を作成する．実際の系統推定では対象となる分類単位の数も多く，形質もできるだけ多く扱うため，派生形質を共有する分類単位のくくりや非相同形質の確定などが困難となり，コンピューターの助けを必要とする．一般には，最節約規準(maximum parsimony criterion)を採用し，進化変化の数を最小にする手法により分岐図を作成している．

分岐分類法は最も理論的に昆虫類の類縁関係を表現できる方法として評価される一方で，進化の時間尺度が無視されている点や，本分類法の根幹である派生形質と原始形質の決定に主観が入る危険性が大きい点がしばしば問題とされる．

5) 進化分類法(evolutionary method)

伝統的分類法に客観性を持たせるために，分岐分類法と表形分類法の一部を取り込み，分類群の系統と階級を表現する．すなわち，分岐分類法によって類縁関係を推定し，形質の変化量によって分類群間の系統的距離を推定し，2次元に系統関係を表現する．進化分類法では，共有派生形質に対する固有派生形質(autoapomorphic character)の重さも考慮して分類群を階級づけるため，派生形質を共有する単系群だけでなく，原始形質を共有する側系群も分類群として認める．進化分類法は種々の分類法の利点を取り入れて系統構築をめざすものであるが，主観性は依然として解消されていない．

b. 系統発生の進化機構

昆虫類の系統解析は種々の解析方法の開発により進展をみている．これによって得られる情報は昆虫類の分類群の類縁関係や分化時期などであるが，系統進化の機構やその要因までも明らかにはできない．高次分類群における大進化は，種以下で起こる小進化の積み重ねなのか．大進化には法則性があるのか．これらの問題は系統分類学が今後解明していかなくてはならない課題であるが，進化の歴史を反映する生物の分布や化石の研究分野から，斬新な提言がなされている．

1) 生物地理学からの提言

地理的分布は昆虫類の歴史的変遷の結果であるとともに，生態などの環境情報を含んでおり，系統解析の情報と比較検討することにより，系統発生をより具体的に理解するための要素となりうる．

日浦(1961)は主として東アジアに分布するチョウ類を研究対象として，種および属レベルの分布図の比較から分布パターンを求め，分布圏の様相と系統発生の諸段階を対応させて，古生物の系統発生が自己運動をとるとする井尻(1953)の考

1.4 系統と進化

系統発生の段階	発生の段階	変化の段階	繁栄の段階	滅亡の段階	
分布圏の様相	発展的固有		広分布	不連続分布	遺存的固有

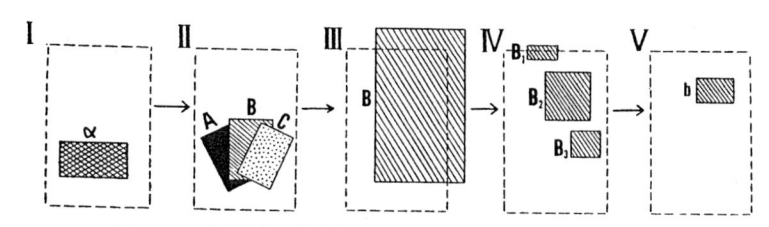

図 1.16 系統発生の諸段階と分布様相との対比(日浦, 1961)
a は祖型の種を, A, B, C はそれから分化した種を表す. B_1, B_2, B_3 は広域分布を果たした B 種が, やがて分離分布した状態を示す.

えを発展させた. すなわち, (1)ある昆虫群の祖先種が地球上の特定の地域に発生する(発生の段階), (2)その地域および周辺で多数の近縁種を分化させる(変化の段階), (3)分化した種は分布を広げ, 中には汎世界的に分布を広げる種もある(繁栄の段階), (4)環境の変化に伴い各々の種は不連続分布を示す(衰退の段階), (5)地球上の特定の地域, 多くの場合は大陸の東端や西端に遺存的(relic)な状態で残り, 種数が減少し, やがて消滅する(滅亡の段階)(図1.16).

多くの昆虫群で分布圏の様相と系統発生の段階の対応がみられると思われる. 内藤(1975, 1996)はシダハバチ亜科で分布様相と系統発生の対応を確認している. 東アジアに集中的に分布し, 近縁種や種分化の研究対象となる同胞種を含むトガリシダハバチ属 *Hemitaxonus* は変化の段階にあり, ナガシダハバチ属 *Strongylogaster* は世界中に広域分布し繁栄の段階にあると推察できる. ユーラシア大陸に分離分布し, 種間の違いが明瞭なニセトガリシダハバチ属 *Pseudohemitaxonus* は衰退の段階にあり, 日本にのみ 2 種分布するクチナガシダハバチ属 *Nipponorhynchus* や, これと近縁でカナダのケベック州に分布する 1 属 1 種の *Aderesta* 属はまさに絶滅寸前にあるハバチといえる.

2) 古生物学からの提言

伝統的なネオダーウィニズムでは, 突然変異の自然選択による漸進進化が生物進化の基本である. したがって, 生物の進化様相は向上進化の積み重ねである系列漸進論(phyletic gradualism)で説明されてきた. 1970 年代に入り, 古生物学者の Eldredge と Gould は詳細な化石調査から分断平衡論(punctuated equilibrium theory)を提唱した. 生物の新しい化石種は, 旧い化石種との中間的な推移

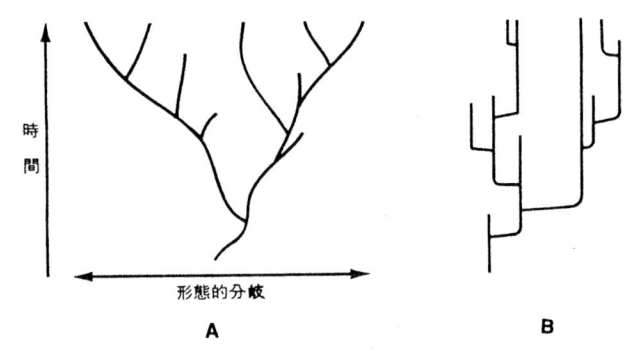

図 1.17 系列漸進論(A)と分断平衡論(B)による形態形質の時間的変化の様相 (フツイマ，1991)
系列漸進論では形態の変化は緩慢で，種分化の際に特にめだつことはない．分断平衡論では種分化の際にのみ，形態変化が急速に起こる．

型の存在なしに突然出現し，その後は何百万年も変化せずに存在するとの考えを表し，生物進化の漸進性を否定した．彼らは断続的な進化パターンをもたらす機構として Mayr の「周辺種分化説」を取り上げ，急速な種分化の際にのみ大きな形態変化が生じることを説明した(図1.17)．

おわりに

昆虫類は現存生物の中で群を抜く種多様性を示す．彼らは翅を持ち，体節構造を機能分化させ，体を小さくし，種分化という手段を介し，地球上の豊かな環境と生物資源を分割して種の多様化を達成してきた．しかし，昆虫類の進化は，そして他の生物群の進化も同様に，大きな曲り角に直面している．日本版レッドデータブックに絶滅危惧種や希少種として名を連ねる昆虫類の多くは，かつて日本の山野に普通にみられた種である．島嶼などに局地的に分布する固有種もまた人間活動によってその存在を脅かされている．人類の科学技術の進歩によって，森林伐採，大規模開発，合成化学物質の乱用などが環境破壊を招き，すみ場所を奪われ，有毒物質を浴びせられて，昆虫類は死に直面しているといっても過言ではない．特殊で狭い生態的ニッチに適応を果たしてきた昆虫類にとっては，ここ20～30年の地球環境の変化は彼らの進化史で最も激烈なものかもしれない．今や地球環境は人類の支配下にあり，大型哺乳類は人間の管理下から逃れることは不可能で，自然環境における進化は終わったといえなくもない．昆虫類もまた絶滅の速度が加速させられている．

一方で，昆虫類がみせてきた種多様性の大きさと環境適応力の旺盛さは，今，激変する環境に新たな適応と種の多様化を果たす力となる可能性も否定できない．農生態系への進出と害虫化，さらに薬剤抵抗性のすみやかな獲得など，昆虫類の人間環境への適応と人類への挑戦はそのしたたかさの証である．

　絶滅する昆虫と繁栄する昆虫の違いは何か？　昆虫類がみせる環境適応力の差には，それぞれの種や群の歴史的背景が関与しているのかもしれない．昆虫類の歴史科学としての系統進化の機構解明は，昆虫類を含め，生物と環境の関係を考える上でのますます重要な研究課題である．

2. 生活史の適応と行動

2.1 昆虫の季節適応

a. さまざまな生活史

　昆虫類の生活史は，多様である．たとえば，季節生活環(seasonal lifecycle)に注目すると，モンシロチョウ *Pieris rapae* のように春から秋にかけて数世代を繰り返し，蛹で冬を越すものがいる一方で，フユシャク類のように，夏・秋を蛹で過ごし冬にのみ成虫が現れるものもいる．1年に何世代を経過するかという性質を化性(voltinism)と呼び，モンシロチョウのように1年に2世代以上を経過するものを多化性(multivoltine)昆虫，フユシャク類のように1年1世代を経過するものを1化性(univoltine)昆虫という．多化性昆虫のうち1年に2世代あるいは3世代を繰り返すものを，特に2化性，3化性の種ということもある．北米に分布する周期ゼミ類では1世代を終了するのに13年あるいは17年を要するが，このようなものは部分化性(partivoltine)昆虫と呼ばれる．

　Masaki(1980)は，昆虫の活動状態を発育が進む活動相(active phase)と停止あるいは遅延する休止相(dormant phase)に分け，さらに繁殖の季節を考慮に入れて，昆虫類の季節生活環を9通りの型に分類した(図2.1)．この分類では，化性や休止相の発育段階とかかわりなく，春から秋に発育・繁殖し，冬にのみ不活発になる種はすべてA型に属することになる．したがって，モンシロチョウのような多化性の種ばかりでなく，部分化性の周期ゼミも冬季に幼虫が休眠することが知られているので，この型に含まれる．B型の例としては，卵で夏・秋・冬を過ごし，春から初夏の間に発育と繁殖が行われるマイマイガ *Lymantria dispar* をあげることができる．C・D・E型は発育・繁殖を停止・抑制した状態で越夏するタイプの季節生活環である．

　昆虫の季節生活環の枠組みを形作る化性，および活動相と休止相の季節的配置，休止相に入る発育段階などの違いは，各種の依存する食物の季節的分布，生息場所のタイプや地理的位置，天敵との関係，系統の属性を反映している．このうち食物は，それがなくては生存できないため，多くの種にとって生活史の枠組

2.1 昆虫の季節適応

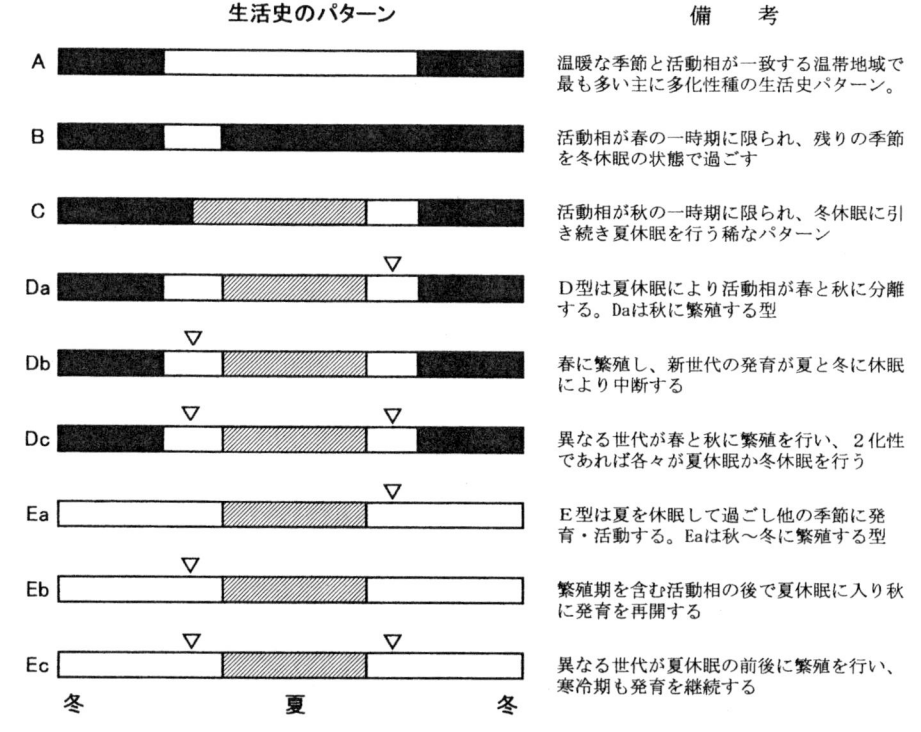

生活史のパターン	備考
A	温暖な季節と活動相が一致する温帯地域で最も多い主に多化性種の生活史パターン。
B	活動相が春の一時期に限られ，残りの季節を冬休眠の状態で過ごす
C	活動相が秋の一時期に限られ，冬休眠に引き続き夏休眠を行う稀なパターン
Da	D型は夏休眠により活動相が春と秋に分離する。Daは秋に繁殖する型
Db	春に繁殖し，新世代の発育が夏と冬に休眠により中断する
Dc	異なる世代が春と秋に繁殖を行い，2化性であれば各々が夏休眠か冬休眠を行う
Ea	E型は夏を休眠して過ごし他の季節に発育・活動する。Eaは秋〜冬に繁殖する型
Eb	繁殖期を含む活動相の後で夏休眠に入り秋に発育を再開する
Ec	異なる世代が夏休眠の前後に繁殖を行い，寒冷期も発育を継続する

図 2.1 活動相と休止相の季節的な配置に基づく昆虫の生活史のパターン（Masaki, 1980 を改変）白抜きの部分は活動相，黒く塗りつぶした部分は冬休眠，斜線の部分は夏休眠による休止相を表す．▽は繁殖活動が行われる時期を示す．

みを決める最も重要な要因である．

b. 非休眠発育

このように，昆虫類の季節生活環は活動相と休止相のさまざまな組み合わせで構成されるが，生活史の基盤は発育と繁殖が行われる活動相にある．変温動物である昆虫類の活動は温度の影響を強く受ける．一般的にいえば，10〜30°Cあたりに活動・発育に好適な温度範囲があり，その前後に寒冷麻痺(cold torpor)と熱麻痺(heat torpor)の起こる温度帯がある．ほとんどの昆虫は45°C以上の高温では死ぬが，低温側の致死温度は，後述するように種により，またそのときの生理状態により異なる．

活動相で進行する発育過程は，温度との関係が比較的単純であり，休止相でみ

られる特殊な生理過程である休眠(diapause)とは大きく異なるため，それと対比させて非休眠発育(nondiapause development)と呼ばれることが多い．すなわち，発育に好適な温度帯では，温度に比例して発育が早くなり，したがって発育期間は短くなる(図2.2)．低温側には発育速度がゼロになる温度が想定されるが，この温度を発育零点あるいは発育限界温度と呼ぶ．このような非休眠発育における温度と発育の関係は，温度をT(℃)，発育期間をD(日)，発育零点をt_0とすると，

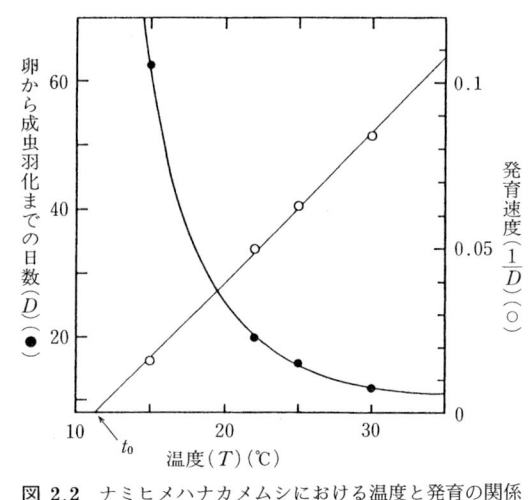

$$D\times(T-t_0)=K$$

図2.2 ナミヒメハナカメムシにおける温度と発育の関係 (Nakata, 1995)
直線の式は$1/D=0.0045T-0.0512$，これから$K=1/0.0045=222$(日度)，$t_0=0.0512\times222=11.4$(℃)が得られる．

と表現することができるが，この関係は積算温度の法則と呼ばれている．この式の中のKは有効積算温度と呼ばれる定数で，単位は日度である．

t_0とKは，各種の個体群ごとに固有の値を持つので，これらの値と平均気温の季節変化からある土地における世代数や成虫の出現時期など季節生活環を推定することができる．この2つの定数は，昆虫の目ごとに一定の傾向がある(図2.3)．たとえば，アリマキ類ではt_0もKも小さい傾向があり，少しの気温の変化でも容易に年間世代数が増減するのに対して，貯穀害虫では両定数ともに大きく，昆虫類の中では最も気温の発育への影響が小さい．

c. 活動停止
1) 休眠と発育休止

季節生活環の休止相における活動の停止・抑制には，発育休止(quiescence)と休眠が関与している．発育休止は，不適な環境要因に対する直接的な反応として発育がみかけ上停止した状態であり，条件が好転すると同時に発育を再開する．これに対して，休眠は不都合な環境条件に対する積極的な適応としての発育の停止・抑制状態であり，必要な消去条件が与えられなければ発育は再開しない．

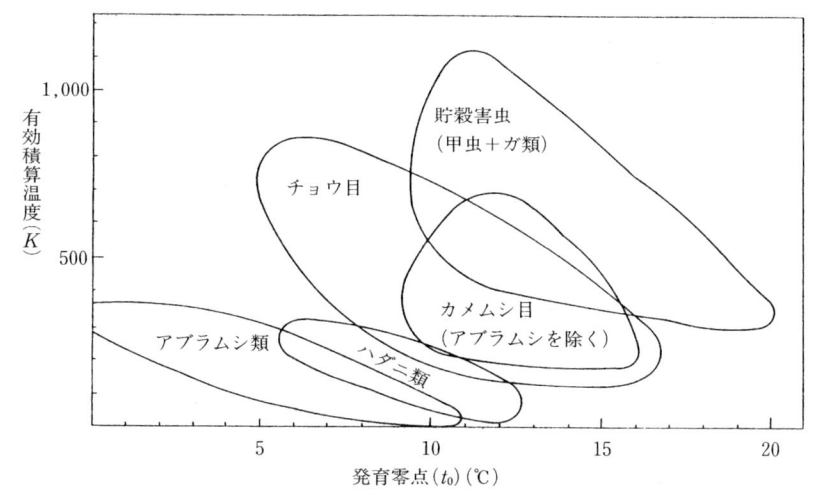

図 2.3 各種昆虫の発育零点(t_0)と有効積算温度(K)との関係(桐谷, 1991)

　Tauberら(1986)に基づき，昆虫類の休眠の特徴を整理すると次のようになる．(1)休眠は神経ホルモンを介する代謝活性が低下した状態である．(2)休眠に入ると，形態形成は低調となり，極端な環境条件に対する抵抗力が増し，行動的な活性が変化，あるいは減少する．(3)休眠は遺伝的に決まった形態形成段階でみられるが，種ごとに異なった様式で，通常，不適な条件に先立ついくつかの環境刺激に反応することにより誘起される．(4)休眠が始まると，発育に好適な条件であっても代謝活性は抑制される．

　たとえば，モンシロチョウは秋季に幼虫が短日を経験することにより，蛹期に休眠に入り越冬する．休眠蛹は，春から初秋の長日下で形成される非休眠蛹と異なり，室温下では何か月も発育を停止させたままであるが，2か月程度低温にさらすとすみやかに発育を再開し羽化が起こる．モンシロチョウの場合，野外では休眠そのものは真冬には消去されてしまうため，春に気温が上昇するまでの間は発育休止の状態にあると考えられる．

　モンシロチョウでは幼虫期の日長によって蛹期に休眠するかどうかが決まるが，このような環境要因により決定される休眠を外因性休眠(facultative diapause)という．一般に多化性昆虫の休眠は外因性であり，環境条件に感応する発育段階を感受期(sensitive stage)と呼ぶ．感受期は休眠に入る発育段階(休眠ステージ)そのものか，その直前の発育段階である種が多いが，カイコガのように母世代の環境条件により子世代の休眠が決定される昆虫もいる(表2.1)．

表 2.1 昆虫類の休眠の光周制御

休眠ステージ	種　名		感受期　誘起要因	文　献
卵	カイコガ	Bombyx mori	母親の卵・　長日 若齢期	Kogure, 1993
	ヒメシロモンドクガ	Orgyia thyellina	母親の幼虫　短日 期	Kimura and Masaki, 1977
	ヤブカの1種	Aedes atropalpus	母親の幼虫　短日 〜成虫期	Anderson, 1968
幼虫	ゴマダラチョウ	Hestina japonica	幼虫期　　　短日	汐津, 1977
老熟幼虫	ニカメイガ	Chilo suppressalis	幼虫期　　　短日	井上・釜野, 1957
前蛹	アオムシコマユバチ	Cotesia glomerata	幼虫期　　　短日	Maslennikova, 1958
	コマユバチの1種	Coeloides brunneri	母親の成虫　短日 期	Ryan, 1965
蛹	モンシロチョウ	Pieris rapae	幼虫期　　　短日	Kono, 1970
	ヤガの1種	Heliothis zea	母親の成虫期・卵期の 長日, 幼虫期の短日	Adkisson and Roach, 1971
成虫	ナナホシテントウ	Coccinella septempunctata	成虫期　　　短日	Hodek, 1962
	アルファルファタコ ゾウムシ	Hypera postica	幼虫期　　　短日	DeWitt and Armbrust, 1972
	ホソヘリカメムシ	Riptortus clavatus	幼虫・成虫　短日	Numata and Hidaka, 1982
	オオカバマダラ	Danaus plexippus	幼虫期　　　短日	Baker and Herman, 1976

　一方，1化性昆虫では，どの世代でも遺伝的に決まった発育段階で必ず休眠に入る．このような休眠を内因性休眠(obligatory diapause)と呼ぶが，休眠消去(diapause termination, 休眠覚醒ともいう)などには環境要因が関与している．マイマイガは夏に産まれた卵で秋・冬を過ごすが，一定期間の低温にさらすことによりいつでもふ化が起こる．

　Masaki(1980)の提唱した冬休眠(winter diapause)と夏休眠(summer diapause)という機能的な分類も有用である(図2.1参照)．この分類では，モンシロチョウの蛹休眠のように秋の短日で誘起され，冬の低温で消去される休眠は冬を越す休眠であるから冬休眠である．一方，夏休眠は，夏の盛りが訪れる前に誘起され，秋に消去される休眠と定義される．

　休眠は，低温や高温，乾燥，食物の欠乏といった不都合な季節を不活発な状態でやり過ごすという消極的な側面もあるが，同じ種なら同じ発育段階で休眠し，同じ環境条件で休眠から覚醒するため，結果的に個体群内の個体の発育を同調させる機能もある．

2) 休眠の誘起

外因性休眠の誘起(diapause induction)に関与する環境要因の中で特に重要なのは日長(光周期)と温度である．中でも日長は，温帯産の大多数の昆虫において休眠を誘起する主要な季節信号として利用されている．一方，温度は，前述のように昆虫の発育と活動に直接的な影響を及ぼす要因であるが，年や場所により変動が大きく，季節信号としては信頼性に欠ける．温度は休眠誘起の際には日長反応の修飾要因になっていることが多い．

一般に，冬休眠をする昆虫は長日条件下では発育を続け，短日により休眠が誘起される．このような日長に対する反応(光周反応，photoperiodic response)を長日反応(long-day response)と呼び，長日反応をする昆虫を長日昆虫(long-day insect)という．逆に，短日条件下で発育し，長日で休眠に入る反応(短日反応，short-day response)をする昆虫は短日昆虫(short-day insect)と呼ばれ，夏休眠をする昆虫に多くの例がみられる．しかし，前述のカイコガのように，母親が胚のステージに経験した長日により，子世代の卵が冬休眠する種もある．昆虫の光周反応には，これ以外に，長日でも短日でも休眠し，その間の特定の日長領域(中日)でのみ非休眠発育がみられるものや，逆に中日でのみ休眠が誘起されるものなどがある(表2.1参照)．

このような日長と休眠率の関係をグラフに描くと，一般に，特定の日長範囲で急激に休眠率が変化する形状をした光周反応曲線(photoperiodic response curve)が得られる(図2.4)．この急激な反応の変化領域において，一般に50％の個体が休眠に入る日長を(休眠誘起の)臨界日長(critical photoperiod)と呼ぶ．臨界日長

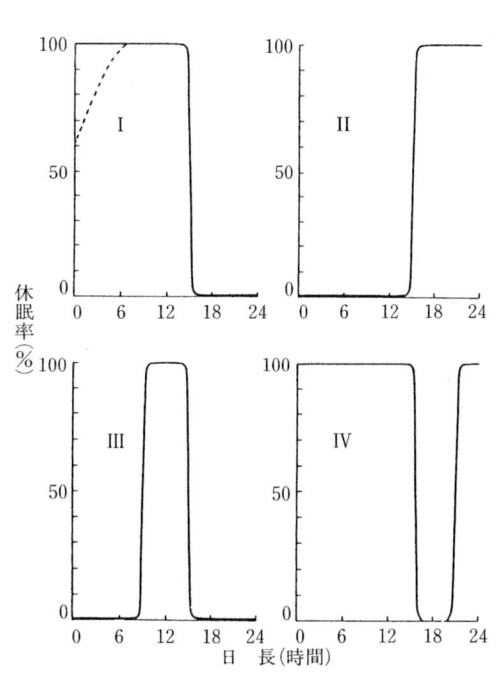

図 2.4 さまざまな光周反応曲線(Beck, 1980)
I：長日反応，II：短日反応，III：中日反応，IV：長日短日反応．

は，ある昆虫の個体群がいつ休眠に入るのかを予測する上で重要な情報の1つであるが，温度により変化しやすい性質を持っている．たとえば，蛹で冬休眠するナシケンモン *Viminia rumicis* では，臨界日長が25°Cにおいては約16時間であるが，温度が5°C下がるごとに約1.5時間ずつ長くなる(図2.5 A)．これにより，気温の低下の早い年や場所では早く休眠に入ることが可能になる．

また，南北に長い分布域を持つ種では臨界日長に地理的変異がみられることが多い．ロシア産ナシケンモンの臨界日長は，緯度が5度上がるごとに約1.5時間ずつ長くなり，北緯60度の個体群では19時間と長い上，20時間以上の長日で

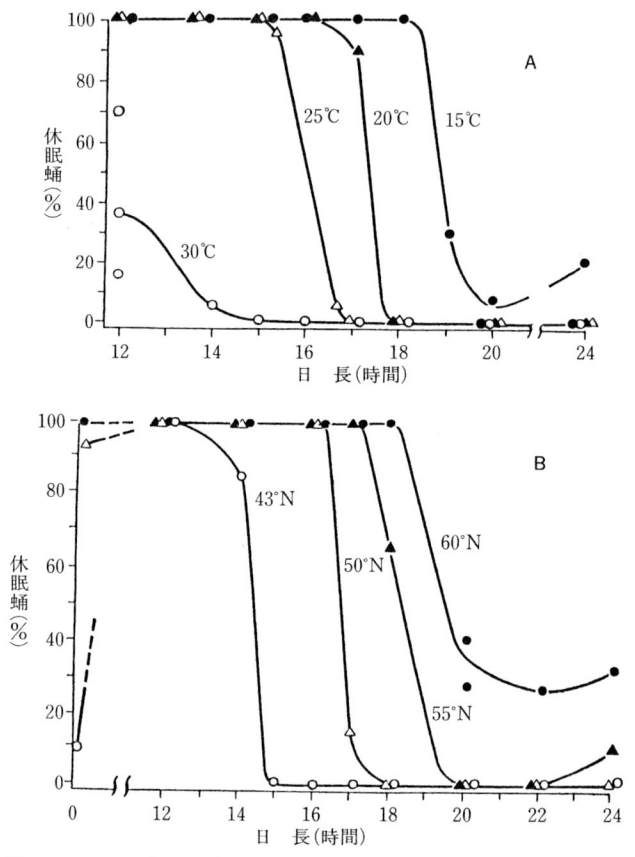

図 2.5 ロシア産ナシケンモンの光周反応の温度および産地の緯度による違い(ダニレフスキー，1966)
A：北緯50度の個体群の15〜30°Cにおける光周反応，B：北緯43〜60度の個体群の23°Cにおける光周反応．

も休眠する個体が多い(図2.5 B)．長日昆虫の臨界日長が緯度の増加とともに長くなるのは，高緯度地方ほど夏季の日長が長く，冬の訪れも早いことによる．

3) 休眠の消去

休眠の消去(termination，終了，覚醒などともいう)にも日長と温度が重要な役割を果たす．冬休眠の消去には多くの昆虫で低温と長日が関与しているが，これらは冬と春を意味する環境要因といえる．たとえば，カイコガやウリハムシモドキ *Atrachya menetriesi* の卵休眠やニカメイガ *Chilo suppressalis* の幼虫休眠，モンシロチョウやセクロピアサン *Platysamia cecropia* の蛹休眠は数か月の低温処理により，ホソヘリカメムシ *Riptortus clavatus* やオオニジュウヤホシテントウ *Henosepilachna vigintioctomaculata* の成虫休眠は長日(中温)により，それぞれ消去される．

一方，夏休眠の消去要因としては，多くの昆虫で短日が関与している．たとえば，ウスバツバメ *Elcysma westwoodi* の前蛹やギフチョウ *Luehdorfia japonica* の蛹は内因性の夏休眠をするが，いずれも短日(中温)条件ですみやかに消去される．ちなみに，ギフチョウでは夏休眠の消去後成虫分化が始まるが，擬成虫期に達すると再び休眠に入る．この休眠は冬休眠の性質を持ち，低温を経過すると消去され，羽化が起こる．また，ウスバツバメでは，前蛹休眠の消去において日長が短いほど前蛹期間が短いという量的な反応(graded response または quantitative response)が認められる(図2.6 A)．これに対して，日長に対する反応が臨界日長付近で0%から100%に変化するものを有か無か型の反応(all or none response)と呼ぶ．

日長そのものではなく，日長の変化(変化日長，changing photoperiod)に反応して休眠を消去する昆虫もいる．たとえば，エゾスズ *Pteronemobius nitidus* は日長に関係なく幼虫期の後半に冬休眠に入るが，日長の増加によって休眠が破られ発育が促進される(図2.6 B)．

4) 休眠の生理と低温耐性

昆虫類の休眠は，日長などの環境信号が脳の神経分泌細胞(第4章参照)に影響を与え，その結果として誘導されるさまざまな低代謝活性の状態である(図2.7)．たとえば，蛹休眠と幼虫休眠のあるものは，神経分泌細胞の不活性化により前胸腺が不活性になり誘導される．幼虫休眠のうち，発育が遅延するものの完全には停止せず，脱皮を繰り返すタイプのものは，低濃度のアラタ体ホルモンにより誘導され，このホルモンにより維持されるが，前胸腺の活性も継続する．成

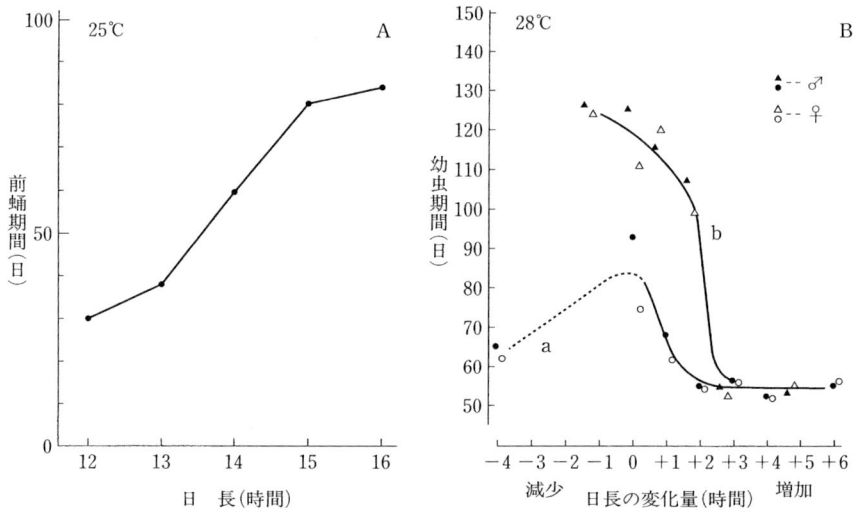

図 2.6 ウスバツバメ前蛹とエゾスズ幼虫の光周反応
A：ウスバツバメは初夏に前蛹で夏休眠に入るが，前蛹をさまざまな日長条件下におくと，短日ほど蛹化が早まるという日長に対する量的反応が認められる(石井，1988)．
B：エゾスズ幼虫の飼育の途中でさまざまな日長から16時間(a：●，○)あるいは14時間40分(b：▲，△)に日長を変化させたときの幼虫期間．日長の変化量が+2〜+3時間以上で幼虫発育が促進される(Tanaka，1978)．

虫休眠は，神経分泌細胞の不活性化によりアラタ体(corpus allatum)が不活性になり，生殖腺の発育が抑制された状態であるため，生殖休眠(reproductive diapause)とも呼ばれる．カイコガでは，卵期と幼虫期の初期に経験した長日条件が脳に記憶され，蛹期に食道下神経節(suboesophageal ganglion)の神経分泌細胞から休眠ホルモンが分泌されて，卵巣内で発育中の卵細胞にはたらきかけ，産下卵の休眠が誘導される．

休眠期間中は，形態形成は停止・抑制状態にあるが，休眠発育(diapause development)または休眠間発達と呼ばれる生理過程が進行し，休眠消去条件が与えられるとこの過程が早まる．すなわち，休眠消去とは休眠発育の完了と同義である．セクロピアサンの蛹休眠は一定期間の低温処理により消去されるが，冷却した蛹の脳を非冷却蛹に移植すると休眠が消去され羽化が起こる．このWilliams(1946)の古典的な研究により，休眠とは脳の不活性な状態であり，低温のような要因は脳を再活性化することで休眠を終結させると理解されるようになった．

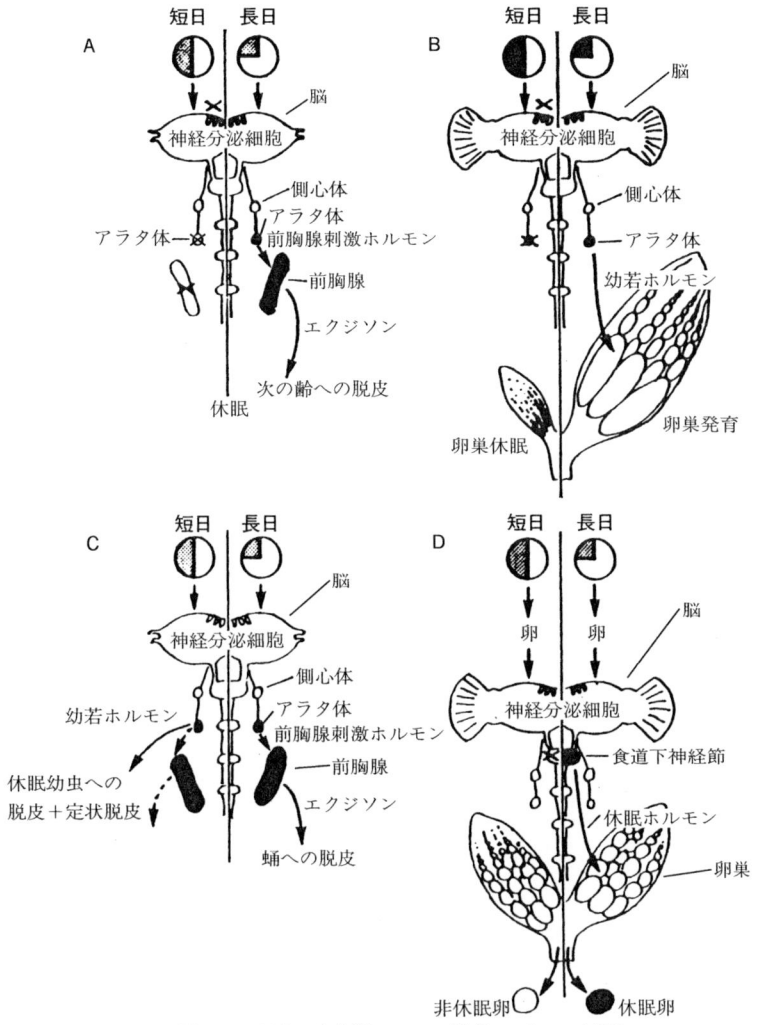

図 2.7 昆虫の冬休眠の 4 つの型(Saunders, 1980)
分泌器官の活性状態を黒で,不活性状態を×で示している.
A:幼虫期・蛹期の休眠.短日が脳の神経分泌細胞を不活発にするため前胸腺が不活性化しエクジソンが欠如する.その結果,次の脱皮が抑制される.
B:成虫(卵巣)休眠.短日が脳の神経分泌細胞を不活発にするためアラタ体が不活性化され幼若ホルモンが欠如する.その結果,卵細胞での卵黄形成が停止する.
C:メイガの1種の幼虫休眠.短日による低濃度の幼若ホルモンが休眠幼虫への脱皮の誘引となる.アラタ体-前胸腺系は休眠中も活性を保ち定状脱皮(stationary ecdyses)を起こさせる.長日は幼若ホルモン濃度をさらに低めるため幼虫は蛹化する.
D:カイコガの卵休眠.親世代の雌の卵期と幼虫初期に長日を受けると,蛹期に食道下神経節から休眠ホルモンが分泌される.休眠ホルモンは卵巣内に入り休眠を誘導する.

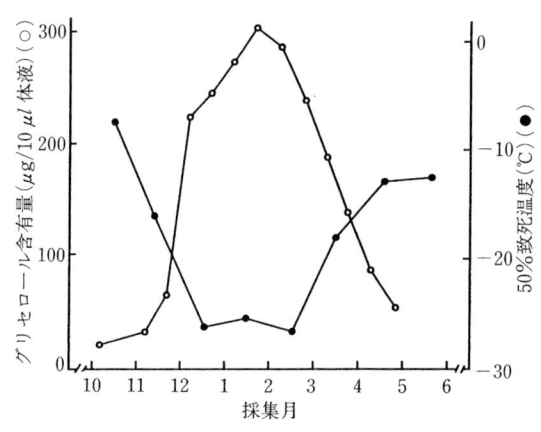

図 2.8 越冬中のニカメイガ幼虫のグリセロール含量と低温耐性(積木, 1998)

一般に，休眠中の昆虫は乾燥や低温などの環境条件に対する抵抗性が強い．昆虫の低温に対する耐性には耐凍性(freezing tolerance)と耐寒性(cold hardiness)という2つの型がある．前者は，凍結しても融解後に生存できるタイプであり，後者は過冷却点(surpercooling point)が低くても凍結すれば死亡するタイプで，非耐凍性または凍結感受性ともいう．ニカメイガの越冬幼虫では，静かに冷却し続けた場合に凍結する温度(過冷却点)は約$-14°C$であるが，$-25°C$までの低温に耐えることができるので，耐凍性型の昆虫といえる．札幌産ナミアゲハの休眠蛹は非耐凍性であるが過冷却点は$-25°C$まで低下し，ポプラハバチ *Trichiocampus populi* の休眠前蛹やエゾシロチョウ *Aporia crataegi* の休眠幼虫は，液体窒素($-196°C$)で凍結しても融解後生存できるという(朝比奈, 1991)．このような低温耐性の獲得には，遊離水の減少やグリセリンやソルビトールなどの糖アルコール，トレハロースなどの糖の蓄積が関係している．一般に，耐寒性や耐凍性のレベルは季節とともに変化する(図2.8)．

d. 周年経過の推定

これまで述べてきたように，昆虫類の季節生活環のうち活動相は積算温度の法則に支配されている．また休止相の開始・終了のタイミングは，休眠の誘起と消去にかかわる要因や感受期を明らかにすることにより予測できそうである．ある昆虫のある土地における周年経過を予測する際には，横軸に有効積算温度，縦軸に自然日長(日出から日入までの時間＋夜明け前・日没後の薄明期の時間)をとっ

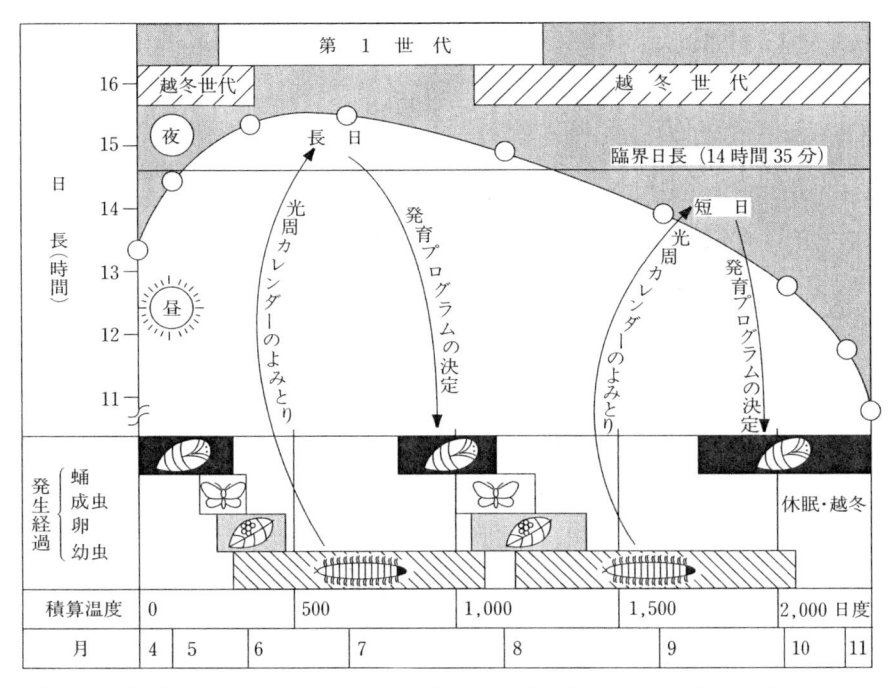

図 2.9 東京付近におけるアメリカシロヒトリの生活史を推定する光温図表(正木・梅谷, 1972)

た光温図表(photothermograph)を利用することが多い．たとえば，図 2.9 は，第二次大戦後，北米より侵入したアメリカシロヒトリ *Hyphantria cunea* の東京付近における生活史を示す光温図表である．この図をみると，アメリカシロヒトリは東京において2世代を経過することがわかる．すなわち，越冬世代，第1世代の成虫は，それぞれ5月中旬，7月下旬から羽化し，第2(越冬)世代は幼虫期(感受期)を臨界日長以下の日長下で過ごすので9月中旬頃から蛹で休眠に入ると推定される．

光温図表は，ある昆虫の化性や発生時期の推定ばかりでなく，他の地域への分布拡大の可能性や侵入昆虫の起源地の推定などにも利用される．図 2.10 は，日本産のアメリカシロヒトリを北米の各地に移した際に推定される光温曲線である．たとえば，南部のニューオリンズでは4世代を経過するのに十分な温量があるのに，日長が短く推移するため第1世代ですでに休眠に入ってしまうことになり，季節生活環がうまく成立しない．逆に，カナダのモントリオールでは，長日のため第1世代の蛹は非休眠になるが，温量が足りないため第2世代を完結する

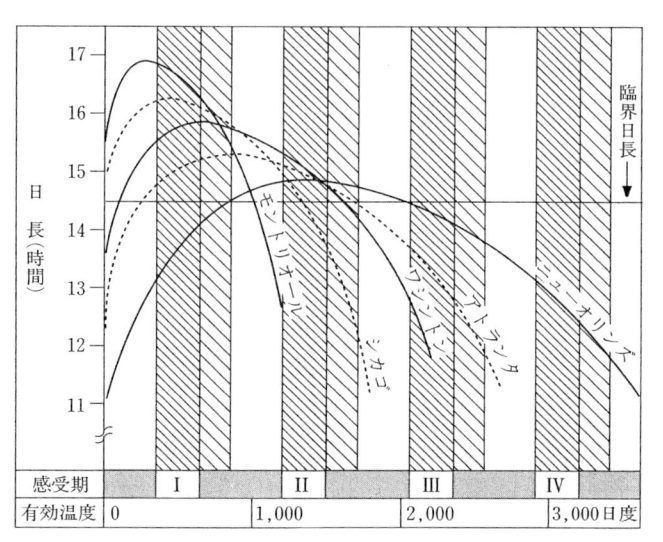

図 2.10 北米各地における日本産アメリカシロヒトリの光温図表（正木，1972）斜線部分は幼虫期で，そのうち斜線の密な部分が日長感受期と考えられる1〜5齢期間．この時期の日長が14.5時間の横線より上にあると非休眠蛹となる．最後の世代が非休眠蛹になると生存できない．

ことができない．このようにみていくとシカゴとアトランタ付近のみが，日本に侵入したアメリカシロヒトリの起源地として有力であることがわかるのである．

e. 季節的なイベント

1) 季節多型

性的二型，色彩多型，有翅型と無翅型，長翅型と短翅型，孤独相と群生相，社会性昆虫のカーストなど，昆虫類の多型にはさまざまなものがあり，多くのグループにわたって広範に認められる．発現のメカニズムも単純な遺伝子支配によるもの，密度によるもの，温度や日長によるものなどさまざまである．昆虫類の多型のうち，季節的に交代するものを季節多型と呼ぶ．季節多型の顕著な例はチョウ類やガ類にみられるが，ウンカ類やアブラムシ類の翅多型なども季節多型の側面を持っている．

チョウ類の季節型は，決定機構の観点から2つのタイプに分けられる．1つは「長日-短日型」で，幼虫期の日長条件により直接決定されるタイプである．たとえば，ベニシジミ *Lycaena phlaeas* では，幼虫が短日で育つ春と秋の成虫は鮮やかな赤色をしているが，夏に羽化する成虫は黒ずんでいる．また，キチョウ

Eurema hecabe やキタテハ *Polygonia c-aureum* では，短日下で羽化する秋の成虫は生殖休眠の状態にあり，そのまま越冬する．

ナミアゲハやアカマダラ *Araschnia levana*，モンシロチョウなどでは休眠蛹から羽化する春の成虫と夏から秋の非休眠世代の成虫の色彩斑紋やサイズが異なるので，「休眠蛹-非休眠蛹型」とでも呼べるタイプである．このタイプは，オオミズアオ *Actias artemis* やオスグロトモエ *Spirama retorta* などのガ類でも知られている．

チョウ類の季節型の生態学的意義として，体温調節や隠蔽的擬態などが指摘されているが，必ずしも明確ではない．一方，後述するイチモンジセセリ *Parnara guttata*(図 2.13 参照)やウスキシロチョウ *Catopsilia pomona* の季節型(いずれも長日-短日型)は，短日型が移動型と考えられている．

2) アブラムシの季節生活環

アブラムシ類の多くは，春から夏は胎生雌のみで増殖し，秋になると有性虫(産卵雌虫と雄虫)が現れて休眠卵を産むという複雑な季節生活環を持つ(図 2.11)．胎生雌にも有翅と無翅の 2 型があり，前者は寄主植物の栄養条件が悪化したり，生息密度が高まると出現し，他の植物への移住を行う．モモアカアブラムシ *Myzus persicae* やムギクビレアブラムシ *Rhopalosiphum padi* などでは，春の 1 次寄主(木本)から夏の 2 次寄主(草本)への寄主転換も有翅胎生雌により行わ

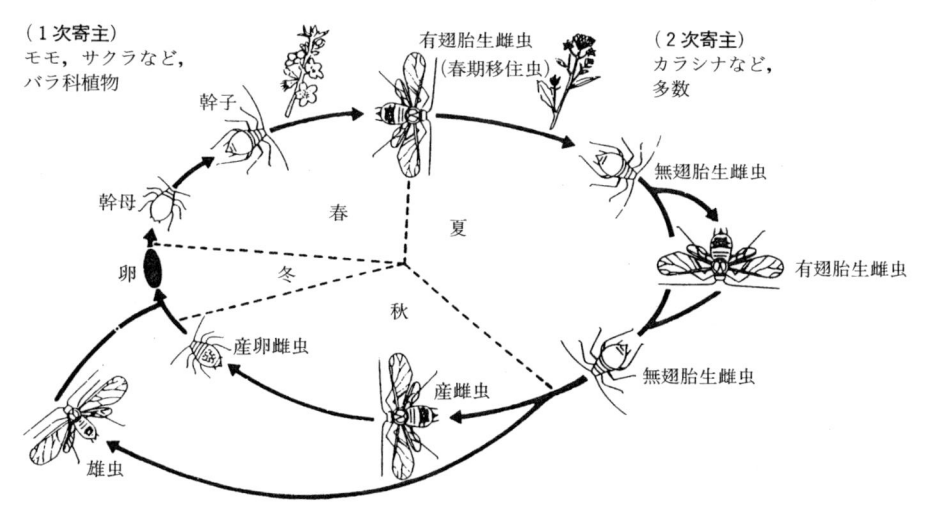

図 2.11 モモアカアブラムシの生活環(河田，1988)

れる.しかし,寄主転換を行う有翅胎生雌の生産に日長のような季節信号が重要な役割を果たすという証拠はない.一方,有性虫の出現は秋のみに限られるが,その要因として短日と中温が関係している.

3) 季節的な移動・分散

アブラムシ類ばかりでなく,移動や分散を季節生活環の中に組み込んでいる昆虫は多い.それらは,越冬や越夏,寄主転換,繁殖地の拡大などの生態学的意義を持つと考えられる(第3章参照).移動の仕方については,地表付近を自力で移動するものと上空の気流を利用するものとがあり,目的地や方向の決まったものとそうでないものがある.また,往復移動が明らかな種と往路だけしか確認されていないものとがある.

オオカバマダラ Danaus plexippus は,夏季にはカナダ南部に至る北米全域で

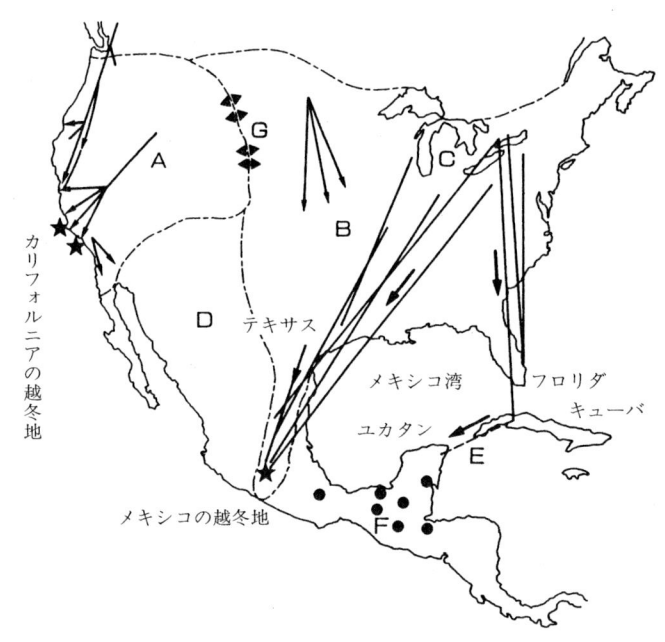

図 2.12 マーキング調査により明らかになったオオカバマダラの移動経路
(Urquhart と Urquhart, 1977 より改変)
オオカバマダラの東部個体群(B)はフロリダあるいはメキシコへ,西部個体群(A)はカリフォルニア南部へ移動して越冬する.
C:生息密度が高い地域,D:オオカバマダラの採集記録のない地域,E:キューバからユカタンへ飛ぶ仮想的経路,F:メキシコ南部個体群の生息地,G:東西個体群の接点.

繁殖するが，秋になるとロッキー山脈の東側の個体群はメキシコ中央山脈へ，太平洋岸の個体群はカリフォルニア半島へ移動して，集団越冬する(図2.12)．この長距離移動の際には，オオカバマダラは上昇気流を利用して舞い上がり，1,000 mほどの上空を気流に乗って運ばれる．越冬後，オオカバマダラは世代を繰り返しながら北へ向かって分布を拡大する．近年，同じマダラチョウ科のアサギマダラ *Parantica sita* が，日本国内を秋は南へ春は北へと，1,000 kmに及ぶ長距離移動をしていることが明らかになった．しかし，アサギマダラの場合は，南下した成虫は産卵してから死ぬため，翌春，北へ戻るのは春に羽化した次世代の成虫である．

　イチモンジセセリは年に3～4世代を経過するが，晩夏から初秋に羽化する大型・暗色の第2世代成虫が南～西へ向かって地表付近を移動する．このチョウの場合，約14.5時間以下の日長で羽化する短日型の第2世代成虫が移動し，淡色でやや小型の長日型の第1世代成虫が定住・増殖型とされている(図2.13)．イチモンジセセリでは，幼虫でなされる越冬が寒冷地では困難なため，温暖な土地

図 **2.13**　近畿地方で採集された各世代のイチモンジセセリ成虫
第2(移動)世代成虫(8～9月出現)は第1世代成虫(7月)よりも暗色大型である．越冬世代成虫(5～6月)は小型だが淡色の長日型(上の2個体)と暗色の短日型(下の2個体)が含まれる(石井実原図)．

へ移動するものと考えられるが，短日型の産む卵のサイズが長日型のものより大きく，この大きな卵からふ化した幼虫が乾地性のかたいイネ科植物の葉に食いつけることから，湿地性イネ科植物からの寄主転換の移動でもあると思われる．このチョウの場合，春の帰還移動は状況証拠のみである．

ウスグロヤガ *Euxoa sibirica*，ムギヤガ *E. oberthueri* などのヤガ類は，羽化すると高山帯に移動し，がれ場などで越夏した後，秋に低地に戻り繁殖する．このような越夏のための登山はアキアカネ *Sympetrum frequens* のほかオオクロバエ *Calliphora lata*，ミヤマクロバエ *C. vomitoria* といったクロバエ類でも知られている．オオクロバエについては，秋に朝鮮半島方面から九州北部へ海を越えて移動するのが観察されている．

セジロウンカとトビイロウンカは，日本では越冬できず，毎年夏季に南方から

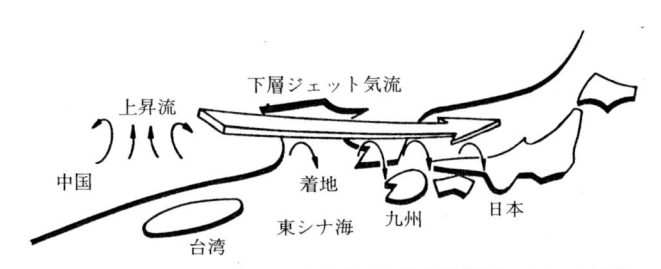

図 2.14 イネウンカ類の長距離移動予知模式図（清野・大矢，1987）

表 2.2 南方定点と東シナ海海上で採集された昆虫類（桐谷，1983 を改変）

グループ	種数	主 な 種
チョウ目	65	アワヨトウ，コナガ，コブノメイガ，アワノメイガ，ホシホウジャク，モンシロチョウ，ヒメアカタテハ，アサギマダラ，ウラナミシジミ，イチモンジセセリなど
カメムシ目	26	セジロウンカ，トビイロウンカ，ヒメトビウンカ，ツマグロヨコバイ，ミナミアオカメムシ，アカギカメムシ，オオキンカメムシなど
ハエ目	25	アカイエカ，ホソヒラタアブ，ハマベバエ，イエバエ，ヒメイエバエ，オオクロバエなど
トンボ目	5	ギンヤンマ，オオギンヤンマ，ウスバキトンボ，ハネビロトンボ，アジアイトトンボ
アミメカゲロウ目	2	ヨツボシクサカゲロウ，ムモンクサカゲロウ
コウチュウ目	2	ナナホシテントウ，ルリホシカムシ
ハチ目	1	チビフシオナガヒメバチ
バッタ目	1	クビキリギリス
合 計	127	

海を渡って飛来する．この2種のイネウンカ類は，梅雨期に前線に沿って低気圧が移動した後に，各地の水田に突然現れるという現象がみられる．そのため，これらのウンカ類は，地上1,000～3,000 mの上空を，梅雨前線の南側に発達する強風域に向かって吹く下層ジェット気流を利用して移動すると考えられるようになった(図2.14)．

室戸岬の南方450 kmに位置する南方定点や東シナ海の気象観測船では，イネウンカ類のほかにも多くの昆虫類が捕獲されている(表2.2)．コブノメイガ *Cnaphalocrocis medinalis* やアワヨトウ *Pseudaletia separata*，コナガといった農業害虫も南方から飛来し続けていると推定される．

2.2 昆虫の生活史と行動

a. 行動生態学と化学生態学

昆虫の生活史には発育と行動の側面がある．たとえば，幼虫は食物を摂らなければ発育することはないし，成虫の口器が退化したカゲロウ類やトビケラ類，一部のガ類などを除いては成虫も採餌しなければ生存も繁殖もできない．このような摂食や採餌にかかわる行動ばかりでなく，配偶行動や産卵行動，寄主探索行動などは，各個体の繁殖成功を左右する生活史の重要な要素である．昆虫類の生活史の行動的側面に関する本格的研究は，ファーブルによる『昆虫記』(1897～1907年)が先駆的であり，そこには念入りな観察と簡単な実験に基づくさまざまな昆虫の行動が記載されている．このような行動の詳細な観察と記載が研究において必要なのはいうまでもないが，現在では，そこから導き出される仮説を化学生態学や行動生態学をはじめとする方法で検証できるようになった．

化学生態学(chemical ecology)は，人間である研究者が見落としがちな昆虫の行動に関与する化学物質の役割について明らかにする学問領域である．たとえば，同種間の交信にかかわるフェロモン，異種間の相互作用に介在するアレロケミカルといった生理生態活性物質(表2.3)についての研究の進展は，行動の至近的要因の解析に大きく寄与している．

行動生態学(behavioral ecology)や社会生物学(sociobiology)は，昆虫の行動の生態学的な意味やその行動がどのように進化してきたかを明らかにする学問領域である．後述する適応度や包括適応度，利得と損失，進化的に安定な戦略(evolutionarily stable strategy, ESS)などのいくつかの重要な概念は，行動の究極的要因の解明に役立っている．

表 2.3　昆虫類の生理生態活性物質

Ⅰ．ホルモン (hormone)	血液中に分泌され同一個体内の標的器官に作用する
Ⅱ．セミオケミカル (semiochemical)	同種あるいは異種の生物間に作用する．信号物質，情報 (化学) 物質ともいう
1．フェロモン (pheromone)	生物の体内で生産され体外に排出されて同種の他個体に作用する
a．解発フェロモン (releaser pheromone)	同種の他個体に特定の行動を解発させる
性フェロモン (sex pheromone)	配偶行動などにおいて雌雄の交信に関与する．雄が分泌し，雌の近傍でなだめの効果を持つ性フェロモンを催淫物質と呼ぶ
警報フェロモン (alarm pheromone)	社会性昆虫やアブラムシ類・カメムシ類など集合生活する昆虫において，外敵の侵入を自分の集団に知らせる
道しるべフェロモン (trail pheromone)	社会性昆虫などにおいて，巣から食物のある場所への道筋を自分の集団に知らせる
集合フェロモン (aggregation pheromone)	ゴキブリ類やキクイムシ類など集合生活をする昆虫類において集団の形成に関与する．キクイムシ類の集合フェロモンは高濃度になると抗集合フェロモン (antiaggregation pheromone) として働く
密度調整フェロモン (spacing pheromone)	適当な密度を維持するのに関与する．キクイムシ類の抗集合フェロモンやアズキマメゾウムシなどの雌が産卵部位に付着させ他の雌の産卵を抑制する分泌物など
b．起動フェロモン (primer pheromone)	同種の他個体に特定の生理的形質を誘導し，形態的・行動的な変化をもたらす
階級分化フェロモン (caste pheromone)	社会性昆虫における階級の分化と維持に関与する．例：ミツバチの女王物質 (queen substance) やシロアリの王・女王の分化阻害物質 (inhibitory substance)・分化刺激物質 (stimulating substance)
2．アレロケミカル (allelochemical)	食物以外の供給源で異種間に作用する．他感 (作用) 物質ともいう
a．アロモン (allomone)	その物質の生産者に他種との関係で有利な生理反応・行動を引き起こす．例：カメムシ類などの放つ防衛物質 (defence substance)
b．カイロモン (kairomone)	その物質の受容者に有利な生理反応・行動を引き起こす．例：植食者や寄生者によって利用される寄主由来の活性物質
c．シノモン (synomone)	その物質の生産者・受容者双方に有利な生理反応・行動を引き起こす．例：花粉媒介者を呼ぶ花の香り (花粉媒介者が蜜や花粉などの報酬を得られる場合)
d．アニュモン (apneumone)	受容者に有利な生理反応・行動を引き起こす非生物由来または死亡生物由来の活性物質．例：腐肉食昆虫を呼ぶ動物死体の腐敗臭

b. 配偶行動と性選択

1) 配偶行動とフェロモン

　雌雄が出会い交尾に至るまでの一連の行動を配偶行動(mating behavior)と呼ぶ．配偶行動では，種に固有の生得的な行動パターンによる雌雄相互の認知と選択が行われるが，その過程で視覚，嗅覚，聴覚，触覚，接触化学覚などの感覚に関する信号が関与する．

　チョウ目では昼行性のチョウ類と主に夜行性のガ類で配偶行動のパターンが異なる．チョウ類では，まず雄が雌を翅の視覚的信号で発見するところから配偶行動が始まる．その後，雄は雌に接近し，雌に自分の翅をみせたり，翅あるいはヘアペンシル(hair pencil)と呼ばれる腹端の器官からフェロモンを送ったり，触角や前足で雌の体に触れたりする過程を経て，交尾に至る(図2.15)．近距離で雄が放出する雌をなだめる作用を持つフェロモンは催淫物質(aphrodisiac)とも呼ばれる．しかし，モンシロチョウの雄のように，雌を翅の視覚的な信号(黄色＋紫外色)で発見するとすぐに交尾にうつる種もある．モンシロチョウの雌は，翅を全開にして腹端を高く上げる交尾拒否姿勢によって雄の交尾を拒むことがある．

　一方，夜行性のガ類の配偶行動は雌が腹部末端のフェロモン腺から性フェロモン(sex pheromone)を空中に放出する求愛行動(calling)を行うところから始まる．雌の求愛と雄の性的興奮は体内時計の支配を受けていることが知られており，一般に種により同じ時間帯に起こる．雄は，雌の性フェロモンを触角に分布する化学受容器で感受すると風上に向かう飛翔を開始し，性フェロモンの濃度が低いところでは振幅の大きなジグザグ飛翔，濃度が高くなると振幅のこまかいジグザグ飛翔をすることにより効率よく雌を探す．雄は，雌の姿を視覚的に認めると接近し，近距離での嗅覚や接触化学覚を用いた雌雄の交信の後に交尾する(図2.16)．

　チョウ目以外にもゴキブリ目，ハチ目，ハエ目，コウチュウ目などの多くの昆虫の配偶行動にフェロモンが関与することが知られている．たとえば，チャバネゴキブリ *Blattella germanica* では，雌雄が触角でフェンシングのような触れ合いを行い，雄は雌の触角の表面にあるフェロモンを認知すると翅を上げ，腹部背面の分泌腺を露出する．雌が後方から雄の体に乗り，この分泌腺をなめると，雄は腹部末端を伸長させて交尾器の結合にうつる(図2.17)．また，ブドウトラカミキリ *Xylotrechus pyrrhoderus* やウリミバエ *Bactrosera cucuribitae* のように，

2. 生活史の適応と行動

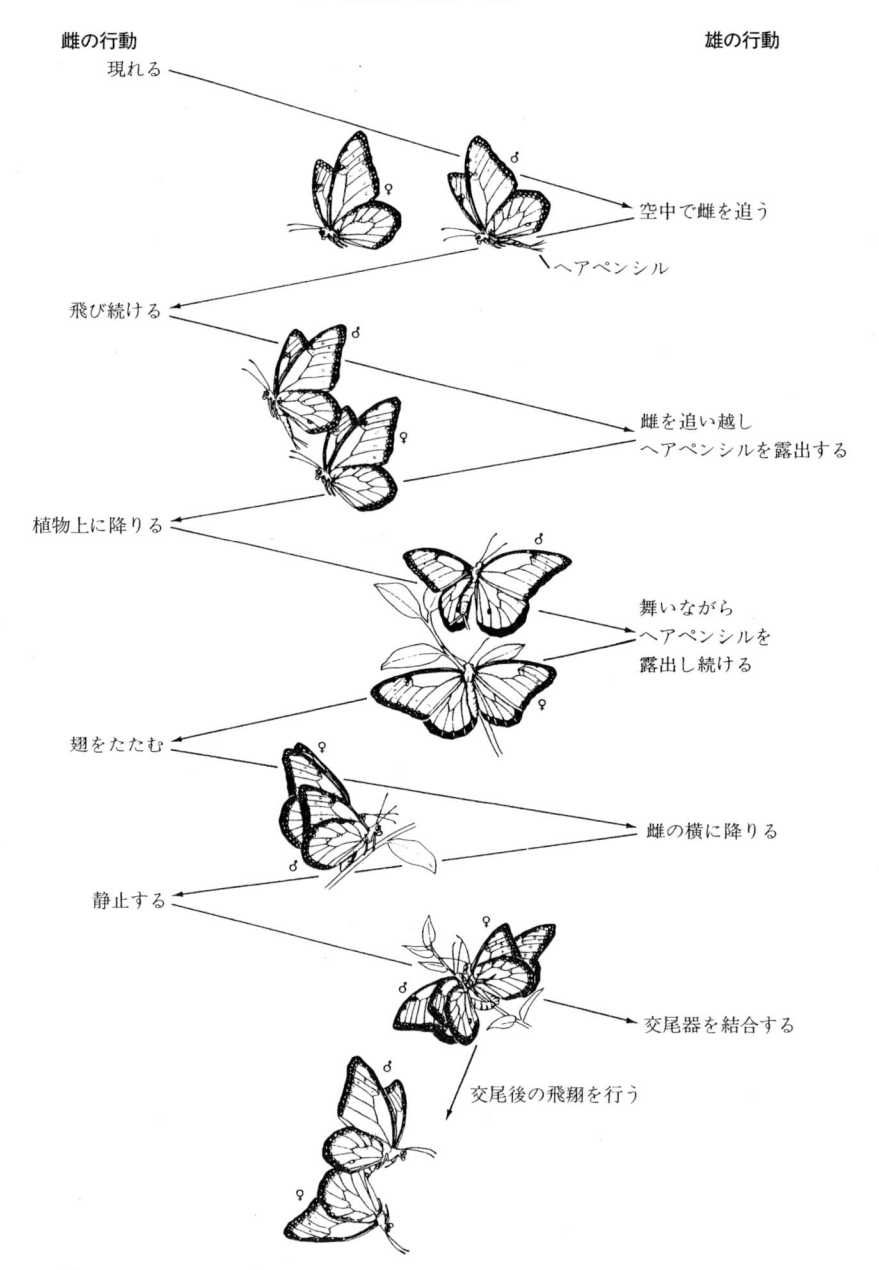

雌の行動　　　　　　　　　　　　　　　　　　　　　**雄の行動**

現れる → ← 空中で雌を追う

ヘアペンシル

飛び続ける → ← 雌を追い越し
ヘアペンシルを露出する

植物上に降りる → ← 舞いながら
ヘアペンシルを
露出し続ける

翅をたたむ → ← 雌の横に降りる

静止する → ← 交尾器を結合する

交尾後の飛翔を行う

図 2.15　ジョオウマダラ *Danaus glippus* の配偶行動 (Brower ら, 1965 を改変)

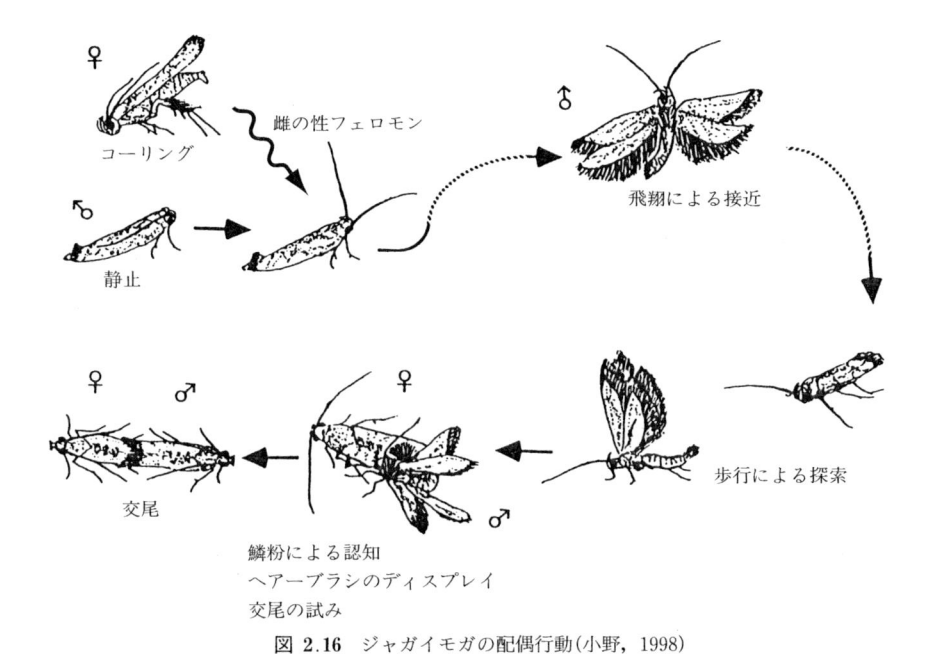

図 2.16 ジャガイモガの配偶行動(小野,1998)

雄が遠隔性の性フェロモンを分泌して雌を呼び寄せる昆虫もいる．

　昆虫類の性フェロモンについては，1950年代の終わりから1970年代にカイコガのボンビコール(bombykol)とマイマイガのディスパルア(disparlure)などが単離同定され，超微量で雄を興奮させることが明らかになった．しかし，その後多くの昆虫で研究が進むと，複数の成分からなる性フェロモンを持つ種が次々にみつかった．たとえば，チャノコカクモンハマキ *Adoxophyes honmai* とリンゴコカクモンハマキ *A. orana fasciata* の性フェロモンには2種類の共通成分が異なる混合比で含まれ，さらに，前種ではこれ以外にも2種類の成分が知られている．この2種は近縁で同所的に生息することが多く，発生の時期や交尾時刻もよく似ているが，両種の生殖隔離はこのような性フェロモンの種特異性によるものと考えられる．また，スジマダラメイガ *Ephestia cautella* とノシメマダラメイガ *Plodia interpunctella* は共通の性フェロモンを持つが，両種は互いに相手の種の雄に対する誘引阻害物質を持っている．

　配偶行動における雌雄の交信が音や振動，光などによってなされる昆虫類も多い．セミ類やコオロギ類，キリギリス類などのいわゆる鳴く虫，カ類やユスリカ類，ミバエ類などでは，配偶行動において音による交信が重要な部分を占めてい

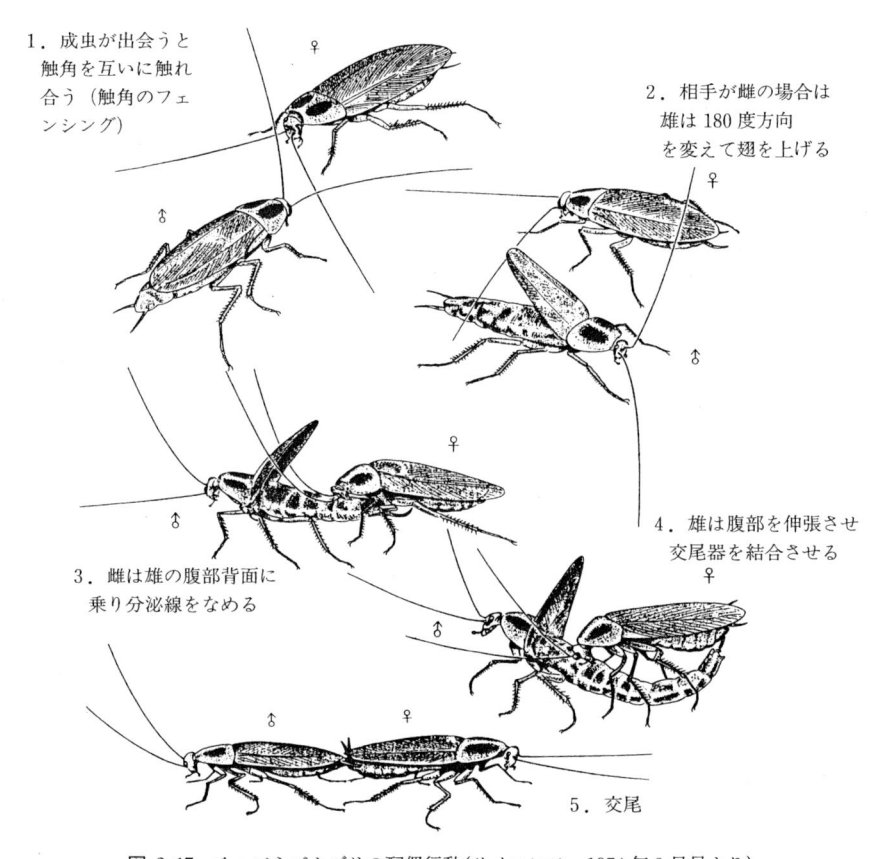

図 2.17 チャバネゴキブリの配偶行動(サイエンス，1974年9月号より)

1. 成虫が出会うと触角を互いに触れ合う（触角のフェンシング）
2. 相手が雌の場合は雄は180度方向を変えて翅を上げる
3. 雌は雄の腹部背面に乗り分泌線をなめる
4. 雄は腹部を伸張させ交尾器を結合させる
5. 交尾

る．また，ウンカ類やカワゲラ類，コロギス類などは，自分の足場(基質)を振動させることで雌雄の交信を行う．たとえば，トビイロウンカ，セジロウンカ，ヒメトビウンカでは，雌が腹部振動を植物体経由で送り雄を誘引する(図2.18)．これら3種のイネウンカ類では雌の腹部振動の振動数や波形が異なる．光による交信はホタル類のものがよく知られている．

2) 性 選 択

カブトムシの角の例を持ち出すまでもなく，昆虫類では多くの種で形態や行動などの形質に性的二型がみられる．生物の性的二型については，ダーウィンが生存にかかわる自然選択(natural selection)とは別に，繁殖にかかわる性選択(sexual selection)による進化を想定した．すなわち，たとえ生存に不利でも繁

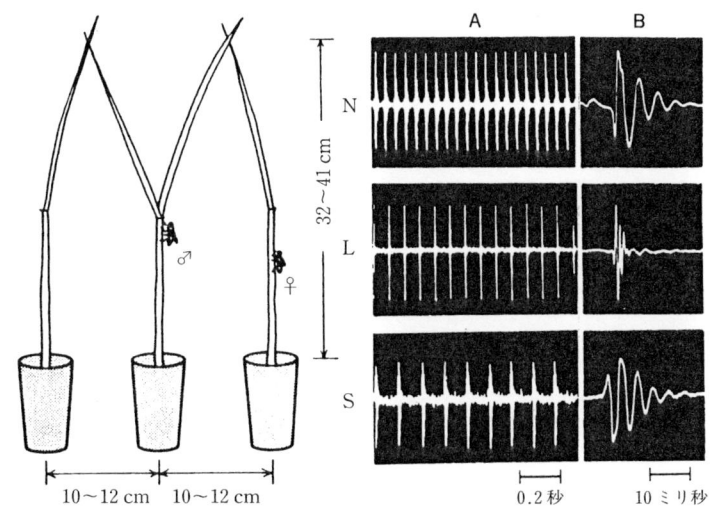

図 2.18 イネウンカ類の雌は腹部を振動させることにより雄を誘引する(石井,1982 より)
左:中央のイネの葉先と,右のイネの葉先とが接触していると,右の茎にとまっている雌の腹部振動に応じて,中央の雄は葉先の接触点を通って雌の所へ行く(Ichikawa と Ishii,1974)
右:ウンカ類雌の腹部振動のオシログラム(Ichikawa ら,1975).A:約1分間における振動数,B:各振動の波型.N:トビイロウンカ,L:ヒメトビウンカ,S:セジロウンカ.

殖上有利であれば,その形質は進化するとしたのである.性選択には同性内選択(intrasexual selection)と異性間選択(intersexual selection)があるが,雌とは異なり,雄では交尾した雌の数に対応して子の数(適応度,fitness;詳しくは第3章参照)は増加するので,一般に性選択は雄の方に強く働く.したがって,同性内選択は雄同士が父権の確保をめぐって競う能力を高める方向に働く選択,異性間選択は雄が多くの雌を引き付ける性的魅力を高める方向に働く選択ということができる.

同性内選択については,繁殖なわばりの形成や配偶者ガード,精子競争(sperm competition)などが知られている.繁殖なわばりの形成はトンボ類やチョウ類,アメンボ類などでみられる.精子競争の具体的戦略として,交尾栓の付与や長時間交尾のように他の雄の交尾機会を奪うものと,精子の置換により自分の精子の優先度を高めるものがある.たとえば,ギフチョウ *Luehdorfia* 属やウスバシロチョウ *Parnassius* 属などでは,交尾後,雄が雌の交尾口に自分の分泌物で貞操帯(sphragis)を形成する.また,カメムシ類やナナフシ類などでは,精子の移送後も交尾姿勢を長時間継続する種が知られている.

精子置換はトンボ類やアオマツムシ *Calyptotrypus hibinonis* などで知られる．アオマツムシでは精液を強く噴出させることにより前に交尾した雄の精子を押し出すのに対して，トンボ類では，雄が偽ペニスと呼ばれる器官で雌の受精のうの中の精子を掻き出すものと逆に奥に押し込むものとがある．また，メカニズムは不明だが，フンバエ *Scatophaga stercoraria* やカメムシ類などでは後から交尾した雄の精子の優先度が高く，逆にハエダニ *Macrocheles muscaedomesticae* では最初に交尾した雄の精子優先度が高い．

後で交尾した雄の精子優先度が高い昆虫では，交尾後に雌をガードする行動がみられることが多い．トンボ類では，産卵までタンデム(tandem)と呼ばれる尾つながりの状態を継続するものと雌のそばを離れずにガードするものがある．また，カメムシ類の長時間交尾は一種の交尾後ガードとみることができる．最初に交尾した雄の精子優先度が高いハエダニでは，雌が若虫のうちからガードする交尾前ガードがみられる．しかし，長時間にわたるガードは他の雌との交尾機会を減じることによりかえって適応度を下げる可能性がある．この点については，フンバエにおいて単位時間当たりの受精卵を最大にするように交尾時間が決められていることが示されている(図 2.19)．

異性間選択では，雌が雄を選ぶ配偶者選択(mate choice)の形をとることにな

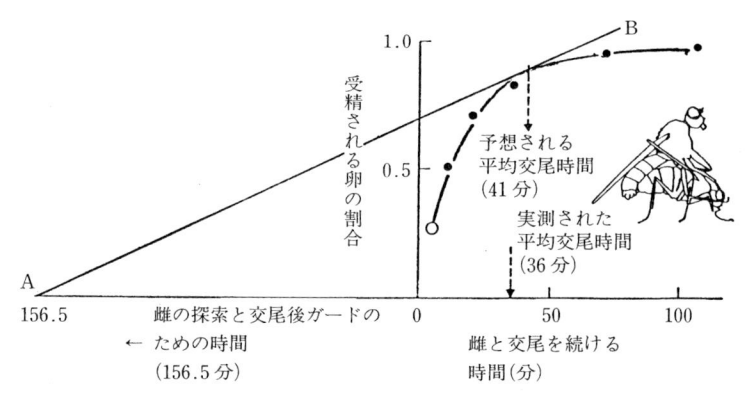

図 2.19 フンバエ雄の最適交尾時間の予測(Parker, 1978；クレブス・デイビス，1991 より) フンバエの雄は牛糞の上にいる雌を探して交尾するが，雄は雌がその後産卵を終えるまで雌に馬乗りになってガードする．これは雌が他の雄と交尾すると第 2 の雄の精子で卵の大半が受精されるからである．雌の探索と交尾，交尾後ガードに要する時間の合計(野外観察では平均 156.5 分)を原点の左側にとり(A 点)，そこから実験的に求めた交尾時間と卵の受精率を表す曲線に接線を引くと雄の最適交尾時間(B 点)が得られる．予想値の 41 分は実測値の 36 分と近かった．

るが，実際に証明された例は少ない．よく知られているのはツマグロガガンボモドキ *Hylobittacus apicalis* の婚姻贈呈(nuptial gift)の例で，交尾時に雄がハエやアブラムシなどの餌を雌に与え，そのサイズにより交尾時間と精子移送量が決まるというものである(図 2.20)．婚姻贈呈は，このほかオドリバエやシリアゲムシ，カメムシ類などで知られている．また，キリギリスの1種 *Anabrus simplex* では，雄が雌に贈呈用の大きな精包を渡すが，雌はこれをめぐって争い，雄は小

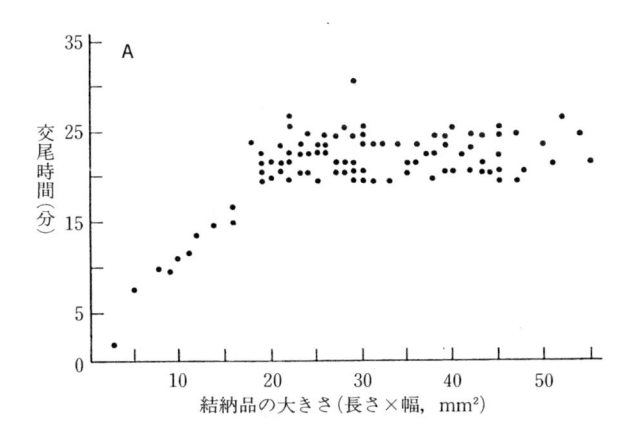

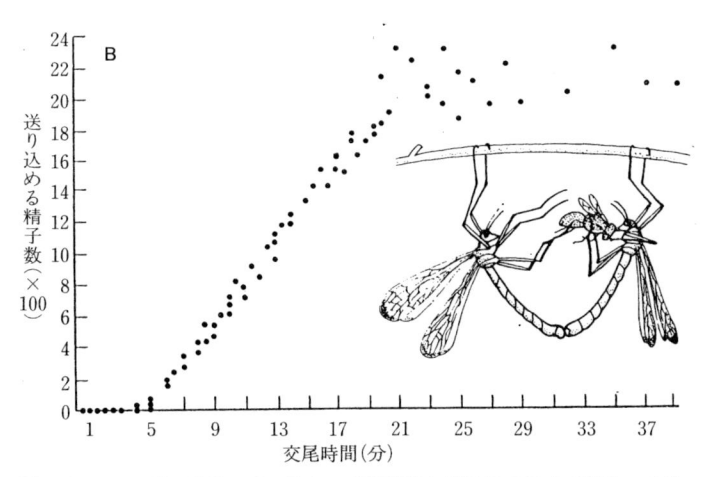

図 2.20 ツマグロガガンボモドキの交尾時間と結納品のサイズ(Thornhill, 1976；クレブス・デイビス，1991 より)
雄が渡す結納品が大きいほど雌は長時間交尾する(A)．雄にとっては交尾時間が長いほど送り込める精子数が増える(B)．

さな雌を拒否する．

c. 餌資源の探索と選択
1) 寄主植物の選択

マイマイガやアメリカシロヒトリのような多食性(polyphagous)の種を除けば，植食性昆虫(phytophagous insect)の多くは，限られた範囲の植物を寄主とする寡食性(oligophagous)または単食性(monophagous)である．これは植物が2次代謝物による防御物質を進化させては，植食性昆虫がそれを克服するという共進化(coevolution)の過程で，植物と昆虫の関係が特殊化したためと考えられている．多くの場合，植物の防御物質はそれを寄主とする昆虫の産卵刺激物質(oviposition stimulant)や摂食刺激物質(feeding stimulant)になっている．

たとえば，アブラナ科植物の辛み成分であるカラシ油配糖体のシニグリンやグルコブラッシシンは，モンシロチョウの雌成虫の産卵刺激物質であり幼虫の摂食刺激物質でもある．しかし，セリ科植物を寄主とするクロキアゲハ *Papilio polyxenes* の幼虫にシニグリンを少量与えると死んでしまう．一方，モンシロチョウはアブラナ科植物ではあってもエゾスズシロには産卵しないが，これはエリシモシド，エリクロシドというカルデノライドが産卵阻害物質(oviposition deterrent)となっているからである．アブラナ科植物のカラシ油類は，コナガやヤサイゾウムシ *Listoderes obliquus* などの摂食刺激物質となっていることも知られている．これ以外にも植物の2次代謝物が寄主選択に関係している昆虫は多い．たとえば，タマネギバエ *Hylemya antiquaha* はタマネギ特有の有機硫黄化合物である n-プロピルメルカプタンなどを産卵刺激物質および幼虫の摂食刺激物質としている．トビイロウンカはタイヌビエでは発育できないが，これはトランス-アコニット酸が摂食阻害物質(feeding deterrent)になっているからである．

化学物質による寄主選択には化学受容器が使われる．ジャコウアゲハ *Atrophaneura alcinous* の雌成虫は前肢の先でウマノスズクサの葉をたたき，跗節に分布する化学受容器でアリストロキア酸類とセコイトール両成分の存在を確認すると産卵する(図2.21)．この2つの物質は幼虫の摂食刺激物質にもなっており，特にアリストロキア酸類は幼虫により選択蓄積(sequestration)され，全発育段階を通じて防御物質として利用される．カイコガの幼虫がクワを食べる過程には，誘引物質(attractant)，噛む行動を引き起こす物質(biting factor)，連続して飲み込ませる物質(swallowing factor)が関与し，これら3種の物質がそろっ

てはじめて摂食が起こる(第4章参照).カイコガの幼虫はこれらの摂食刺激物質を小腮に分布する化学受容器で認識している.小腮を切除すると,幼虫はサクラやキャベツの葉も食べるという.

しかし,寄主植物としては摂食刺激物質だけでは不十分であり,さらに必要十分な栄養素が要求されることはいうまでもない.昆虫類の栄養素は,人間と同じ10種の必須アミノ酸,糖類を含む炭水化物,ステロールを含む脂質,ビタミン類,無機塩類であるが,アブラムシ類やアワノメイガ Ostrinia nubilalis,バッタの1種 Camnula pellucida などでは寄主選択に栄養条件も重要であるといわれている.

寄主の選択に物理的刺激を利用している昆虫もいる.ヨトウタマゴバチ Trichogramma evanescence はチョウ目を中心とする多数の昆虫の卵に寄生するが,植物の種子やガラス球,砂粒にも産卵行動を示すことから,寄主選択には粒子のサイズが重要であると考えられる.アズキゾウムシ Callosobruchus chinensis やヨツモンマメゾウムシ C. maculatus も,一定の曲率の平滑な表面を持つものであればガラス玉でも産卵することから,寄主選択は主に接触刺激によるものと思われる.

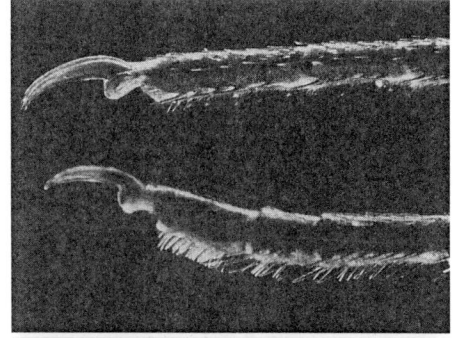

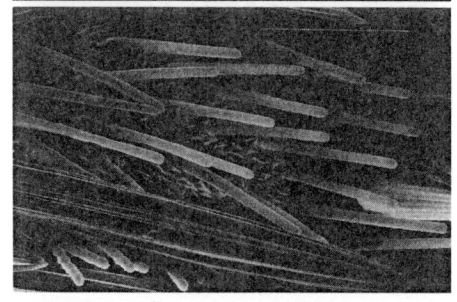

図2.21 ジャコウアゲハ前肢先端の拡大写真
上:雄(上)および雌(下)の跗節部分.雌の第5節には感覚毛が密生している.下:雌の跗節内側の感覚毛の走査電子顕微鏡写真(橋本佳明原図).

2) 寄主昆虫の探索

肉食性(carnivorous)昆虫には,大きく分けて捕食性(predatory)のものと寄生性(parasitic)のものがあるが,一般に,前者は広食性であるのに対して,後者は少食性あるいは単食性である.すなわち,昆虫類の寄生者は寄主昆虫が限定されたスペシャリストである.

昆虫類の寄生者(parasite)には,最終的に寄主を殺してしまう捕食寄生者(parasitoid)が多いが,ノミ類やシラミ類など真の寄生者といえるものも多い.

これに対して，寄生バチや寄生バエと呼ばれるコマユバチ科やヒメバチ科などのハチ類，ヤドリバエ科などのハエ類の多くは典型的な捕食寄生者である．たとえば，アオムシコマユバチ Cotesia glomerata の雌はモンシロチョウの若齢幼虫を探し出して体内に数十個の卵を産みつける．この寄生バチの幼虫は，寄主幼虫が終齢になり十分に発育した頃に寄主の体外に出て営繭・蛹化するが，寄主はやがて衰弱して死んでしまう．

アオムシコマユバチのように寄主の体内に寄生する捕食寄生者を内部捕食寄生者(endoparasitoid)という．内部寄生をするアブラコバチ類やカモドキバチ類などでは，寄主(前者はアブラムシ類，後者はチョウ目幼虫)の表皮を硬化させてマミーを形成し，その内部で蛹化するものもある．一方，ミズバチ Agriotypus gracilis のように寄主であるニンギョウトビケラ Goera japonica の幼虫・蛹の体外に寄生し，やがて寄主を食べつくすものを外部捕食寄生者(ectoparasitoid)と呼ぶ．

アオムシコマユバチの蛹にはカタビロコバチの1種 Eurytoma sp.が寄生する．このような寄生者に寄生するものを高次寄生者(hyperparasitoid)と呼ぶ．寄生バチの中には，同種の他個体に寄生(自種寄生，autoparasitism)するものがあり，1種類の寄主をめぐって複雑な寄生者複合体(parasite complex)を形成する場合がある．

寄生性昆虫が寄生を成立させるには，寄主の生息場所の発見(host habitat location)，寄主の発見(host finding)，寄主の容認(host acceptance)，寄主との適合性(host suitability)などの過程を経なければならない(図2.22)．このような寄生の成立過程の研究は特に寄生バチ類で進んでいる．まず，寄主の生息場所の発見過程では，寄生バチは寄主が依存する植物やその群落を植物からの匂いや視覚的信号を手がかりに探索する．特に加害植物は健全な植物とは異なる匂いを発し，寄生バチはそれに強く誘引される．たとえば，シロイチモジヨトウ Spodoptera exigua に食害されたトウモロコシはテルペン類やセスキテルペン類を生産し，コマユバチの1種 Cotesia marginiventris がそれに誘引される．このような物質は，発信者の植物と受信者の寄生バチの両者に有利であることから，シノモンということができる(表2.3参照)．

寄主の発見過程では，寄生バチは植物上で寄主を探索するが，この段階には，寄主の体表や糞，脱皮殻，唾液，食痕などが発する嗅覚信号が強く関与することが知られている．体表や糞が発する化学物質は発信者の寄主に不利で受信者の寄

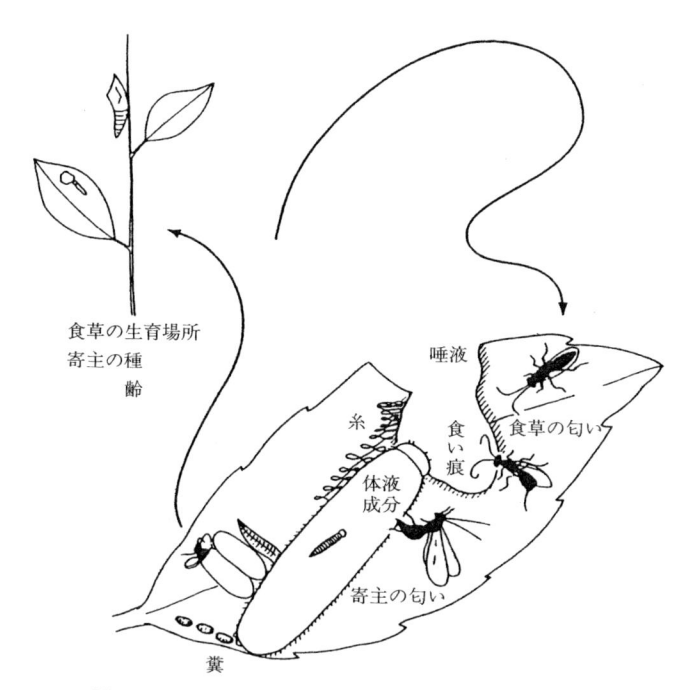

図 2.22 寄生バチが寄生を成功に導く諸要因(佐藤，1988)

生バチに有利なカイロモンといえるが，シノモンの関与する例もある．たとえば，イヌガラシはモンシロチョウ幼虫に食害されると食痕の周辺でステアリン酸やパルミチン酸など数種の高級脂肪酸を生産し，アオムシコマユバチはそれに誘引される．これらの高級脂肪酸は寄主昆虫が誘導し，その寄主植物と寄生バチ双方にシノモンとして働く物質といえる．また，最近タイワンキドクガ *Euproctis taiwana* の卵に寄生するドクガタマゴクロバチ *Telenomus euproctidis* が，寄主の雌成虫が分泌する性フェロモンに誘引され，その腹部に付着して産卵場所まで運ばれることが明らかになった．このような現象を便乗(phoresy)と呼ぶ．

寄主を発見した寄生バチは，産卵管の挿入や触角・肢による打診などにより，寄主を精査する．このような寄主の容認過程では，正しい寄主かどうか，発育段階は適当か，既寄生か未寄生か，などを調べ，産卵数や性比を調節しながら産卵を行う(図2.23)．昆虫類の雌は，交尾の際に雄から受け取った精包を受精のうに貯え，産卵のたびに精子を小出しに使うが，後述するようにハチ類は半倍数性の性決定をするため，雌は受精をコントロールすることで産卵時に性の決定を行

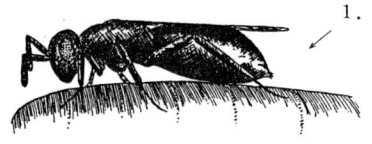

1. 寄主囲蛹の発見．触角で囲蛹に触れた後，その上に登る

2. ドラミング(drumming)．触角の鞭節を垂直にしたまま前進，両方の触角で囲蛹表面の各所を急速に連打する(1〜2分)

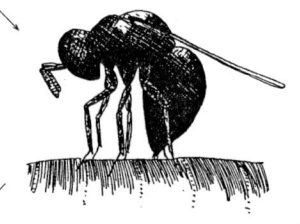

3. タッピング(tapping)．体を曲げ，腹部先端で囲蛹表面の1か所を軽くたたく(10〜60秒)

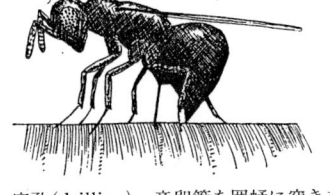

4. 穿孔(drilling)．産卵管を囲蛹に突き立てて，穿孔する(10分〜1時間)

5. 産卵管の挿入と産卵．産卵管が囲蛹殻を貫通すると，産卵管を根元まで挿入して囲蛹内部を探査し，蛹表皮上に産卵する．図では囲蛹殻の一部を取り除いている

6. 寄主体液の吸収(host feeding)．産卵後，産卵管を抜き，開口部から寄主体液を吸収する(3〜5分)

図 2.23 キョウソヤドリコバチ *Nasonia vitripennis* の産卵行動(Edward, 1954 を改変) 雌成虫は寄主であるイエバエ *Musca domestica* の囲蛹(puparium)を発見すると，一連の行動で寄主を確認し産卵する．

うことができる．キイロタマゴバチ *Trichogramma* sp.では寄主の卵内に多数の卵を産むが，羽化するとそこで兄弟姉妹が交尾してから脱出する．このような局所的配偶者争奪競争(local mate competetion, LMC)が起こる場合には雌バチは性比を極端に雌に偏らせて産卵するが，他の親に由来する個体とのランダム交配が想定される場合には雄と雌を均等に産む．

寄主への適合には，寄主への適応と寄主制御が知られている．一般に，卵や蛹など資源量に限りのある寄主に寄生する場合には，自分の発育を寄主に合わせる必要があり，寄主が発育中の幼虫である場合には，寄主の発育や生体防御機構を制御する必要がある．昆虫の体内に寄生バチの卵のような異物が侵入すると，ま

ず顆粒細胞が認識し脱顆粒化が起こって顆粒が放出される．この顆粒が異物の表面に付着するとプラズマ細胞がそれを取り囲み扁平化することにより異物を無害化する．このような包囲作用(encapsulation)が正しい寄主で起こらないのは，卵とともに卵巣内に共生しているウイルス(polydnavirus)を注入するためであることがわかってきた(図2.24)．

d. 社会性昆虫の生活

自分では子を作らないワーカー(worker)などのカーストがあり，共同で子育てし，複数の世代が同居する社会を真社会性(eusociality)という．真社会性の定義に不妊カーストの存在だけをあげる研究者もいる．昆虫では，シロアリ目とハチ目で真社会性が知られていたが，近年，アブラムシ類(カメムシ目)でも外敵と戦う不妊のカーストがみつかった(図序.1参照)．

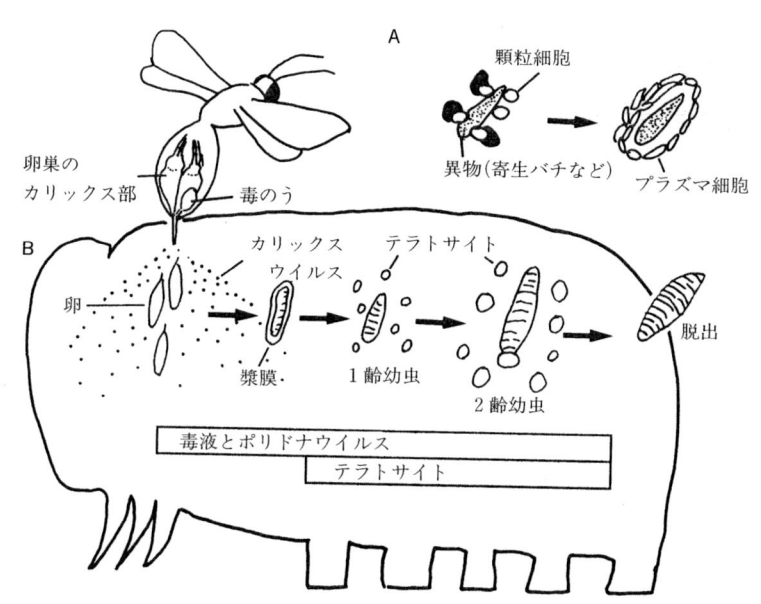

図 2.24 コマユバチ科の寄生バチの発育と寄主の防御反応の制御(田中，1990，1995を改変)
寄生バチの卵のような異物は普通寄主の細胞性防御反応の一種である包囲作用を受ける(A)．しかし，雌バチは産卵時に，卵巣のカリックス部(卵傘部)で増殖する共生ウイルス(ポリドナウイルス)を毒液とともに寄主に注入することで，包囲作用に関与する顆粒細胞とプラズマ細胞が卵を異物として認識できないようにする(B)．また，卵を覆っていた漿膜細胞が分化したテラトサイトも包囲作用の抑制に関与する．

シロアリ類のコロニーは，通常1対の繁殖個体(女王と王)および非繁殖個体(兵アリと職アリ)，卵，若虫から構成され，有翅虫(繁殖個体)が特定の季節のみに出現する(図2.25)．ハチやアリ社会との大きな違いは，雄も雌も2倍体($2n$)で雌雄の兵アリと職アリを持ち，しかもこれらの不妊カーストが発育を停止した若虫(ニンフ)である点である．職アリは食物の採取や卵，若虫，生殖虫の世話をする一方，兵アリは外敵と戦うのに適した口器を持ち自分では採餌しない．

ハチやアリのコロニーは，通常女王とワーカー(働きアリ，働きバチ)から構成され，生殖の季節にのみ雄が出現する．一般に，交尾を終えた女王は単独で最初の子(ワーカー)を育て，ワーカーが成虫になると女王は産卵に専念するようになる．シロアリ類と異なり，雄は1倍体(n)，雌である女王とワーカーは2倍体($2n$)で，すべて成虫である．したがって，ワーカーは雌であるにもかかわらず，一般に産卵をせずに女王や卵，幼虫などの世話をするのである．

ハチやアリのワーカーのように自分の生存や繁殖を犠牲にして他の個体に利益をもたらす行動を利他行動(altruistic behavior)という．ハチやアリの社会で利他行動がなぜ進化したかについて，Hamilton(1964)は個体の適応度(individual

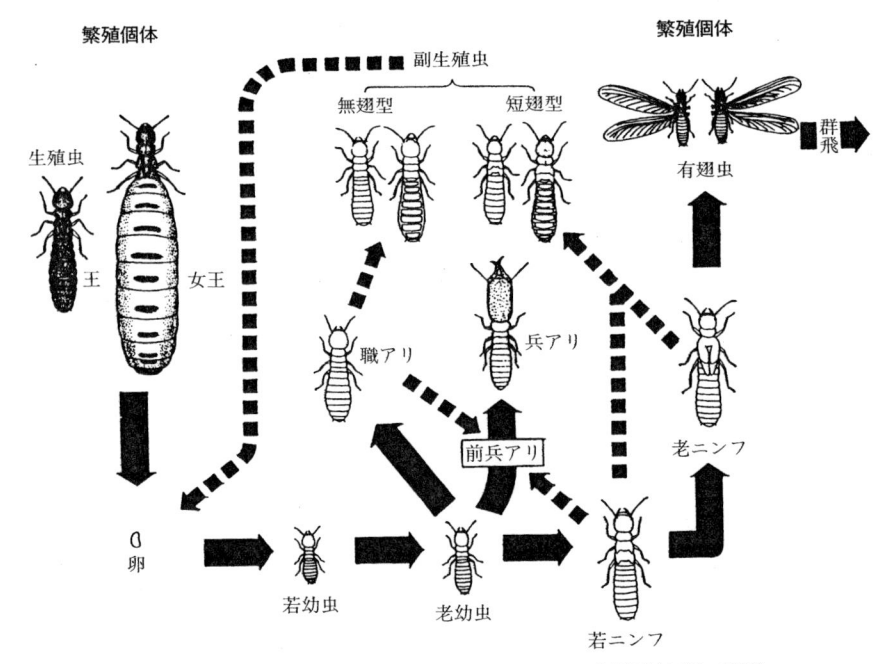

図 2.25 ヤマトシロアリ *Reticulitermes speratus* の生活環(山野，1997)

fitness)以外に血縁者の適応度を考慮に入れた包括適応度(inclusive fitness)の概念を導入して説明した．すなわち，利他行動をしない場合の個体の適応度を F，血縁者への利他行動による適応度の減少分を C，利他行動を受ける個体の適応度の増分を B，利他者に対する受益者の血縁度係数(coefficient of relatedness, 遺伝子の共有率)を r とすると，包括適応度 I は，

$$I = F - C + rB$$

と表すことができる．利他行動が進化するのは，利他行動をしたときの包括適応度(I)が利他行動をしなかったときの適応度(F)より大きい場合($I>F$)，すなわち，

$$rB - C > 0 \quad \text{または} \quad B/C > 1/r$$

が成立するときである．これを「ハミルトン則」と呼ぶ．この式から，コストに対する利得(B/C)が大きいか，血縁度(r)が大きいときに利他行動が進化しやすいことが推定される．

ハチやアリの社会では，雄が n，雌が $2n$ の半倍数性(haplodiploidy)であるため，姉妹間の血縁度は 0.75 となり，母と娘の間の 0.5 より大きい(図 2.26)．つまり，ワーカーにとっての血縁度は娘との間(0.5)より妹との間(0.75)の方が大きいので，自分の娘を産んで育てるより妹の世話をする利他行動が進化しやすい

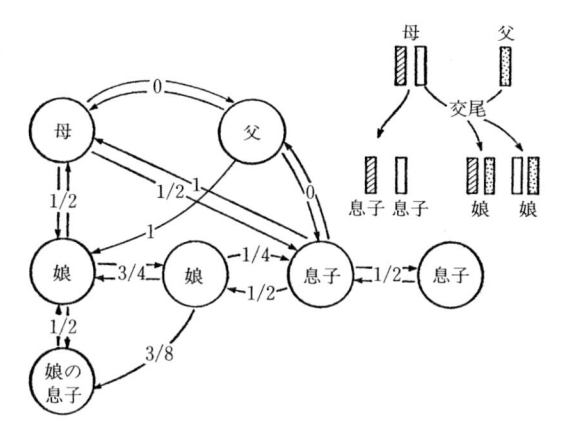

図 2.26 半・倍数性昆虫における血縁度(伊藤，1982)
右上の図のように父の遺伝子はすべてがどの娘にも行き，母の遺伝子は半分が各娘に行く．この結果左下の図のような血縁度が得られる．血縁度はどちらを主体にするかで異なることもある．息子の側からみると母は自分の持つ全遺伝子を持つが，母の側からみると息子の持つのは半分である．

のである．これを「ハミルトンの3/4仮説」と呼んでいる．

　利他行動のように，ある形質が血縁者の遺伝的成功を通じて進化する場合，その過程で働く淘汰を血縁淘汰(kin selection)という．ハチやアリの社会では，血縁者か非血縁者か，すなわちコロニーが同じかどうかは非常に重要なことである．アリ類やハチ類でコロニー臭の存在が知られ，異なるコロニーのワーカーが熾烈な争いをするのはそのためと考えられる．

3. 個体群と群集の生態学

3.1 個体群と群集とは何か

　生物は単独ではなく個体群(population)として生活している．個体群とは，ある限られた空間にすみ，多少ともまとまりを有する1種類の生物の個体の集合と定義される．

　いかなる種にも種特有の生息場所(habitat)がある．生息場所とは，繁殖や生存に必要なさまざまな資源を備えた，種特有の生活の場所のことである．それは摂食場所，交尾場所，羽化場所，越冬場所などの生活に必要なパッチ(patch)から構成されている．

a. 個体群の構造

　個体群は階層的な構造を持っている．地域的にまとまりを持って生活している個体の集まりといった，個体群の最小単位を局所個体群(local population)という．その中では近接した個体の間で交尾が行われるので，それは繁殖集団となっている．この局所個体群の集まったものとしての上位集団が存在する．そこにも個体間の結びつきの程度に応じた階層関係があり，その最も上位にある個体群グループをメタ個体群(metapopulation)という．このような上位の個体群は，局所個体群間での個体の移動分散により結びついている．もちろん移動分散の程度は昆虫種によって大きく異なるので，メタ個体群の大きさも種により大きく異なる．たとえば，イネの重要害虫のトビイロウンカ *Nilaparvata lugens* は長距離飛翔をするので，ベトナムなどの熱帯アジア個体群，中国の個体群，およびわが国の個体群は長距離移動により関連づけられており，それらを合わせたものがメタ個体群となる．

　取り扱おうとする問題により，どのような段階の個体群を対象にするかが異なってくる．たとえば，普通の害虫の防除に際しては，繁殖の上で意味を持つ比較的小地域の個体群を対象にすることが多い．しかし，長距離移動性害虫の防除戦略や絶滅危惧種などの保全を問題にする場合には，局所個体群のみならずメタ個

体群も対象とする必要がある．

　個体群を定量的に測る尺度には，個体群密度(population density)と個体群サイズ(population size)がある．後者はある個体群を構成している個体の総数を指す用語であるが，個体群が依拠している空間の規定が困難であることも多く，実際にはある単位空間当たりの個体数である個体群密度の方がよく使われる．単位空間といっても，昆虫の場合は，面積などの物理的空間よりは，植物の株，枝，葉などといった，生物学的に意味のある単位を用いることが多い．

b. 個体群とそれを取り巻く環境要素

　個体群はそれを取り巻く生物的・非生物的環境の中で，それら環境諸要素とさまざまな関係を取り結びつつ，その数と遺伝的組成を変動させている．図3.1

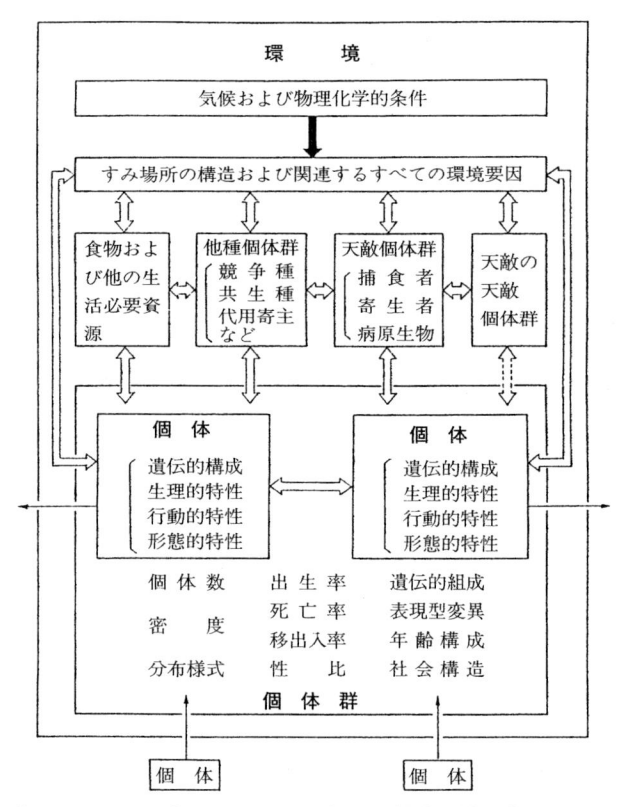

図 3.1　個体群とそれを取り巻く環境要因の関連を示す模式図（巌・花岡，1972 を一部改変）矢印は作用の方向を示す．

は，個体群とそれを取り巻く環境諸要素との関係を模式的に示したものである．生物的環境としては，同種個体間の関係(種内関係)と異種個体群間の関係(種間関係)がある．異種個体群はさらに，同じ資源をめぐって競争する競争種や何らかの共生的関係にある共生種などの他種個体群と，捕食者(predator)や捕食寄生者(parasitoid)などの天敵個体群に大別される．この天敵個体群はさらにその天敵個体群と関係しているし，後者は問題としている種の個体群に間接的に影響を及ぼすことになる．生物的環境としては，食物などの生活必須資源も入ることが多いが，それはそれを利用する他種個体群にも影響するので，直接的な影響だけでなく間接的な影響も及ぼすことになる．個体群を取り巻く環境要素としての気候や物理化学的条件にしても，生息場所の構造を通じて個体群に影響を及ぼすものと考えられる．

個体群内部の個体は，それぞれが独自の遺伝的構成(遺伝子型)を持ち，それとさまざまな環境要因との相互作用の結果として，異なる生理的，行動的，および形態的特性を，表現型として示す．生息場所の中でのそれらのふるまいの結果として，また，地域個体群間での移出入を通して，個体数，密度，空間分布様式をはじめとした個体群の諸特性が実現される．個体群の長期的なレベルでの遺伝的組成の変化を小進化(microevolution)と呼ぶ．

このように一概に個体群といっても，その実態はたいへん複雑なものであり，かつ変化していくものである．このような個体群の諸特性の解明を目的とした分野が個体群生態学である．その中心的課題は，ある種の動物や植物の数がどのように決まっているのかを明らかにすることであり，それゆえ害虫化のメカニズムの理解や害虫の発生予察の基礎となる個体数変動データの解析にも不可欠な学問分野となっている．歴史的にも，個体群生態学は応用昆虫学や水産資源学などの応用分野とも密接に関係して発展してきた．近年では，保全生態学の上でも不可欠の分野となりつつある．

c. 群　　集

群集(community)あるいは生物群集とは，ある地域における種の集まりのことを指す．しかし，便宜的に昆虫群集とか，鳥群集というように，ある特定の分類群における種の集まりを指すことが多い．しかし，それは種の単なる寄せ集めではなく，構成種のダイナミックな相互関係により成立している．たとえば，ある昆虫の加害により植物が量的にも質的にも変化し，その結果として同じ植物を

利用する他種の植食性昆虫はもちろんのこと，捕食者や寄生者といった天敵にまで影響が及ぶ可能性が指摘されつつある．このような群集レベルでの種間の相互関係の総体を明らかにする分野が群集生態学である．

ある昆虫種の個体群動態の解明のためには，個別的な生態だけでなく，同じ資源を利用する競争種や天敵類を含む群集構造や群集動態の解析も必要である．それゆえ，個体群生態学と群集生態学は密接不可分の学問分野であるといえる．

3.2 個体群の増殖

ある種の個体群の個体数や密度は一定ではなく，増えたり減ったりする．このことを個体群の増殖(reproduction)，あるいは成長(growth)という．個体群の密度を決定する基本要素は，出生，死亡，移入，および移出の4つである．このうち，出生と移入は個体群密度を高めることにつながり，死亡と移出はその逆である．したがって，個体群の増殖を明らかにするためには，この4つの基本要素を問題にしなければならない．

a. 生存と繁殖のスケジュール

親によって産まれた一群の子どもが親になり，次世代を産出して死亡していく過程を一覧表にしたものを生命表(life table)という．この生命表はもともとは人間の生命保険事業の必要性から考案されたものである．生命表を昆虫に適用するに当たっては，産卵数あるいは期待産卵数(羽化雌数×雌当たり蔵卵数)から出発して，齢または発育ステージの進行に伴って起こる個体数の減少とその要因を表にする．

生命表には，時間別生命表(time specific life table)と齢別生命表(age specific life table)の2種類がある．時間別生命表は，ある時間断面における個体群の齢分布に基づいて作成されるもので，個体群のサイズが一定(出生と死亡がつり合っていて，増加率が1に近い)で，安定齢分布(齢構成が安定している)であることが前提となる．したがって，人や哺乳類などに適用される．これに対して齢別生命表は，同時出生群(cohort)の死亡過程を追跡調査したデータをもとに作成されるものであり，昆虫などに適用される．多くの昆虫は各世代が不連続で，それぞれの発育ステージもあまり重ならずに出現して進行していくからである．

昆虫の野外個体群の生命表は，以下の記号で表される各項目からなっている．
x(時間)：適当な時間単位で区切られた齢群で，幼虫齢期などの発育ステージ

l_x(生存率)：最初に産まれた卵数など(l_0)を1,000として，各ステージ初期の個体数を千分率で表したもの．$l_0 = 1$として，それ以下のl_xを小数点つきで表すこともある．また，実数(総個体数，絶対密度，相対密度)で表すことも多い．

d_x(死亡数)：齢群xにおける死亡個体数．すなわち，$l_x - l_{x+1}$．同一ステージでも，死亡要因ごとに細分化できる．

$100q_x$(死亡率)：齢群xにおける死亡率(%)．すなわち，$(d_x/l_x) \times 100$．d_xと同じく，個々の死亡要因ごとに細分化できる．

d_xF(死亡要因)：d_xや$100q_x$にかかわる死亡要因．

表 3.1 水稲におけるミナミアオカメムシ第1世代後期卵の生命表
(KiritaniとNakasuji, 1967)

発育段階	発育期間 (日)	初期数 (l_x)	死亡要因 (d_xF)	死亡数 (d_x)	死亡率 (q_x)	累積死亡率
卵	5	713(9卵塊)	寄生バチ	325	45.52	
			不受精	1	0.14	
			死ごもり	96	13.45	
			小計	422	59.11	59.11
1齢	3	291(5集団)	豪雨，洪水	54	18.56	
			不明	68	23.37	
			小計	122	41.93	76.30
2齢	4	169(5集団)	豪雨，洪水	9	5.33	
			脱皮時の死亡	9	5.33	
			不明	47	27.81	
			小計	65	38.47	85.44
3齢	4	104(4集団)	脱皮時の死亡	24	23.08	
			不明	4	3.85	
			小計	28	26.93	89.63
4齢	5	76(4集団)	脱皮時の死亡	22	28.95	
			不明	3	3.95	
			小計	25	32.90	92.86
5齢	7	51(4集団)	台風	10	19.61	
			不明	15	29.41	
			小計	25	49.02	96.36
成虫		31(2集団)	台風	5	16.13	
			羽化時死亡	7	22.58	
			生残虫の中の雄	10	32.26	
			産卵せず死亡した雌	1	3.22	
			小計	23	74.19	98.88
産卵雌		8*				

＊産卵数1,025卵(12卵塊)．

表3.1にはわが国における先駆的な研究例として，ミナミアオカメムシ *Nezara viridula* について作成された生命表の一例を示した．寄生バチなどの生物的要因，脱皮失敗などの生理的要因，台風などの気象的要因が働いた結果として，羽化までにほとんどの個体が死亡してしまうことがわかる．

　実際に生命表を作成するためには，発育段階別の初期個体数の推定，死亡個体数とその要因の決定，雌当たり産卵数の推定，移出・移入個体数の推定など，さまざまな技術上の問題を解決する必要があることも多い．これらの技術的な問題については，伊藤ら(1980)などの他書を参照されたい．

　生命表のデータを用いて，生態学的に重要な解析を行うことができる．その1つが生存曲線(survivorship curve)である．生存曲線とは，生命表の生存率(l_x)を時間(x)に対してプロットし，産まれた子(たとえば卵)が親になり繁殖するまでの減少過程を示したものである．通常，l_x は対数で表される．また，種によって出生から繁殖までの期間が異なるから，時間軸には，平均寿命からの百分率偏差などの，繁殖齢までの期間を基準とした相対時間をとるのがよい．

b. 個体群の成長モデルと個体群パラメータ

　生存と繁殖のスケジュールに関するデータがあれば，個体群生態学の上で重要なパラメータを推定することができる．そのためには，個体群の成長に関する基本モデルについて触れておく必要がある．

　生息空間や食物などの生活資源の不足が起こらず，かつ好適な気象条件が続く，理想的な環境条件下では，動物の個体数は指数的(幾何級数的)に増加する．その場合，個体数を N，時間を t とすると，個体数の変化率は，

$$\frac{dN}{dt} = rN \qquad (1)$$

という微分方程式で表される．r は定数で，内的自然増加率(intrinsic rate of natural increase)と呼ばれ，1個体当たりの瞬間増加率を意味する．すなわち，瞬間出生率を b，瞬間死亡率を d とすると，$r = b - d$ である．

　(1)式の積分型は，

$$N_t = N_0 e^{rt} \qquad (2)$$

ここで，N_0 は最初($t=0$)の個体数，N_t は t 時点($t>0$)における個体数，e は自然対数の底(2.71828……)，r は内的自然増加率である．これはマルサスの式と呼ばれる．

内的自然増加率 r の正確な推定は，（2）式から導かれる以下の式を用いて，試行錯誤により行う．

$$\sum_{x=0}^{\infty} e^{-rx} l_x m_x = 1 \tag{3}$$

ここで，l_x は x 齢まで生き残った雌の割合，すなわち生存率のことであり，m_x は x 齢における1雌当たりの平均出生雌数である．

内的自然増加率には近似値の産出法がある．そのためには純増殖率（net reproductive rate）（R_0）と平均世代時間（mean generation time）（T）をまず推定する必要がある．

純増殖率とは各雌が産んだ平均雌数のことであり，

$$R_0 = \sum_{x=0}^{\infty} l_x m_x \tag{4}$$

で表される．ここで，m_x の算出に当たっては雄の子どもは勘定に入れないので，たとえば，子どもを卵として産下し，性比が1：1である場合には，ある時点で産まれた卵の数の半数をその時点で生き残っていた雌の数で割った値が m_x となる．

平均世代時間とは雌の子どもを産んだときの母親の平均齢のことであり，それは個体群の入れ替わりに要する時間を意味する．それは，

$$T = \frac{\sum_{x=0}^{\infty} x l_x m_x}{R_0} \tag{5}$$

で求められる．

これらのパラメータから r の近似値を推定するには，

$$r = \frac{\ln R_0}{T} \tag{6}$$

を用いる．すなわち，純増殖率（R_0）の自然対数をとり，それを平均世代時間（T）で割ればよい．式の形から，純増殖率が大きいほど，また平均世代時間が短いほど，r の値が大きくなることがわかる．また，産卵（子）数を増すよりも，繁殖開始齢を早めることの方が r を高める効果が大きいこともわかっている．

内的自然増加率は，種に特有な値をとる．その一方で，種内に多型があったり，系統が違う場合には，種内でも r の値が変化する．また，r は単位時間当たりでの産卵（子）率や発育速度により決定されるから，変温動物である昆虫では，当然，温度により変化する．表3.2には，昆虫の内的自然増加率を測定した例を示した．アブラムシ類のように発育が早く平均世代時間が短い昆虫では r

表 3.2 昆虫の内的自然増加率 r の測定例（1日当たりの値）
（志賀，1970 より抜粋）

種 名	純繁殖率 R_0	1世代平均日数 T	内的自然増加率 r	e^r
モモアカアブラムシ *Myzus persicae*	69.75	9.8	0.433	1.542
チューリップヒゲナガアブラムシ *Macrosiphum euphorbiae*	24.43	14.7	0.217	1.242
アルファルファアブラムシ *Therioaphis maculata*	111.9	14.5	0.325	1.384
コクヌストモドキ *Tribolium castaneum*	275.0	80.0	0.101	1.106
コクゾウムシ *Sitophilus zeamais*	113.6	58.1	0.109	1.115
コロモジラミ *Pediculus humanus*	30.9	30.9	0.111	1.117

R_0 は1世代で何倍に増えるかを，e^r は1日当たりで何倍になるかを示す値である．

が大きいことがわかる．

　個体数の指数的増加は，自然界では外部から侵入して定着した害虫の個体群の初期増殖でみられることがある．その理由の1つとして有力な天敵が存在しないことが考えられる．すでに述べたトビイロウンカは，毎年中国大陸からわが国の水田に飛来してくるが，条件が良ければそこで指数的に増加し，秋の第3世代には飛来世代の1,000倍にもなったりする（図3.2）．しかし，一般に，食物や生息空間など，生活に必要な資源が有限である以上，無限に増え続けることはありえない．そこで考案されたのが，ロジスティック成長（logistic growth）のモデルである．このモデルは，個体数が増加すれば，その増加分に比例して個体群

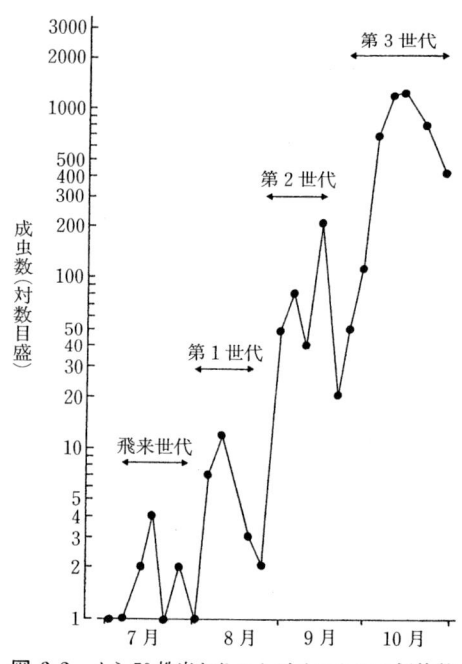

図 3.2 イネ50株当たりのトビイロウンカ個体数の時期的変動（岸本，1975を改変）
縦軸が対数目盛になっていることに注意．

の成長率が低下するという，基本的な考えに基づいている．また，空間にしても有限であることを前提としているので，それは個体数というよりは個体群密度として規定される．

　個体群の指数的増加を示す(1)式において，個体当たり増加率それ自体が個体群密度(N)の関数である場合を考えてみよう．その最も簡単な関数は，

$$f(N) = r - hN \qquad (7)$$

これを(1)式に取り入れると，

$$\frac{dN}{dt} = N(r - hN) \qquad (8)$$

ここで，h は Verhurst-Pearl 係数と呼ばれ，1個体の存在が瞬間増加率に及ぼす作用の程度，すなわち1個体の他個体に対する干渉度と定義される．ここで，$r/h = K$ とすると，(8)式は，

$$\frac{dN}{dt} = rN\left(\frac{K - N}{K}\right) \qquad (9)$$

と表される．ここで，K は個体群が到達しうる密度の上限 N_{max} であり，飽和密度(saturation density)，あるいは環境収容力(carrying capacity)と呼ばれるパラメータである．この式は個体群密度 N が 0 のときが(1)式になること，またそれが飽和密度 K になったときに増加率が 0 になることを示している．ロジスティック曲線をグラフで示せば図3.3のようなS字型となり，シグモイド曲線とも呼ばれる．

　ロジスティック式では，個体群の瞬間増加率を(8)式で定義した．この式を変形すると，

$$\frac{1}{N} \cdot \frac{dN}{dt} = r - hN \qquad (10)$$

これは個体当たりの増加率を示す．ここで，前に示したように，r は瞬間出生率(b)から瞬間死亡率(d)を引いたもの，すなわち $r = b - d$ であるので，(10)式の右辺は，

$$r - hN = b - (d + hN) \qquad (11)$$

したがって，個体数の減少率(広義の死亡率)には，(11)式の d に相当する，

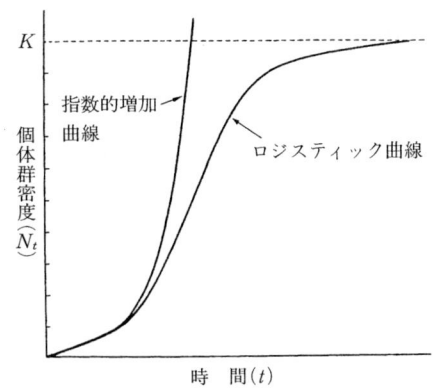

図 3.3　個体群の指数的成長とロジスティック成長の比較

個体群密度(N)に関係なく常に一定の率で作用する密度独立的な(density-independent)な部分と，hNで示される，密度に比例して作用するようになる密度依存的(density-dependent)な要素があることがわかる．このほか，密度が高まると個体数の抑圧作用が逆に弱まるように働く場合があり，それを密度逆依存(inversely density-dependent)と呼ぶ．これらは，野外個体群における死亡要因の基本的な作用様式である．

マルサス式，ロジスティック式ともに，常に一定の比率で出生と死亡が起こっていること，すなわち個体群の齢構成が安定していることを，その前提としている．しかし，多くの昆虫は世代の重なり合いが少なく，このような齢構成をとることは少ない．また，これらの式は，環境条件が一定で，いつでもrやKが一定であることが前提となっているが，実際にはこのような条件は自然界ではありえない．したがって，ロジスティック理論は，自然における個体群成長をそのまま説明しうるものではなく，あくまで最も単純化した原型としてそれを数学的に近似しようとしたものであるといえる．それゆえ，よく制御された実験個体群の解析や個体群の成長や変動に関する数理生態学的な研究において有効な武器となってきたのである．

c. 密度効果とこみあい効果

ロジスティック理論の本質は，個体群の密度そのものが個体群の増殖率に影響を及ぼし，自律的に増殖率を低下させることにある．このような個体群の増殖率に対する密度の影響は密度効果(density effect)と呼ばれる(内田，1998参照)．密度効果は，本来，ニュートラルな用語で，個体群の生存率，増殖率，平均発育速度，平均個体重といった属性に対する密度の影響と定義される．しかし，一般には，高密度時に悪影響をもたらす過密効果(overcrowding effect)を指すことが多い．また，逆に密度が低すぎると雌雄の交尾チャンスが減少し，かえって増殖率が減少することも知られており，これを過疎効果(undercrowding effect)あるいはアリー効果(Allee effect)という．したがって，個体群のロジスティック成長は過疎領域では成り立たないことになる．また，多くの集合性昆虫では，集団サイズがある程度大きくないと，生存できなかったり発育が遅延したりすることが知られている．このような集合のプラスの効果のことを集合効果(aggregation effect)と呼ぶ．この場合は，密度の高低というよりは，他個体の存在や集団のサイズが影響するわけで，密度という連続的な概念に当てはまらない．さら

に，トビバッタ類やヨトウガ類においては，相変異(phase variation)と呼ばれる顕著な現象がある．個体群密度が高まるにつれ，定住的な孤独相から移動に適した群生相への相の転換が起こる現象である．2つの相の個体は形態，生理，行動上の著しい相違があり，群生相化はこみあい状態に対応した個体の適応的反応とみなされる．相の転換においては個体間の相互作用の有無が重要な意味を持つので，この場合も密度効果の概念には当てはまらない．

このように考えると，密度効果と過疎効果あるいは集合効果を異質のものとして対置するべきではなく，これらを含めたニュートラルな用語が必要となる．したがって，巌(1971)は，こみあわなさ過ぎ(過疎，undercrowding)，こみあい過ぎ(過密，overcrowding)，適度のこみあい(moderate crowding)を含めて，それらをこみあい効果(crowding effect)と呼ぶことを提唱した．

3.3 個体群と生活史戦略

個体群の個体は初産齢，寿命，産卵数などの生活史あるいは繁殖にかかわる諸形質を持ち，このことは個体群の増殖と分かちがたく結びついている．生活史戦略(life history strategy)という用語は，これらの諸形質が互いに関係し合いながら，ある環境条件の中で進化してきたと考えられることから，それら1セットの形質群(syndrome)を指すものである．したがって，生活史戦略に関する研究は，昆虫学の中でも重要な位置を占めてきた．とりわけ，休眠や移動分散は重要な生活史戦略であり，多くの研究がなされてきた．

ここでは，生活史戦略の主要な理論，およびその進化を引き起こす自然選択の概念について概説する．

a. 生活史戦略の理論
1) r-K 選択説

r-K 選択説は，MacArthurとWilson(1967)によって提唱された説である．彼らは，新たにできた島など，先住者が少なく個体群が環境収容力よりはるかに下の低密度であるような場合には，高い内的自然増加率を持つような遺伝子型が適応的であるが，逆に多くの競争種が存在し自らもこみあった状況にある場合には，限られた資源を有効に利用して，少数の子孫を確実に残すような遺伝子型が適応的であるとみなした．彼らはロジスティック式のパラメータにちなんで，これらをそれぞれ r 選択および K 選択と名づけた．

表 3.3 r-K 選択のスペクトルの極端における形質の比較
(Southwood, 1977 を簡略化して改変)

r 種	K 種
短い世代時間	長い世代時間
小さな体サイズ	大きな体サイズ
高いレベルの分散	低いレベルの分散
密度非依存的死亡多い	高い生存率(特に繁殖期)
産卵(子)数多い	産卵(子)数少なく,親の投資大
種内競争―しばしば共倒れ型	種内競争―しばしばコンテスト型
時間効率的	資源効率的(食物と空間)
個体群がしばしば行き過ぎ	個体群めったに行き過ぎない
個体群密度の変化大きい	個体群密度が世代間で相対的に一定
H/τ 小さい	H/τ 大きい

Pianka(1970)は r-K 選択理論を拡張し,気候の急激な変化などでしばしば破滅的な死亡が起こるような環境では,r 選択の結果,早い発育と繁殖,小卵多産などの形質が進化し,逆に気候が安定しているか,もしくは規則的に変化する環境では,個体群が飽和状態になり,K 選択の結果,ゆっくりした発育と繁殖,大卵少産などの形質が進化するとみなした.そして,r 選択の結果として進化する形質のセットを r 戦略(r-strategy),K 選択の結果として進化するそれは K 戦略(K-strategy)と呼んだ.彼は,実際の生物種は極端な r 戦略者から極端な K 選択者に至る連続的な系列の中に位置づけられると考えた.これが有名な r-K 連続体説であり,r 戦略をとった系統群の典型が昆虫類で,K 戦略をとった系統群のそれが脊椎動物とされている.

Southwood ら(1974)は,さらに,r 戦略者と K 戦略者の個体群の増殖曲線を比較し,r 戦略者は不安定な変わりやすい生息場所(一時的生息場所)に生活する生物にみられ,高い増殖能力を持つ結果,しばしば平衡レベルを超えた個体群密度の行き過ぎ現象を生じることを指摘した.このような考えに基づき,r 種と K 種の生活史形質の特徴を示したのが表 3.3 である.r 種は,生息場所が繁殖に適した状態で存続する時間(H)に対する世代時間(τ)の比(H/τ)が小さい,すなわち,その生物にとってより一時的な生息場所に生息するものであり,短い世代時間,小さな体サイズ,高い産卵能力,および高い分散能力などがその特徴となっている.農耕地のような攪乱の大きい一時的な環境で害虫となっているものには,このような特徴がみられることが多いのは事実である.しかし,r-K 選択に基づくこのような種の類型化では説明できない現象もある.確かに種間の比

較では，一般に r 種における高い移動分散能力と高い産卵能力とは正の相関があるが，翅多型性のような種内の移動型と非移動型の比較では，移動型の方が産卵数が少ないことが一般的である．また，種間比較でも，よく移動する種は定着的な種よりも体サイズが大きい傾向があることも知られている．このように，r-K 選択理論とは合わない事実が存在することも事実である．

かつて，r-K 選択説は害虫の生態学にも大きな影響を与え，害虫をさらに r 害虫と K 害虫に分類するようなことがさかんに行われた．しかし，r といっても，それ自体おかれた状況により大きく変わりうるものであるし，K は生命表パラメータとしては測定できない．したがって，個々の害虫を r 種か K 種かと一面的に決めつけるよりは，どのような環境条件においてどのような生活史戦略が有利になるかを具体的に明らかにすることの方が大切である．

2） 生息場所鋳型説

生息場所鋳型(habitat templet)説は，生息場所が生活史のパターンを形作る鋳型となるという考えのもとに，複数(通常2つ)の重要なパラメータで，それぞれの値を組み合わせた条件を持つ生息場所ではどのような生活史が選択されるかをみるものである．

この説を提唱したSouthwood(1977)は，重要な生活史形質である休眠と移動が生息場所の時間的・空間的変動に対応する代替戦略となっていることを，時間軸と空間軸のマトリックスとして理論的に示した(図3.4)．すなわち，繁殖場所と繁殖時期の良し悪しの組み合わせで，繁殖，休眠して繁殖，移動して繁殖，および休眠と移動をして繁殖の4つの生活史パターンが進化することになる．その明快さから，この説は広く受け入れられているが，野外での実証は少なかった．しかし，たとえば，近年のカブラハバチ類に関する研究は，それらの生活史が生息場所鋳型説で説明可能であることを示した．すなわち，ニホンカブラハバチ *Athalia japonica* の夏眠，カブラハバチ *A. rosae ruficornis* の移動，セグロカブラハバチ *A. infumata* の活発な分散といった特徴的な生活史戦略は，それぞれの主要寄主植物である，タネツケバナ属，ダイコンやカブなどの栽培種，およびイヌガラシの時間的・空間的な季節消長を反映しているものとみなされた(図3.5)．このような

時間＼空間	いま良い	いずれ良い
ここが良い	繁殖	休眠して繁殖
よそが良い	移動して繁殖	移動・休眠して繁殖

図 3.4 環境条件の空間的・時間的変動に対応する行動的・生理的戦術(Southwood, 1977を簡略化)

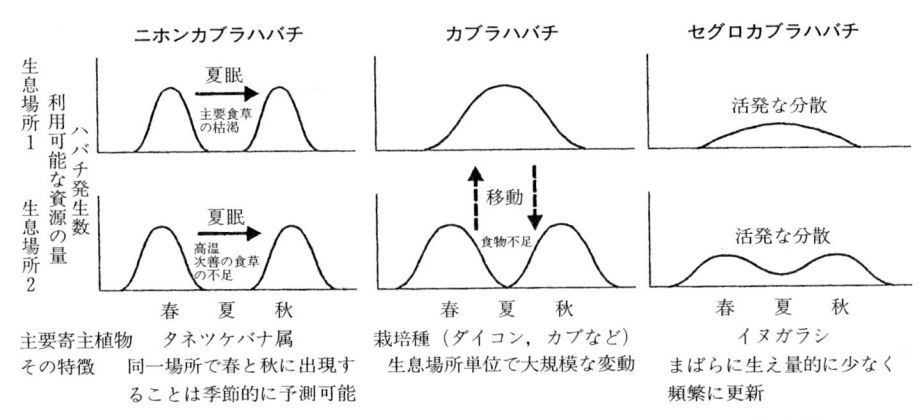

図 3.5 の上部（グラフ部分、横軸：春 夏 秋、縦軸：利用可能な資源の量／ハバチ発生数）

	ニホンカブラハバチ	カブラハバチ	セグロカブラハバチ
生息場所1	夏眠 → 主要食草の枯渇	（山型）	活発な分散
生息場所2	夏眠 → 高温次善の食草の不足	移動 ↑↓ 食物不足	活発な分散
主要寄主植物	タネツケバナ属	栽培種（ダイコン，カブなど）	イヌガラシ
その特徴	同一場所で春と秋に出現することは季節的に予測可能	生息場所単位で大規模な変動	まばらに生え量的に少なく頻繁に更新

図 3.5　3種ハバチの生息場所と発生，休眠・移動の関係（長坂，1996 を一部改変）

野外研究は，生息場所の時間的・空間的な存在様式が，休眠や移動分散といった重要な生活史戦略を自然選択を通して形作ることを示している．

3）両賭け戦略説

両賭け戦略説（bet-hedging）とは，環境が不確実に変動する場合，適応度もそれにつれて変動することになるが，その分散（ばらつき）をできるだけ小さくすることによって適応度の期待値を高める方策が生活史戦略として進化するという説である．

この説は，生活史形質において種内で多型がある場合によく適用される．たとえば，昆虫には種内で有翅型と無翅型，あるいは長翅型と短翅型が生じる翅多型性に代表されるような分散多型性（dispersal polymorphism）が広く知られている（藤崎，1994 参照）．この場合，有翅型や長翅型が移動型であり，無翅型や短翅型は定住型である．移動と定住のいずれが有利であるかは状況により変化するが，それが予測できないとしよう．このような場合，最も適応的な親は，分散型と非分散型の両方の子どもを作り出すであろう．状況がどうであろうと，いずれかの型が成功するからである．たとえば，アブラムシ類は，単為生殖を行う母親から有翅型と無翅型の両方が生産される．したがって，いずれの型も遺伝的には同じである．母親がいずれの型を生産するのか，あるいは両型を生産するのかは，こみあいや餌の条件による．このような分散多型性は両賭け戦略の好例であるとみなされるケースが多い．

休眠性においても種内で大きな変異性がみられる場合がある．亜熱帯性のコオロギの1種，ミナミマダラスズ *Dianemobius fascipes* の卵は冬季において休眠

するが，同時に産まれた卵群であっても，異なる時期にふ化するいくつかのグループに分かれる(Masaki, 1990). また，同じ亜熱帯性の昆虫で，サトウキビ害虫のカンシャコバネナガカメムシ *Cavelerius saccharivorus* の休眠卵も，同じ卵塊の中でその発育において大きな変異性を示す．沖縄などの亜熱帯の冬は発育限界付近で気温が不規則に変動する環境であり，年により発育に有利であったり，不利であったりする．したがって，同じ母親から産まれた卵における休眠深度の大きな変異性は，適応度の年によるばらつきを小さくすることにつながると考えられる．

b. 生活史形質と自然選択
1) 自然選択の必要条件と適応度

生活史形質は自然選択(自然淘汰ともいう)(natural selection)の産物である．自然選択が起こるためには以下のような必要条件が満たされねばならない．
（1） ある形質における変異の存在．
（2） その変異が個体群統計における違いに関係すること．
（3） その変異が遺伝的であること．

このうち(2)は，適応度(fitness)における違いと関係があると言い換えてもよいだろう．適応度とは，ある形質を支配する遺伝子の増減を表す尺度で，個体群の遺伝子プール中に占めるその遺伝子の次世代への相対寄与率で測定される．すなわち，ある形質を持つ個体が子どもを残したか，その子どもが繁殖するまで生存したか，そして，その子どもの数が個体群中に占める割合が増加したかの3つが問題となる．たとえば，ある母親が2匹の繁殖できるまで生存した娘を残したとしよう．しかし，個体群密度がその世代間で4倍に増えたら，個体群中に占めるその遺伝子の割合は2/4，すなわち1/2に減少したことになる．2匹の子が繁殖齢まで達したのであるから，一見，このような親の適応度は高かったかのようにみえるが，実は低かったことになることに注意しなければならない．適応度の尺度として最も普通に使われるのが，すでに述べた内的自然増加率である．

2) 生活史形質の解析手法としての量的遺伝学

生活史形質の遺伝的基礎の解析には，育種学の分野でよく使われる量的遺伝学の手法が役に立つ．生活史形質にはポリジーン支配を受けているとみなされる量的形質であるものが多いし，また量的形質の表現型値は後天的な環境条件の影響を受けるものが多いからである．

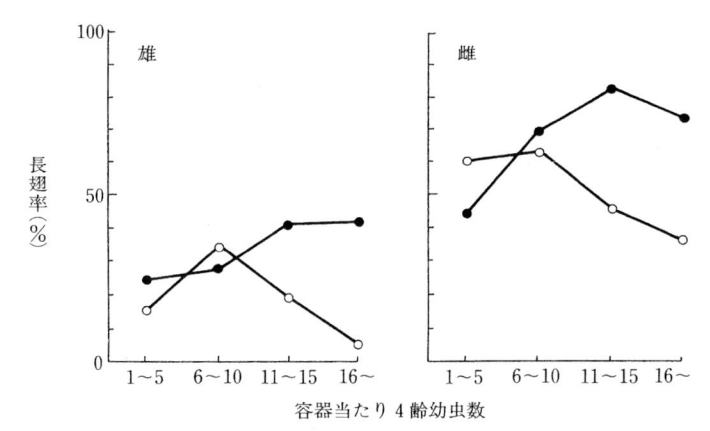

図 3.6 カンシャコバネナガカメムシにおける短翅型両親の子世代(○)と長翅型両親の子世代(●)での幼虫密度に対する長翅出現率の違い(Fujisaki, 1986)

　量的遺伝学の基本モデルは，複数の対立遺伝子によって支配される量的形質を P，遺伝子型変異を G，環境変異を E とすると，以下のように表される．

$$V_P = V_G + V_E + V_{G \times E} \tag{12}$$

ここで，V_P は表現型分散(各個体の形質の表現型値の違い)，V_G は遺伝分散(各個体の形質の表現型値の遺伝的違い)，V_E は環境分散(環境がもたらす表現型値の違い)，$V_{G \times E}$ は遺伝的効果と環境効果の交互作用(遺伝子の発現が環境により異なること)による分散であり，G と E との共分散，すなわち $2\mathrm{cov}(G, E)$ として求められる．ここで，同一の遺伝子型がさまざまな環境条件下で示すある形質の集合を反応基準(reaction norm)と呼ぶので，交互作用は遺伝子型による反応基準の違いであるともいえる．このような交互作用は遺伝子型-環境交互作用(genotype-environment interactions)と呼ばれる．図 3.6 に遺伝子型-環境交互作用の一例として，カンシャコバネナガカメムシにおける親の翅型の違いによる子どもの長翅型出現の密度反応の違いを示した．

　遺伝分散 V_G は，さらに以下のような要素に分解できる．

$$V_G = V_A + V_D + V_I \tag{13}$$

ここで，V_A は相加遺伝分散(1 遺伝子座の対立遺伝子の組み合わせの違いによって生じる表現型変異)，V_D は優性分散(対立遺伝子間に優劣性のあることで生じる変動効果)，V_I はエピスタシス分散(遺伝子座間の非相加的交互作用によって生じる変動効果)である．

自然選択による進化速度は相加的遺伝分散の大きさに比例することが証明されている。したがって，V_P に対する V_A の割合は狭義の遺伝率(h^2)と呼ばれ，自然選択の重要な指標となる。すなわち，

$$\frac{V_A}{V_P} = h^2 \tag{14}$$

遺伝率を推定する方法としては，親子相関を用いる方法，分散分析法によって遺伝子型分散およびその成分を求める方法などがある。これらとは別に，人為選択を行ったときに得られる，選択に対する反応(response to selection)を選択差(selection differential)で割った値を，実現遺伝率(realized heritability)と呼ぶ(図3.7)。

h^2 は 0～1 の間の値をとるが，0.2以下は低，0.2～0.5は中間，0.5以上は高遺伝率とされる。表3.4は昆虫における移動とその関連形質についての遺伝率の推定値を示

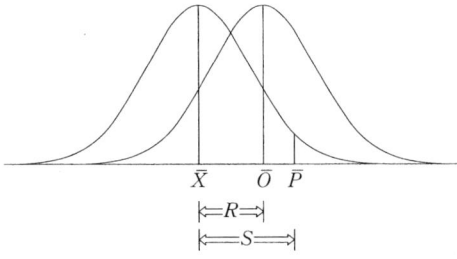

図 3.7 実現遺伝率を示す模式図
$\bar{X}$ は個体群平均，$\bar{O}$ は子どもの平均，$\bar{P}$ は両親の平均，R は選択に対する反応，S は選択差を示す。$h^2 = R/S$ である。

表 3.4 移動とその関連形質の遺伝率の推定値
(Dingle, 1996 を改変*)

種	形 質	遺伝率	方 法
ナガカメムシの1種 *Lygaeus kalmii*	飛翔時間	0.20～0.41	親子回帰
アフリカヨトウ *Spodoptera exempta*	飛翔時間	0.50～0.88	親子回帰
ガの1種 *Epiphyas postvittana*	飛翔時間	0.43～0.57	親子回帰と選抜
ヒメトビウンカ *Laodelphax triatellu*	翅型	0.27～0.36	選抜
セジロウンカ *Sogatella furcifera*	翅型	0.30～0.51	選抜
コオロギの1種 *Gryllus firmus*	翅型	0.55	親子回帰
ナガカメムシの1種 *Oncopeltus fasciatus*	翅長	0.49～0.87	親子回帰と選抜
ホシカメムシの1種 *Dysdercus bimaculatus*	翅長	0.51	親子回帰

＊セジロウンカとコオロギの1種を追加し，鳥類に関するものを削除した。

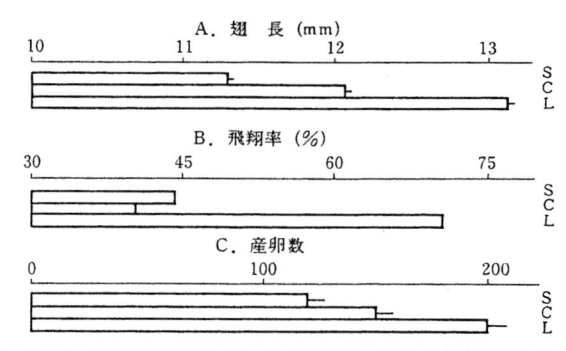

図 3.8 ナガカメムシの1種 O. fasciatus における翅長(A)の選択に対する直接的反応と飛翔(B)および産卵の最初の5日間における卵生産(C)の相関的反応(Dingle, 1986を改変)
AとCにおいては，平均と標準誤差が選択の第5世代目の短翅(S)，コントロール(C)および長翅(L)の系統で示されている．Bでは各系統の9世代目において宙づり飛翔で30分以上飛翔した個体の割合が示されている．

したものである．一般に遺伝率は高く，そのような形質が自然選択により変わりやすいものであることがわかる．

自然選択を問題にするとき，遺伝率だけでなく遺伝相関(genetic correlation)も考慮に入れなければならない．どんな形質も他の形質と独立に進化してきたのではなく，正であれ負であれ，遺伝的に何らかの相関を持って進化してきたと考えられるからである．したがって，休眠や移動分散といった生活史形質にしても，他の生活史形質，形態形質，生理的形質などと遺伝相関があることが多い．たとえば，北アメリカ大陸に分布し，長距離飛翔をすることで有名なナガカメムシの1種 Oncopeltus fasciatus では，翅長と飛翔能力あるいは産卵数との間に正の遺伝相関があることが示された(図3.8)．このような移動とその関連形質との正の遺伝相関は，移動-定着形質群(migration-colonization syndrome)と名づけられた(Dingle, 1988)．一方，形質間の遺伝相関は正とは限らず，負の値を示すこともある．たとえば，翅多型性の昆虫では，飛翔と産卵数との間にはトレードオフの関係があることが多い．このような場合は，これらの形質間には負の遺伝相関があると考えられる．それは一般に，卵形成-飛翔形質群(oogenesis-flight syndrome)(Johnson, 1969)として知られている事柄である．遺伝相関が生じる機構として最も考えやすいのは，遺伝子の多面発現(pleiotropy)である．それは，昆虫の生活史形質や繁殖形質には幼若ホルモンなどの共通のホルモンが関与していることが多いことによるものと思われる．

3.4 個体群の動態とその決定要因

a. 変動主要因と密度依存要因

　昆虫の発生量は，種，季節，年，場所などによって，しばしば大きく異なる．このような個体数変動の実態とその要因を明らかにするのが個体群動態論である．

　図 3.9 は，同属の近縁種である，温帯のツマグロヨコバイと熱帯のタイワンツマグロヨコバイ *N. virescens* の水田における個体群密度の世代間変動を示したものである．この図から，インドネシアのタイワンツマグロヨコバイの場合はイネの初期にしか密度が増加しない傾向があり，またその密度も低いのに対して，日本のツマグロヨコバイは水田侵入後，密度が世代を追って増加し続けるし，ピーク密度も10～100倍と高いことがわかる．すなわち，両種の個体数変動は，世代間の密度変動パターンと密度レベルの両方において大きな違いがあるといえる．このことは，個体群動態の研究において，個体数の変動(あるいは安定化)機構と密度レベルの決定機構という，2つの大きな問題があることを示唆している．

　個体数の変動機構を知るためには，世代間の総死亡の変動に最も大きく貢献している要因，すなわち変動主要因(key factor)を検出する必要がある．これには，変動主要因分析(key factor analysis)という方法を用いる．その分析のため

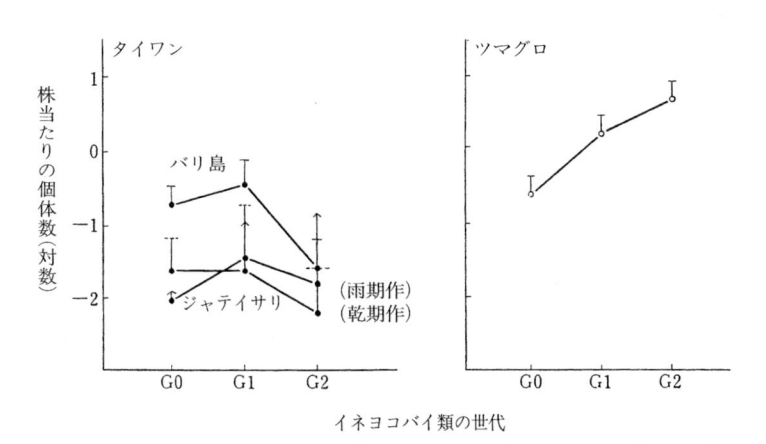

図 3.9　熱帯のタイワンツマグロヨコバイと温帯(岡山)のツマグロヨコバイの水田における各世代の個体群密度変動パターン(ウィディアルタ，1993)
　G0，G1，G2は，それぞれ侵入世代，第1世代，および第2世代を示す．図中の縦線は標準偏差．

には数世代にわたる生命表が必要となる．すなわち，生命表の各ステージの初期個体数(l_x)を対数値に変換すれば，ステージ別死亡率(k_i)は2つの引き続く個体数(対数)の差として計算でき，年や場所によって変動する総死亡率(K)の変動に対する k_i の変動をグラフで示して，K の変動によく対応して変化する k_i をみつけ出す．それが変動主要因である．また，変動主要因は，K に対して k_i を直線回帰し，その傾きの大きさから推測することもできる．

　個体数が安定しているような場合には，密度依存要因を調べることが重要である．密度依存要因とは個体群密度に対して作用を強めるような死亡要因のことであり，時間(世代)の遅れを伴わない直接密度依存(direct density dependent)と時間(世代)の遅れを伴う密度依存(delayed density dependent)に分けられる．普通，密度依存的と呼ぶのは，直接密度依存的な関係のことである．このような関係が生じるのは，種内の密度調節機構が存在する場合であることが多い．

　表3.5には，これまで害虫で調べられてきた変動主要因と密度依存要因の例が示されている．ここで注目すべきことは，害虫の生息場所の違いによる変動主要因の違いである．一年生作物を利用する害虫における変動主要因は，成虫期にあることが多く，特に成虫の移動分散が重要であることが示唆される．このことは，一年生作物のような一時的な生息場所を利用するような害虫には，移動性が発達した種が多いことの反映である．これに対して，林木や果樹の害虫では，変動主要因として天敵が重要な役割を果たしていることが多い．このことは，天敵放飼の成功例がこのような害虫で多いことと密接に関係していると思われる．

　個体群の変動とは別に，その平均的な密度レベルがどのように決まっているのかも重要な問題である．たとえば，すでに述べたツマグロヨコバイとタイワンツマグロヨコバイでは，いずれも卵巣成熟前に消失する雌の割合は密度依存的に増加するが，後者では前者と違ってわずかイネ株当たり数頭のレベルで70％以上の高いレベルに達してしまう．この消失率には死亡によるものも含まれているが，それよりも成虫の移動分散による方がはるかに大きいと考えられる．羽化後まだ未成熟なうちに分散していく確率が高ければ，それだけ羽化場所に定住して繁殖する個体が少なくなるわけで，その結果として次世代の密度レベルは低下してしまう．資源が余っている段階でのタイワンツマグロヨコバイの活発な分散の理由はよくわかっていない．

3.4 個体群の動態とその決定要因

表 3.5 変動主要因および密度依存要因の例(厳, 1981 を一部改変)

生息場所	種　名	変動主要因	密度依存要因
一年生作物	トビイロウンカ *Nilaparvata lugens*	水田への飛来	長翅型出現
	ツマグロヨコバイ *Nephotettix cincticeps*		成虫(おそらく移動)
	コナガ *Plutella xylostella*	成虫期[1]	
	ヨーロッパアワノメイガ *Ostrinia nubiralis*	成虫期	
	コロラドハムシ *Leptinotarsa decemlineata*	成虫移動	同左
	ハナバエの1種 *Erioischia brassicae*	成虫期	同左
	キモグリバエの1種 *Oscinella frit*	成虫死亡, 移動	
灌木・多年生草本	ヒトリガの1種 *Tyria jacobaeae*	5齢幼虫～蛹 死亡(特に餓死)	幼虫餓死, 蔵卵数
	コナジラミの1種 *Aleurotrachelus jelinekii*	成虫期	
林木・果樹	ナミスジフユナミシャク *Operophtera brumara* 　　　　(イギリス)	越冬中の消失 (成虫～若齢幼虫)	蛹の捕食
	Operophtera brumara 　　　　(カナダ)[2]	卵～1齢幼虫死亡 (天敵導入前) 幼虫寄生(天敵導入後)	
	マツシャクトリガ *Bupalus piniarius*	幼虫死亡 (主に寄生・病気)	同左および蔵卵数
	マイマイガ *Lymantria dispar*	幼虫死亡 (病気・分散など)	
	オビカレハ *Malacosoma nenstria testacea*	幼虫・蛹死亡	成虫移動 (小型成虫)
	リンゴノシロハマキ *Spilonota ocellana*	越冬幼虫死亡率 (主に霜)	成虫移動?
	ピストルミノガ *Coleophora serratella*	越冬幼虫死亡率 (寄生・捕食)	成虫移動?
	カラマツハラアカハバチ *Pristiphora erichsonii*	繭～成虫期死亡 (水位変化, 捕食など)	

1)"成虫期"としたものは, 雌成虫数と1雌当たり産卵数から期待される卵密度と実現卵密度の差をいう. これには成虫死亡, 産卵数の減少のほか, 成虫の移動が含まれると考えられる.

2) カナダに侵入・定着した個体群.

b. 個体数変動と資源

植食性昆虫の個体群の制限要因として, 天敵の重要性は古くから指摘されてきたが, 資源としての植物にはあまり関心が払われてこなかった. それは, 植物が

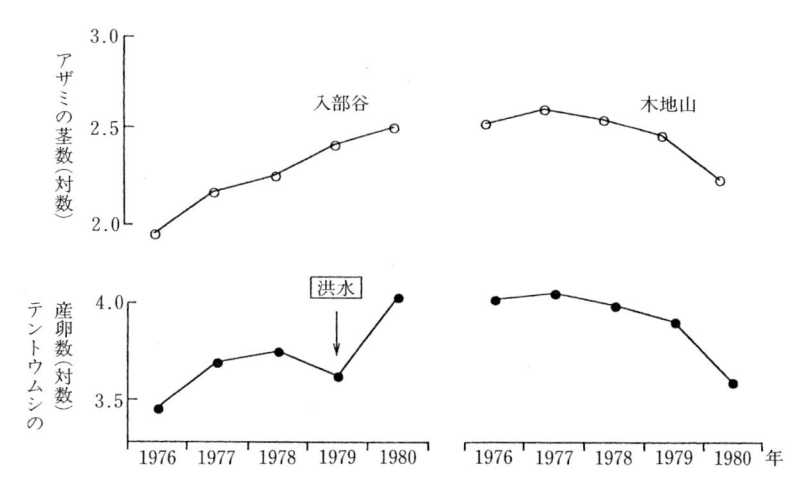

図 3.10 アザミの茎数とテントウムシの産卵数の年次変化(対数)(Ohgushi, 1992；大串, 1996 より) 入部谷では 1979 年に大規模な洪水により産卵数が大きく減少したが，翌年にはもとの密度に復帰した．

昆虫によって食われる割合がわずかである(多くの場合 10% 以下)ことから，植食者の個体群が植物資源によって制限されることはないという，いわゆる HSS 仮説(Hairston ら, 1960；3 人の著者の頭文字をとってこのように名づけられた)が一般的な通念であったことによることが大きい．

しかし，近年の研究は，資源を枯渇させるような高い密度ではなく，はるかに低いレベルで，個体群の密度が調節されている場合があることを示している．わが国の山地のアザミを食草としているヤマトアザミテントウ *Epilachna niponica* で詳しい個体群調査がなされてきたが，これまで調べられてきた昆虫の中でも年次変動が最も小さい，安定した個体群であることがわかった．アザミの資源量とテントウムシの産卵数の年次変化をみたところ，きわめてよく対応しており(図 3.10)，産卵過程で資源量に対する産卵数の調節が行われていたことが，個体群の安定化の最大の理由であった．また，このような産卵数の調節は，いったん発育させた卵の吸収と株間の移動分散により達成されていた．テントウムシによるアザミの葉の消費量は全体の 20% 前後であったので，本種の個体群は資源の絶対量に対して，はるかに低い密度レベルに調節されているのである．このことは，たとえば卵吸収という雌親の生理的反応が，アザミの量ではなく，何らかの質的悪化により引き起こされたことを示唆している．

食物資源としての寄主植物との相互関係において，その量だけではなく，質も評価する必要があるとの認識が強くなりつつある．ここで，寄主植物の質の評価

において，含有窒素やアミノ酸などの栄養だけでなく，食害による防御物質の活性化といった質的変化も重要である．植物には，病原菌の攻撃を受けたとき，それまで持っていなかった抵抗性物質を生産し防御するようになるという，いわゆる誘導抵抗性(inducible resistance)という生理的現象が，古くから知られている．これと類似した現象が植物と植食性昆虫の間にも存在する可能性は，コロラドハムシ *Leptinotarsa decemlineata* がジャガイモの葉を食害することによりプロテナーゼ阻害物質の生産を誘発することではじめて示された(GreenとRyan，1972)．その後，この物質は実際に植食性昆虫の発育を阻害することも確かめられた．それ以降も多くの研究者により同様の事実が確認されており，その中には，昆虫の加害が葉の繊維量を増大させたり，ゴム状の物質を分泌して，昆虫の生存率や増殖率を低下させる例も報告されている．

近年の植物と昆虫の相互関係に関する研究は，植物は意外と利用しにくい資源であることを示しつつある．植物のさまざまな形質が，植食性昆虫の形質を通してその個体群動態に大きな影響を与えるという，ボトムアップの考え方がますます注目されている．

c. 個体数変動の周期性

動物の個体数変動の周期性は古くから個体群生態学者の強い関心を引いてきた．個体数の周期的変動は，理論的には，時間遅れの密度依存的要因が作用することにより引き起こされることがわかっている．

わが国のブナを加害するブナアオシャチホコ *Quadricalcarifera punctatella* は，周期8～11年間の周期性を持つ大発生を繰り返す(図3.11)．本種においてもこのような周期的大発生を導く時間遅れの密度依存的要因について詳しく調査されたが，それは糸状菌の1種であるサナギタケ *Cordyceps militaris* の寄生とブナの誘導防御反応であると考えられた．サナギタケはブナアオシャチホコの大

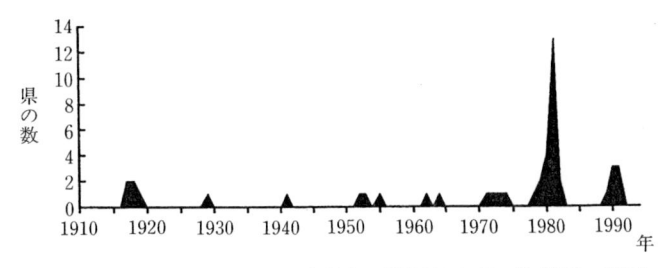

図 3.11 ブナアオシャチホコの大発生の記録がある県の数(鎌田，1995)

発生時に高い死亡率を引き起こすだけでなく，密度が減少した後も，重要な死亡要因として働き続けるので，時間遅れのフィードバック要因として最も重要である．一方，大発生した現場では，大発生の3年後であってもブナの葉のタンニン量が依然として多く，若齢幼虫の高い死亡率を引き起こした．したがって，ブナの誘導防御反応も，時間遅れのある密度依存的要因の1つとして本種の大発生の周期性をもたらすとみなされている．このこともまた，昆虫の個体群動態における昆虫と植物との相互作用系の重要性を示唆するものである．

周期ゼミは，最も顕著な周期的発生を示す昆虫として，古くから注目されてきた．このセミは，アメリカ合衆国の東部，中央部，および南部に広く分布し，3つの近縁種に分化しているが，それぞれがその分布域の南部では13年，北部では17年の発生周期を示す．これまで，このような周期性は，捕食者の飽食(LloydとDybas, 1966)や捕食者の周期との非同調(HoppensteadtとKeller, 1976)によるエスケープの戦略として説明されてきた．しかし，最近，Yoshimura(1997)は，このような説では13年あるいは17年という素数の周期で厳密に同調していることの説明は困難であるとして，新たな進化仮説を提示した．それは以下のようなものである．まず，氷河期における気候の寒冷化が幼虫の発育遅延をもたらした結果，幼虫死亡率が高まり，成虫密度が著しく低下してしまった．そのような状況下では，過疎効果により配偶者の発見が困難であったために，同調的な繁殖への強い選択がかかり，単一の長いサイクルの生活環が固定された．それが素数であるのは，他のサイクルを持つ個体群との同時的な出現の確率が最も低く(表3.6)，それゆえ雑種崩壊(2つの非常に異なる遺伝子の組み合わせを持った集団の間に生じる雑種が消滅すること)を引き起こす危険性が最も少なかったからである．ひとたびこのような長いサイクルの同調的生活環を確立した個体群では，より同調的な個体は，交尾だけでなく，捕食回避の上でもますます有利となるので，それはさらに存続していくことになる．

この説は，過疎効果という個体群生態学的な概念や雑種崩壊という集団遺伝学的な概念を巧みに取り入れた新た

表 3.6 仮想的な周期ゼミにおける12～15年の周期個体群の間での同時出現の率(1,000年当たり)(Yoshimura, 1997)

サイクル	他のサイクル個体群との同時出現率	
	1つの他サイクル	2つの他サイクル
12年	26	4.0
13年	12	2.0
14年	15	3.1
15年	19	3.5

4つのすべてのサイクルの個体群が同時に出現する率は，0.18/1,000年である．

17年の素数サイクルの場合でもこれと同様なことがいえる．

な仮説として，注目されている．

d. 個体群動態と遺伝

昆虫の生存や繁殖にかかわる形質には，表現型の上ではもちろんのこと，遺伝子型の上でも，個体群中の個体の間で大きな変異性があるのが普通である．したがって，個体群の動態を解明する上でこのことを考慮する必要がある．

図3.12は，ある個体群が異なる内的自然増加率と飽和密度を持つ異なる遺伝子型の個体からなっている

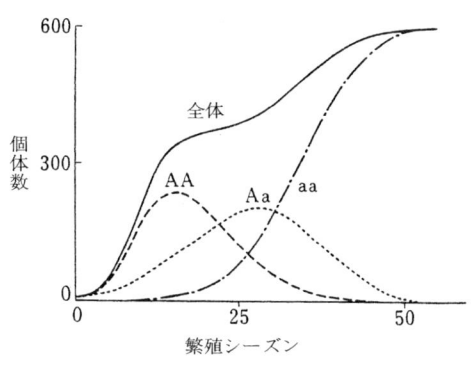

図 3.12 密度依存的な自然選択が個体群サイズ(全体)と AA, Aa および aa の3つの遺伝子型それぞれの個体数に与える効果(Endler, 1990 より)

各遺伝子型は異なる飽和密度と内的自然増加率を持っている．

場合，密度依存的な自然選択を通してそれぞれの遺伝子型の頻度が変化する結果として生じる，個体群サイズの増加パターンを示したものである．繁殖シーズンが進行するにつれて全体としての個体数は増えるが，密度依存的な自然選択の結果として，それぞれの遺伝子型の個体数とその頻度は異なる変化を示す．遺伝子型により増加率と飽和密度が異なるために，総個体数はスムーズに増加せずに，途中で一時的に足踏み状態になっている．個体群が異なる遺伝子型から構成されていることがわかっていなければ，そのような増加率の一時的な低下は，何らかの外的な環境要因のせいにされてしまうだろう．また，各遺伝子型の頻度も変化するのであるから，異なる遺伝子型の増殖パラメータの単なる平均値では，全体の個体数の変化を予測できないこともわかる．

このことに関するもっとわかりやすい例としては，わが国でのトビイロウンカの飛来侵入後の個体群動態を考えてみよう．実は，わが国へ飛来してくる長翅型成虫は，その後の子孫の長翅発現性において遺伝的に異なる系統からなっていることが知られている．短翅型を出現させやすい系統では，短翅型の活発な増殖活動の結果として，すでに述べたように，世代の経過とともに個体数は指数的に増加していくだろう．これに対して，長翅型を出現させやすい系統では，侵入後のまだ個体群密度が高まらない第1世代において，長翅型が多数出現して移動分散を行う結果，個体数の指数的増加は起こらないに違いない．実際にこのことを示唆するようなデータも得られている(中筋，1988bの第7章参照)．

個体群を構成する個体の遺伝子型が同一ではないとしたら，それは表現型変異をもたらす内的要因として，個体群動態にも影響している可能性が強い．また，個体群動態の結果として遺伝子型の頻度も変化するであろう．これらは今後の重要な研究課題である．

3.5 種間関係と群集構造

a. 種 間 関 係

生物群集の中で，種はさまざまな種間関係を取り結びながら生活している．表3.7は2種間の種間相互関係を分類したものを示している．ここでは，他種の作用の結果が一方の種の個体の適応度を増加させる場合を＋，減少させる場合を－，そのいずれでもない場合を0という記号で示している．このような関係はあくまで平均的なものであり，生態的条件によって変わりうるものである．それらは以下のように大別することができる．

1) 競合的種間関係

生物群集の中で生態的地位(ニッチ)を同じくする，すなわち共通の資源を利用している種同士の関係であり，いわゆる種間競争といわれているものがこれに相当する．たとえば，同じアズキを幼虫の餌としているアズキゾウムシとヨツモンマメゾウムシ Callosobruchus maculatus を一緒にしてアズキを定期的に与えて累代飼育すると，やがてアズキゾウムシは絶滅してしまう(内田，1998参照)．しかし，両種の幼虫・蛹に寄生するゾウムシコガネコバチ Anisopteromalus calandrae を導入すると，2種のマメゾウムシは共存した．寄生バチが両者の個

表 3.7　2種間の種間相互関係の分類(大串，1992)

相互作用のタイプ	種 A	種 B	相互作用の特徴
競争	－	－	両者が害を与え合う
捕食	＋	－	捕食者が餌種の個体を殺す
寄生 ベーツ型擬態	＋	－	寄生者が寄主個体を利用し，寄主は害を被る
中立	0	0	互いに影響を受けない
協調(共生)	＋	＋	両者ともに利益を受ける(両者の結びつきは強い)
原始共同 ミュラー型擬態	＋	＋	〃　　　　(両者の結びつきは弱い)
片利共生	＋	0	一方だけ利益を受けるが，他方は影響を受けない
片害	－	0	一方だけ害を被るが，他方は影響を受けない

体数を減らし，2種のマメゾウムシが平衡密度に至らずに餌が余ってしまう状態になったことが，2種の共存を許したと考えられる．このように第三者(この場合は捕食寄生者)の介在が種間競争の程度に影響する場合も含め，何らかの外的要因により2種の個体数が減少し，種間競争が起こらないことがある．第三者の存在の効果としてもっと極端な場合も想定される．ある害虫を防除するために天敵を導入したとしよう．その天敵が競争種の密度を減らしてしまい，その間接的な効果として，逆にターゲットとなる害虫の密度が増加することも考えられる．このような間接効果は，種間の直接的相互作用だけでは理解できない，さまざまな種間関係の複雑さや柔軟さをもたらしている．

種間競争は直接的なものとは限らず，寄主植物を介して間接的な形でも起こりうる．たとえば，春先に出現するチョウ目幼虫によるナラの新芽の被食が，その後に展開してくる葉に含まれるタンニンの量を増加させ，それを摂食した種類の生存率や増殖率を低下させるという(Feeny, 1970)．

このように，同じ寄主植物を利用している昆虫の相互関係は，時間的空間的にすみわけている複数種間でも，植物の質的変化を通して長期的に作用している可能性が強いのである．

2) 対抗的相互関係

一方の種が他方の種に対して，それを資源として依存あるいは利用している関係である．依存される方の種は個体の適応度が低下するので，何らかの対抗的な防御戦略をとることが多い．捕食や寄生がその典型であるが，植物-植食者の関係もこれに該当する．

野外個体群において，個体群密度を低下させる死亡要因として，捕食者や捕食寄生者が重要な役割を果たしていることが多い．捕食者の捕食率や捕食寄生者の寄生率はそれぞれ餌動物や寄主の密度と密接な関係を持っている．捕食者の餌密度に対する反応は，機能の反応(functional response)と数の反応(numerical response)に分けられる．前者は捕食者1個体が単位時間に捕食する餌の数のことである．後者は餌動物の密度に対する捕食者の個体数における反応のことで，餌密度が高い場所への捕食者の集中などの行動的反応や，捕食者の増殖を含んでいる．

Holling(1959)は，このような概念に基づき，捕食の理論モデルを作成するとともに，マツノキハバチ *Neodiprion sertifer* の繭を捕食するトガリネズミの1種 *Sorex cinereus* の餌密度に対する反応を調査して，その基本特性を示した(図

3.13)．その結果，機能の反応(A)はシグモイド型の頭打ちの曲線となった．Hollingは，このような現象を，捕食者がみつけた餌を捕らえて処理するのに最低限の時間(handling time)を要するので，単位時間内での処理数に限度があることで説明した．捕食者の飽食によっても同様な現象が起きる．捕食者だけでなく，捕食寄生者の場合も寄主密度に対して同様な反応を示すことが多い．

このような研究は，捕食率や寄生率はある餌密度や寄主密度までは密度依存的に増加するが，それ以上の密度では密度逆依存的に減少するという，重要な事柄を示している．たとえば，害虫の個体群を捕食者や捕食寄生者が有効に抑圧できるのは，害虫個体群が比較的低密度である場合である．何らかの原因(気象的な好条件や感受性品種の栽培など)で害虫個体群があるレベルを超えて高密度になってしまうと，彼らの作用によりそれを抑圧することはもはや困難になってしまう．このような現象を，害虫個体群の天敵からのエスケープという．また，殺虫剤の散布により天敵相が打撃を受けると害虫が多発生することがあるが，これは生態的誘導多発生(ecological resurgence)としてよく知られている．これも天敵からのエスケープとして解釈することができる．

天敵からのエスケープとして，近年，天敵真空空間仮説が注目されている．これは，昆虫の食性の進化において，植物の質的条件だけでなく，天敵の寄生圧も重要な選択圧となっているというものである(大崎，1996)．たとえば，モンシロチョウ *Pieris rapae crucivora* が質的条件の良いタネツケバナ属の寄主植物を利用しない背景として，それらがアオムシコマユバチなどの捕食寄生者の寄生圧の高い永続的生息場所を提供していることが考えられている(図3.14)．

植物-植食者関係も対抗的関係であるため，植物はすでに述べたようなさまざまな防御戦略を進化させていることが多い．一方，植食者の方もその防御機構を

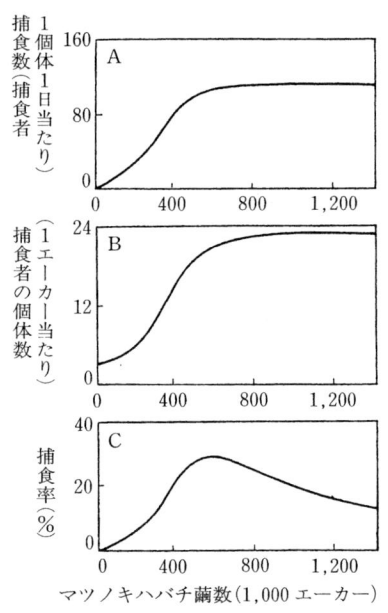

図 3.13 トガリネズミの1種 *Sorex cinereus* のマツノキハバチ繭の捕食における機能の反応(A)，数の反応(B)，および両者が複合された反応(C) (Holling, 1959 を志賀，1990 が模式化して示したもの)

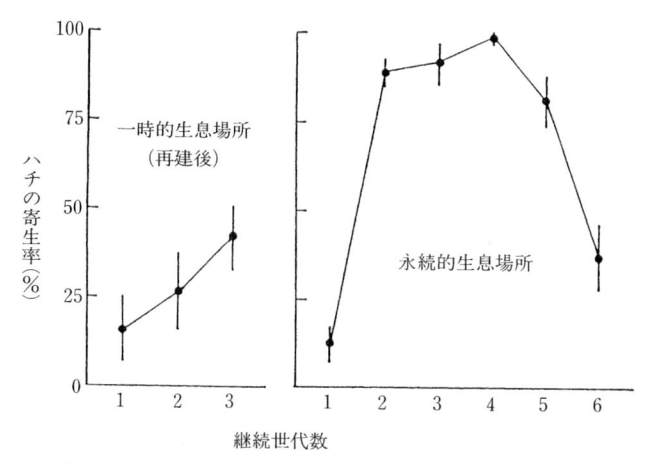

図 3.14 生息場所の継続性と寄生率(Ohsaki と Sato, 1990)
モンシロチョウに対するアオムシコマユバチの寄生率は，一時的生息場所では低いが，永続的生息場所では高い．平均の垂線は95％信頼限界を示す．

打破するための対抗戦略を進化させている場合がみられる．このような場合，植食者と植物との間に共進化(coevolution)が起こることが多い．

　植物-植食者関係は，単に昆虫と植物との二者の対抗的関係だけではありえない．加害による植物の量的・質的変化は単に加害した昆虫だけでなく，その天敵にも影響することが知られつつある．たとえば，加害により誘導防御反応が引き起こされた植物を摂食した昆虫の発育期間が延長したり，分散行動が活発化したりすることにより，天敵との遭遇確率が増加し，捕食率や寄生率が増加するものと考えられている．また，植食性昆虫の摂食により生産された揮発性物質が，捕食者や捕食寄生者を誘引する作用を持ち，その結果，捕食率や寄生率が増加することも知られている(東・安部，1992の第8章参照)．このような栄養段階の異なる三者にわたる作用は，三栄養段階相互作用(tritrophic interaction)と呼ばれている．

3) 共生的相互関係

　異なった種同士で，相互に緊密な関係を取り結んでいる場合で，双方が利益を受ける場合を相利共生(mutualism)，片方は利益を受けるが，他方は利益も害もない場合を片利共生(commensalism)という．

　相利共生の例として，アリと甘露を生産するカメムシ目昆虫(アブラムシ，カイガラムシ，ツノゼミ類など)との関係は有名である．カメムシ目昆虫はアリに

糖分を提供する代わりに，天敵の攻撃から防御したりしてもらっている．たとえば，ウンシュウミカン園でのカイガラムシ類の個体数は，密度の低い移動性の少数種であっても安定している．その機構として，アリとの共生関係が重要な役割を果たしていることがわかっている．すなわち，このような種の多くは，アリが採餌しやすい形で甘露を排出することで，アリを誘引し随伴させることによって，天敵から防御し，絶滅を免れているのである（市岡，1996）．

共生的関係は動物同士に限らない．熱帯の植物にはアリ類を自らの体の中に住まわせ，植食者から防衛している例が多い（いわゆるアリ植物）．温帯でもカラスノエンドウのように，花外蜜腺というアリを誘引する専用の蜜分泌器官を持つ植物がある．また，イヌガラシのように，花蜜によりアリを誘引し，モンシロチョウのような植食者から間接的に防衛してもらっている植物もある．このような例もまた，すでに述べた三栄養段階相互作用の一種である．

食材性やデトリタス食性の昆虫は，バクテリアや菌類，あるいは原生動物のような微生物を利用して，セルロースなどの難分解物を分解し，栄養としている．これは消化共生系と呼ばれている．

いずれにしても共生系は長年の進化的産物であり，寄生系から片利共生系を経て進化したものと考えられている．相互に依存する関係は生態系の中での生物的多様性を増加させることに貢献している．

b. 群集構造とその決定要因

生物群集は複数の種からなり，群集構造，すなわち生物の種数と種ごとの個体数は，生物的要因としての種間関係の強さ，非生物的要因である環境の攪乱，および環境の異質性などにより決定されている．かつては結果としての群集パターンの解析研究が中心であったが，現在ではそれをもたらす内部機構としてのさまざまな種間相互作用が重視され，群集構造の決定要因が明らかにされつつある．

生物群集の中で，類似した餌利用様式を持ち，同じ餌を利用する種の集団のことをギルド(guild)と呼ぶ(Root, 1967)．先に述べた，ウンシュウミカンを寄主植物とする7種のカイガラムシ類のギルドにおいては，捕食・寄生の作用の強さが各構成種の密度レベル，個体数順位を決定していることから，群集構造の決定における捕食の重要性が指摘されている．しかし，そこでも，寄主植物を介した種間競争やアリとの共生関係が，群集構造の決定要因として重要な働きをしている．このように，群集構造の決定要因といっても，単純なものではありえない．

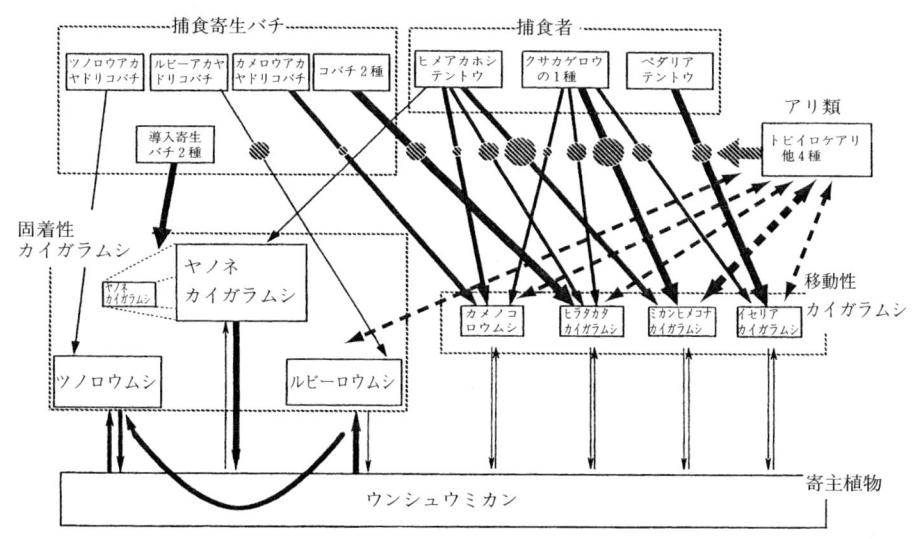

図 3.15 ウンシュウミカンを寄生植物とするカイガラムシ類をめぐる生物種間の相互関係の概念図（市岡，1996 を一部改変）

捕食，寄生関係に基づいて作成したが，矢印の向きは物質の流れを示しておらず，また，アリとカイガラムシの共生的関係の効果（破線）を加えてある．矢印の向きと直線の太さ（アリ類から左へ伸びる線の先の円の大きさ）はそれぞれの種の個体群，種間関係に与える作用とその相対的な大きさ（重要度）の概要を示す．

図 3.15 はウンシュウミカンを寄主植物とするカイガラムシ類をめぐる生物種間の相互関係を概念的に示したものである．1 種類の植物の，しかもカイガラムシ類ギルドだけをとってみても，きわめて複雑な生物間相互作用があることがわかる．

　食糞性コガネムシ群集も餌資源としての家畜の糞がパッチ状に分布しており調査がやりやすいことから，よく研究されてきた．愛知県の山間放牧地での 5 年間にわたる調査によれば，15 種の糞虫が採集され，群集構造は高密度の 4 種とそれ以外の低密度種からなっていたが，それは安定していた（安田，1988 ほか）．優占種のカドマルエンマコガネ *Aphodius haroldianus* と産卵様式や産卵時期が類似している低密度のツノコガネ *A. elegans* の 2 種に注目し，これらの密度決定機構を検討したところ，カドマルがツノに及ぼす影響の方が強いという，非対称的種間競争が存在することがわかった．しかし，それにもかかわらず，2 種の糞利用様式の違い（カドマルは新鮮な糞を好むが，ツノは古い糞も利用する）があることで，この 2 種は共存することができた．このことは資源利用様式の違いもギルドの構造に影響していることを示している．

このように，群集構造の決定要因といっても単純ではないし，その中で重要な役割を果たす種間の相互作用にしても，他の種間相互作用からの間接的な影響を受けることがあり，すこぶる動的なものである．そのような群集構造の動的側面を理解するためには，群集を構成するそれぞれの種の生活史や繁殖にかかわる個体群特性と他種との相互作用を解明することが不可欠であるに違いない．

　総合的害虫管理にしても種の保全にしても，問題とする生態系の中での生物群集に対する知識と理解があって，はじめて達成されるものであるはずである．個体群生態学の手法と概念に裏打ちされた，いわばボトムアップのアプローチが，今後の群集生態学の発展にとって重要であるに違いない．

4. 生体機構の制御と遺伝的支配

　本章では，昆虫に特徴的な現象，機能を，生化学的・分子生物学的に概観し，生体制御機構から昆虫を描く．進化の一方の頂点に位置する昆虫は，生物の代表としての研究対象でもある．生命と呼ばれる特性を与えている物質，生物が生きていることを可能にしている諸過程は，微生物から高等動植物までほとんど同じである．昆虫研究が貢献している生物学の分野についても概観する．

4.1　昆虫に特徴的な現象，機能

　昆虫とは，何であろう．「頭，胸，腹に分かれ，脚が6本」，ではない定義の問題である．いろいろに答えうるが，難しくもある．ひるがえって，「ヒト」ならばどのような定義ができるだろう．「考える葦」だろうか．

　「動物界における偉大な草分けである．」Ashimov(1959)のとらえ方である．理由を，次のように述べている．「彼らは陸を侵略した最初の動物，飛ぶことを覚えた最初の動物，そして複雑な社会集団を発達させた最初の動物であった．その開拓事業は十分ひき合っている．というのは，今日では他のすべての動物の種類の総数よりも，現存している昆虫の種類の数の方が多いのである．」

　昆虫に特徴的な現象，機能が的確に語られている．以下のa～d項に述べるような意味が込められていよう．

a.　水分代謝

　生命は，太古の海で誕生したと考えられている．多くの問題を越えて，陸に上ったに違いない．紫外線は，原始生命誕生に必要なエネルギー源であったと同時に，生命分子を破壊するものでもある．強烈な紫外線に対する防御機能獲得があっただろう．体内水分の維持も重要だった．生命体は，陸に上ったのではなく，依然として海の中にすんでいると解釈されているからである．海水を抱えたまま陸に上ったという考え方である．球の表面積は，半径が小さくなるほど相対的に大きくなる．小さな体の昆虫にとって，この問題は特に重要である．水分は通さず，ガス交換は可能な皮膚，水を無駄にしない代謝・排泄機構など，解決すべき

難問だったはずである.「陸を侵略した最初の動物」は,これらを語っていよう.

b. 飛　　翔

昆虫飛翔の特徴に,はばたき回数の多さがある.トリの毎秒55回の筋肉収縮(表4.1)は,たいへん激しい運動である.ところが,ハエでは1秒間に2,000回以上である.羽音がはばたきの振動数を表すように,「プーン」と高く聞こえるカではさらに多い.信じがたい筋肉運動であり,莫大なエネルギーが要求されているはずである.飛翔筋では,このような運動を支えるエネルギーをたやすく獲得している.かつ,乳酸の蓄積がなく,筋肉疲労もない.どのようなエネルギー獲得機構であろうか.また,たとえ獲得されたとしても,通常の横紋筋では1秒間に数千回も動かない.どのような機構なのだろう.神経指令は往復で毎秒1万回近くにも達するのだろうか.神経情報はシナプス間隙で電気信号から化学物質による伝達に切り替えられる.化学伝達のスピードは遅く,当然規制されるはずである.「飛ぶことを覚えた最初の動物」の中にさまざまの意味がある.

表 4.1　昆虫と鳥類,哺乳類の筋収縮と呼吸量の比較(茅野, 1980 より)

筋肉の種類	筋収縮回数 (1秒間)	呼吸量(μlO_2/g 組織/分)		
		休止期(a)	活動期(b)	$b:a$
ハエ	2,200	30	3,000	100
トリ	55	—	—	5
ヒト	5	3.6	72	20

c. 社　会　性

採餌方法に3段階がある.空腹になると餌をとる段階から,蓄えができる段階,そして栽培生活へと進化している.ヒトはもちろん栽培生活者であるが,はるかに長い時間を越えて栽培生活を営んできた昆虫がいる.ハキリアリは,葉っぱを切り集めて巣に持ち帰り,巣の中に敷き詰め,それを食物とするのではなく,その葉にキノコの菌をまき,オーキシンホルモンを与えるなどの肥培管理を行い,最終的に得られたそのキノコで生活をしている.100万に達する数の個体の,統制のとれた社会生活である.このような栽培生活,社会生活を可能にしている仕組みは何であろう.言語に当たる生理活性物質,その受容機構,行動への発現機構など,「複雑な社会集団」の中に不思議が込められている.

d. 変　　態

イモムシからチョウへの変身である．変身の鮮やかさは，人々の高い関心を集めてきた．わずか数種のホルモンによる，大きな形態変化であり機能変化である．複雑な仕組みのはずである．

e. 多　様　性

現在までに知られている昆虫の種の数は，約95万である．動物の種の総数の70％以上を占める．実際には，500万種を超えると推定されている．最近，熱帯林生物相の調査が進むに伴い，3,000万種という驚異的な推定も出されている．未同定種がまだまだ存在するためである．種の多さは，生息環境の多様性を表している．陸に，空に，土の中，水の中にまでその世界を広げている．熱帯から極地まで，さまざまの生き方をしている．驚くべき適応力である．個体数に至っては，全動物の90％以上が昆虫である．その数は，ヒト一人に対して10億匹にもなるといわれる．地球が「虫の惑星」と呼ばれる所以である．高い適応力を発現させている仕掛けが，上記の諸特性に組み込まれているはずである．

4.2　エネルギー代謝

飛翔は，移動を容易にして行動圏を広げ，生息場所を多様化させた．他方，要求されるエネルギーは大きい．生体のエネルギーは，主にアデノシン三リン酸(ATP)に内蔵された化学エネルギーである．ATP生産機構は，哺乳類と基本的に同じではある．しかし，はばたき回数についてはいろいろの説もあるが，非常に速い収縮を繰り返す昆虫飛翔筋には特徴的な系がある．グリセロールリン酸シャトル系(α-GPサイクル)とプロリンの酸化である．ともに糖代謝に関係する．糖は最も使いやすいエネルギー源であり，脂肪を主エネルギー源にする昆虫でも飛翔のはじめは糖を使う．本節では，昆虫でのATP生産機構の特性を糖代謝を中心にして取り上げる．

糖代謝には，解糖系とTCAサイクルがあり，α-GPサイクルは前者に，プロリンの酸化は後者に関係する(図4.1)．以下の通りである．

a. 解　糖　系

解糖系(図4.1左上から左下まで)は，3段階に分けられる．まず，遊離のグルコースまたはグリコゲンのグルコース単位を，代謝しうる形にする段階である．

4．生体機構の制御と遺伝的支配

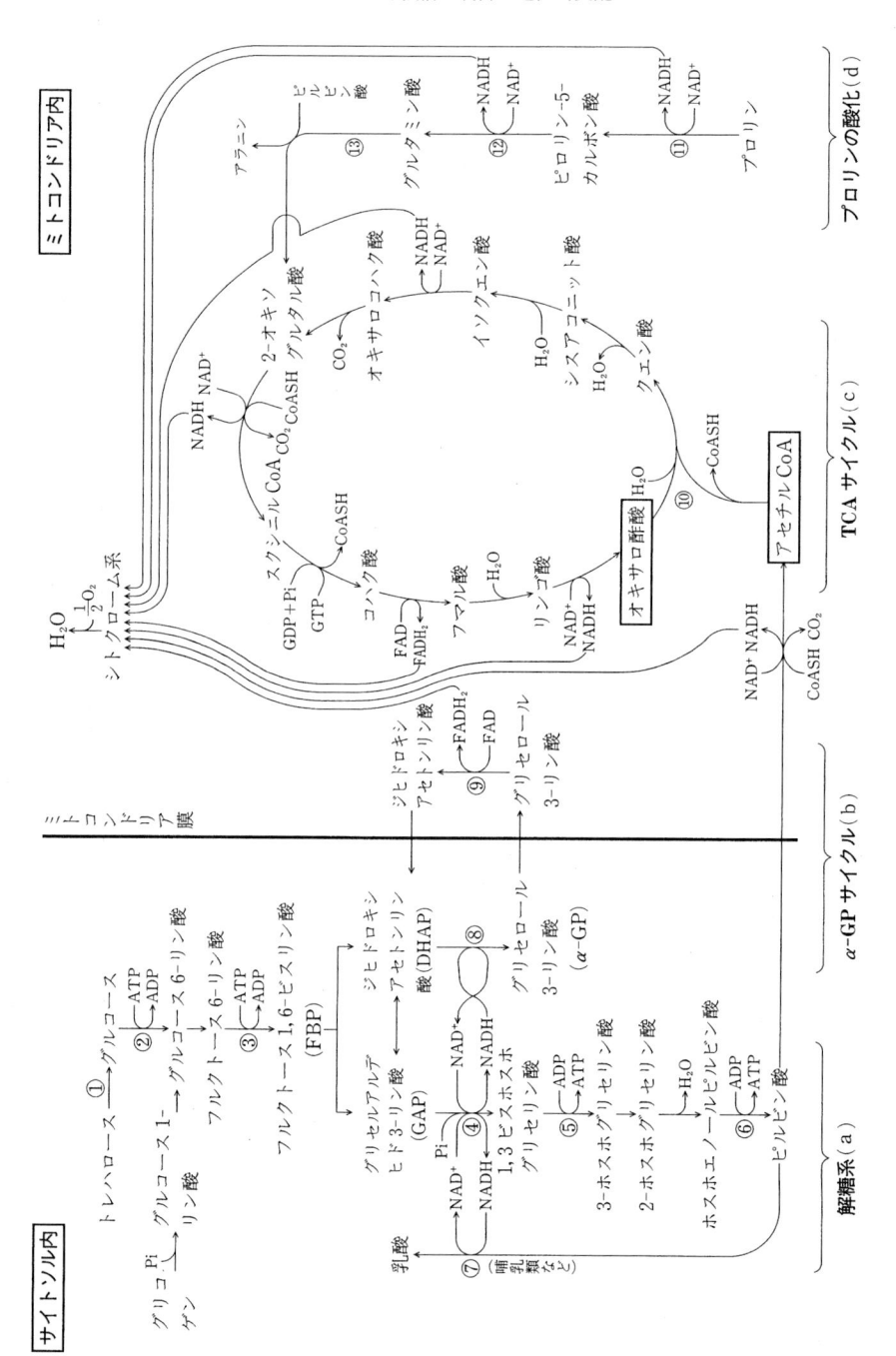

サイトゾル内

解糖系 (a)

トレハロース ─①→ グルコース ─②(ATP→ADP)→ グルコース 6-リン酸 ─③(ATP→ADP)→ フルクトース 1,6-ビスリン酸 (FBP)

グリコーゲン ─Pi→ グルコース 1-リン酸 → フルクトース 6-リン酸

FBP → グリセルアルデヒド 3-リン酸 (GAP) ／ ジヒドロキシアセトンリン酸 (DHAP)

GAP ─④(NAD⁺→NADH, Pi)→ 1,3-ビスホスホグリセリン酸 ─⑤(ADP→ATP)→ 3-ホスホグリセリン酸 → 2-ホスホグリセリン酸 ─(H₂O)→ ホスホエノールピルビン酸 ─⑥(ADP→ATP)→ ピルビン酸

ピルビン酸 ⇌⑦(NADH→NAD⁺)⇌ 乳酸（哺乳類など）

α-GP サイクル (b)

DHAP ⇌⑧⇌ グリセロール 3-リン酸 (α-GP)

ミトコンドリア膜

グリセロール 3-リン酸 ─⑨(FAD→FADH₂)→ ジヒドロキシアセトンリン酸

ミトコンドリア内

TCA サイクル (c)

ピルビン酸 ─(CoASH, NAD⁺→NADH, CO₂)→ アセチル CoA ─⑩(H₂O, CoASH)→ クエン酸 ─(H₂O)→ シスアコニット酸 ─(H₂O)→ イソクエン酸 ─(NAD⁺→NADH, CO₂)→ 2-オキソグルタル酸 ─(CoASH, NAD⁺→NADH, CO₂)→ スクシニル CoA ─(GDP+Pi→GTP, CoASH)→ コハク酸 ─(FAD→FADH₂)→ フマル酸 ─(H₂O)→ リンゴ酸 ─(NAD⁺→NADH)→ オキサロ酢酸

シトクローム系：H₂O ← ½O₂

プロリンの酸化 (d)

プロリン ─⑪(NAD⁺→NADH)→ ピロリン-5-カルボン酸 ─⑫(NAD⁺→NADH)→ グルタミン酸 ─⑬→ アラニン

ピルビン酸

昆虫の血糖はグルコース 2 分子からなる非還元性二糖類のトレハロースであり，グルコースはトレハラーゼの作用で供給される．第 1 段階では，フルクトース 1,6-ビスリン酸(FBP)を生じ，トリオースリン酸(グリセルアルデヒド 3-リン酸，GAP およびジヒドロキシアセトンリン酸，DHAP)に変換される．途中で投入矢印が 2 か所示されているように，ATP を逆に 2 分子消費する．変換された GAP と DHAP は平衡状態にあるので，1 分子のグルコースは 2 分子の GAP に相当する．その GAP が第 2 段階に進む．この段階で，FBP の有するエネルギーを ATP に変える．流出矢印が 2 か所で示されているように，2 分子の GAP は 4 ATP に相当する．正味の ATP 生産量は，第 1 段階で消費した量を差し引いて，遊離のグルコース 1 分子から 2 分子であり，グリコゲンのグルコース単位からは 3 分子である．最終代謝産物はピルビン酸であり，これは第 3 段階で代謝される．

ピルビン酸は，アセチル CoA に変換されて TCA サイクルに入る．TCA サイクルはミトコンドリアでの反応であり，酸素を要求する．まず哺乳類の場合について説明する．活発な運動に見合うだけの酸素が欠乏した場合，TCA サイクルは十分まわらない．まわらないと，ピルビン酸はアセチル CoA に変換されず，乳酸になる(図 4.1 ⑦)．筋肉疲労の原因になるが，乳酸生成には意味がある．TCA サイクルがまわらなければ，解糖系でまかなわねばならない．解糖系の代謝回転速度を上げる，その仕組みが乳酸生成であり，次の通りである．

図 4.1 (前ページ)　エネルギー代謝での，解糖系，TCA サイクルと α-GP サイクルおよびプロリン酸化系との関係
ATP：アデノシン三リン酸，ADP：アデノシン二リン酸，GTP：グアノシン三リン酸，GDP：グアノシン二リン酸．その他の略号は本文参照．
(a) 解糖系と哺乳類などにおける乳酸生成系．①トレハラーゼ，②ヘキソキナーゼ，③6-ホスホフルクト-1-キナーゼ，④グリセルアルデヒド-3-リン酸デヒドロゲナーゼ，⑤ホスホグリセリン酸キナーゼ，⑥ピルビン酸キナーゼ，⑦乳酸デヒドロゲナーゼ．
(b) α-GP サイクル．サイトソルの NADH は解糖系の回転速度を上げると同時に，その電子は 3 ステップでミトコンドリアの電子伝達系に入る．⑧グリセロール-3-リン酸デヒドロゲナーゼ，⑨フラボプロテインデヒドロゲナーゼ．
(c) TCA サイクル．解糖系でできるピルビン酸がアセチル-CoA への反応を経て基質を供給するが，この反応はサイクルの一部ではない．各反応過程で生じる NADH と $FADH_2$ の電子は電子伝達系に送られ，酸化的リン酸化によって ATP が生産される．GTP と ATP はヌクレオチド二リン酸キナーゼですみやかに相互変換するので同格である．⑩クエン酸シンターゼ．
(d) プロリンの酸化．⑪プロリンデヒドロゲナーゼ，⑫ピロリン-5-カルボン酸デヒドロゲナーゼ，⑬グルタミン酸-ピルビン酸アミノ基転移酵素．プロリンの合成とは別の酵素によって触媒される可能性，およびある種の微生物にみられるような $FADH_2$ による酸化の可能性もあるが，最初の報告に従って NAD^+ による例を示す．

解糖系の第2段階は，GAPの酸化で始まる．触媒する酵素グリセルアルデヒド-3-リン酸デヒドロゲナーゼ(GAPDH)は，酸化剤に酸化型ニコチンアミドアデニンジヌクレオチド(NAD^+)を要求する(図4.1④)．しかし，細胞内のNAD^+量は限られている．還元された還元型ニコチンアミドアデニンジヌクレオチド(NADH)をリサイクルし，NAD^+を補給する必要がある．補給されなければ，解糖系はGAPのところで止まってしまう．乳酸生成は，このNAD^+補給機構になっているのである．乳酸デヒドロゲナーゼの反応でNADHがピルビン酸で酸化され，NAD^+が再生されるからである．乳酸生成がNAD^+を再生し，この再生NAD^+をカプリングさせて解糖系の速度を上げる．

このような哺乳類などの系には，問題がある．(1)乳酸が蓄積し，筋肉を動かせなくなる．(2)NADHは高エネルギー化合物であり，酸化的リン酸化と共役して3分子のATPを生産しうる．ところが，乳酸生成のために消費してしまえば，ATP生産に利用できない．昆虫は，この問題をうまく回避している．乳酸を生成しないで解糖系の代謝回転を上げ，NADHをATP生産に向けている．そのメカニズムがα-GPサイクルである．

α-GPサイクルの前に，電子伝達と酸化的リン酸化について簡単に述べる．解糖系で取り出されるATPは，グルコース分子が有するエネルギーの一部にすぎない．エネルギーの90％以上が取り出されるのは，ピルビン酸からTCAサイクルを経て，CO_2とH_2Oに酸化されるときである．この過程で，電子が受け渡される(電子伝達)．補酵素3種(上述のNADHに加えて，ニコチンアミドアデニンジヌクレオチドリン酸，NADPHおよびフラビンアデニンジヌクレオチド，$FADH_2$)と末端電子伝達系(シトクローム系)があずかる．電子伝達と共役して酸化的リン酸化が起こり，NADH，NADPHからシトクローム系経由で3分子，$FADH_2$からは2分子のATPが生産される．乳酸生成のためにNADHが消費されてしまえば，それだけATP生産系も機能しない．

b.　α-GPサイクル

飛翔筋ではグリセロール-3-リン酸デヒドロゲナーゼ(GPDH)の活性が非常に高い．DHAPをグリセロール3-リン酸(α-GP)に変換する酵素である(図4.1⑧)．この反応では，NADHがDHAPで酸化されNAD^+ができる．NAD^+が再生されるので，解糖系のGAPDH反応とカプリングでき，解糖系の回転速度が上がる．乳酸を生成しないですむ．

解糖系はサイトソル(細胞質はゾル状に近い)中での反応であり，生じたNADHはミトコンドリア内に入れない．解糖系の中間体も入れない．唯一の例外が，α-GPである．ミトコンドリア内膜にはフラボプロテインデヒドロゲナーゼ(図4.1⑨)が存在し，α-GPはこの酵素によってDHAPに変換される．この変換で，電子が伝達される．$FADH_2$を経て電子が末端電子伝達系に供給され，上述のように2分子のATPが合成される．サイトソルNADHは解糖系の速度を上げ，同時に酸化的リン酸化と共役してATPを生成することになる．

大切な点がある．変換されたDHAPは，サイトソルに戻り，GPDHの基質として利用される．α-GPが再生産されるから，サイクルの機能は触媒的である．α-GPが1分子あれば，NADHはいくらでも酸化されるといえる．解糖系で生じたトリオースリン酸のごく一部をこのサイクルにまわせばよいので，事実上すべてのトリオースリン酸がピルビン酸になる．

c. プロリンの酸化とTCAサイクル(トリカルボン酸サイクル)

α-GPサイクルの働きで解糖系の回転速度が上がり，大量のピルビン酸がアセチルCoAとしてTCAサイクルに入る．TCAサイクルそのものは，他生物と同じである．ここで述べたいのは，昆虫に特徴的なサイクル始動機構である．TCAサイクルの始まりは，アセチルCoAとオキサロ酢酸との縮合である(図4.1⑩)．縮合反応には，両者が等モルずつ必要である．大量のアセチルCoAが供給されたとしても，それに見合う量のオキサロ酢酸が存在しなければTCAサイクルは本格的に始動できない．解決する機構が，プロリンの酸化である．

プロリンは，中間体ピロリン-5-カルボン酸を経て，グルタミン酸に酸化される(図4.1⑪,⑫)．触媒する酵素は，ADPとピルビン酸で活性化される．運動をすると，ATPが消費されてADPが増え，解糖系の産物ピルビン酸も増加する．つまり，プロリンの酸化が促進される．生じたグルタミン酸は，アミノ基をピルビン酸に渡して2-オキソグルタル酸になる(図4.1⑬)．プロリン酸化のポイントの1つがここにある．2-オキソグルタル酸はTCAサイクルの中間体であり，TCAサイクルの反応を半周するように，スクシニルCoA→コハク酸→フマル酸→リンゴ酸を経てオキサロ酢酸となる．こうして供給されるオキサロ酢酸が，アセチルCoAと縮合する．TCAサイクルが本格的に始動することになる．

プロリンの酸化に，もう1つポイントがある．プロリンがグルタミン酸になる過程で，2分子のNADHが生成される．したがって，これらNADHから各3

分子，計6分子のATPが生じる．また，グルタミン酸が2-オキソグルタル酸となりオキサロ酢酸になるまでのTCAサイクル中で，9分子のATPが作られる．プロリンの酸化は，プラス15分子のATP生成機構ともなっている．

d. 飛翔筋のエネルギー出力

律速段階酵素を活性化し，解糖系やTCAサイクルの代謝流量を高める機構は，昆虫にも存在する．加えて，α-GPサイクルの存在がたいへん有効である．α-GPをごく少量生成するだけで，解糖系のNADHがATP生産に向かい，解糖系の回転速度が上がって多量のピルビン酸を供給し，TCAサイクルでの莫大なATP生産が可能になる．乳酸が蓄積せず，筋肉疲労からまぬがれる．さらに，プロリンの酸化系は，TCAサイクルを瞬時に回転させ，エネルギー需要に応える．

得られるATP量を計算してみる．遊離のグルコースとグリコゲンからのグルコースは，グルコース6-リン酸（G6P）で合流する（図4.1左上）ので，G6Pを基準にする．解糖系では，その1分子当たり3分子のATPが生成される．α-GPサイクルで4分子，プロリンの酸化で15分子生成されるので，TCAサイクルの本格的始動前に合計22分子ものATPが作られる．哺乳類では，解糖系でわずか3分子生産されるだけである．TCAサイクルでは，ピルビン酸1分子当たり15ATPが生産される．G6P1分子はピルビン酸2分子に当たるので，30ATPになる．α-GPサイクルからの4分子も加わる．飛翔筋細胞のミトコンドリアはサルコソームとも呼ばれ，大きく，よく発達している．気管を通して直接酸素が供給されており，完全好気状態にある．活動期の呼吸量は休止期の100倍にも達し，組織重量当たりではヒトの40倍以上である（表4.1）．TCAサイクルは十分にまわる．これらが総合されて働く．昆虫飛翔筋は，重量当たり継続出力最高の筋肉で，小型自動車のエンジンに相当するといわれる．

食物として摂取したタンパク質，糖類，脂質などは，アミノ酸，グルコース，脂肪酸，グリセロールなどの構成単位に分解され，いずれもアセチルCoAを生じる．多くの代謝経路がTCAサイクルのさまざまな中間体を利用している．哺乳類のように体の大きな生物では，高エネルギー貯蔵体であるホスファゲンがあり，いわばバッテリーを積める．複雑なエネルギー獲得系のうち，ここでは昆虫に特徴的な代謝系にのみ注目した．茅野(1980)の参照を勧める．

4.3 成長と発育

昆虫は，脱皮を繰り返し，変態する．完全変態昆虫では，2次元的に動く幼虫が動かない蛹になり，その蛹が翅のある成虫へと変身して，3次元的に飛ぶ．形態変化は機能分化であり，それによって生態，行動，生理などすべてが変化する．このような変化は，多様な生活様式を可能にし，昆虫繁栄の要因となる．

a. 機能分化

たとえば摂食を考えたい．カイコガの一生は，卵期を含めて約55日である．この間，幼虫期しか食べない．成虫，蛹はまったく食べない．幼虫でも脱皮期や吐糸期は食べないし，稚蚕期の摂食量はわずかである．実質的な摂食期間は2週間もない．この短い期間に55日分のエネルギーを摂る必要がある．幼虫自身の活動はもちろんのこと，蛹になる前に2,000 mに達する長さの糸を吐き，蛹の激しい代謝活動期を越えて羽化し，雌成虫は交尾後に数百個の卵を産む．卵には，胚発生を進行させ，ふ化幼虫が自分で摂食を始めるまでの余力を蓄えておく．このような一生55日分のエネルギーを，わずか2週間の，限られた期間に集中して摂るのが幼虫の機能である．いわば全身が消化管であり，消化管に皮膚を被せれば，ほぼそのまま幼虫の形になる．

変態は，各組織でのタンパク質量の変動からも示される．図4.2のように，終齢幼虫の代表組織として絹糸腺が，蛹では脂肪体が，成虫では卵巣があげられる．その絹糸腺タンパク質は，グラフのスケールを超えるほどの量がわずか1日でなくなる（図4.2 C）．ほぼ垂直に落ちるこの直線と交わって上昇するのが，脂肪体で

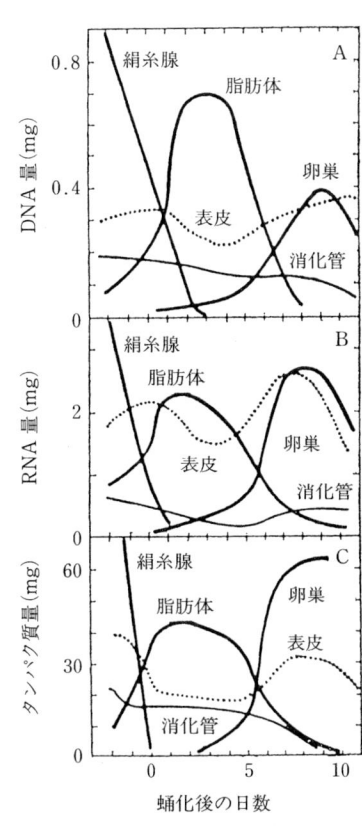

図 4.2 カイコ幼虫末期から成虫期への変態に伴う，各組織での DNA (A)，RNA(B) およびタンパク質量(C)の変動（藤條・鎮西原図；Koga, 1978 より改変）

縦軸：1頭当たりの量．横軸：蛹化日を0とする発育日数．蛹化11日後に羽化．

ある．絹糸腺タンパク質が急速に分解され，脂肪体に取り込まれていることを示している．この上昇も蛹中期で低下に転じ，代わって卵巣が増加する．取り込まれたタンパク質が，卵巣タンパク質に作り換えられ，卵巣がこれを取り込んでいる．DNAやRNA量についても同じである．プログラムに従って，幼虫組織を完全に分解(組織崩壊)し，卵巣などの成虫組織に作り換える(組織形成)，大きく複雑な変化である．ホルモンがこれを制御している．

b. 脱皮・変態とホルモン

脱皮・変態は，末梢ホルモンであるエクジステロイド(ecdysteroids)と幼若ホルモン(juvenile hormone, JH)によって制御される．わずか2種ホルモンによる，自己崩壊と新自己の形成という大きな変化の制御である．研究の進展によって，ホルモン分泌器官の相互作用，ホルモンによるフィードバック，内分泌器官以外の器官でのホルモン生産などが明らかになった．しかし，2種ホルモンの基本スキームに変わりはない．

基本スキームに加わるのは次のようなホルモンである．前胸腺刺激ホルモン(prothoracicotropic hormone, PTTH)はエクジステロイドの分泌を，アラトトロピン(allatotropin)とアラトスタチン(allatostatin)はJHの分泌を支配している．脱皮行動を引き起こすのは，羽化ホルモン(eclosion hormone, EH)および脱皮刺激ホルモン(ecdysis triggering hormone, ETH)である．また，成熟幼虫の囲蛹殻形成促進には囲蛹殻形成ホルモンが，脱皮後の表皮の硬化・着色にはバーシコン(bursicon)ないし複数の神経分泌因子があずかっている．

1) エクジステロイド

(1) エクジステロイドの作用　このホルモンは，前胸腺(prothoracic glands)から分泌され，脱皮・変態を最終的に制御する．たいへん大きな変化の制御である．したがって，さまざまな組織で，さまざまな変化を，次々に起こす．作用に関する研究は，ショウジョウバエ唾腺染色体のパフ誘導がもとになっている．ホルモンが遺伝子に直接働きかけることを示した最初の研究である．

唾腺染色体には横縞が並んでいる．それぞれの横縞が，1つ1つの遺伝子座に当たる．パフはこの横縞が緩み膨らんだ構造であり，その遺伝子が発現していることを示している．脱皮・変態に伴って，多くの遺伝子が秩序正しく次々と発現しており，発育とともにパフの数と位置は次々と変わる．エクジステロイドは，このパフを誘起する．培養染色体にエクジステロイドを加えると変態時のパフが

再現され，すみやかに誘導される5～6個の初期パフと，遅れて発現する100以上の初期後期パフ，後期パフが観察される．

（2） エクジステロイド作用の分子機構　エクジステロイド(E)は，細胞膜を透過し，細胞内のエクジステロイド受容体(ecdysteroid receptor, EcR)と結合する．このE-EcR複合体がDNAに働きかけ，初期パフを誘起する．活性化される初期遺伝子は，転写制御を行うタンパク質(転写調節因子)をコードしており，この転写調節因子が後期遺伝子を活性化し，発現されるタンパク質が実際に変態を進める．4.7.b項で述べるフシタラズのような，体の形を決める遺伝子にもかかわっている．総合されて脱皮・変態が起こる．

エクジステロイドの作用機構は，ステロイドホルモン一般のそれとほぼ同じである．EcRは，ホルモンの結合するリガンド結合領域，およびDNAと結合する領域とを有し，脊椎動物のステロイドホルモン受容体とよく似ている．しかし，単一種のホルモンが複雑な作用を及ぼすことに昆虫での特徴がある．EcRの多様性である．ショウジョウバエでは，タイプの異なる3種類(EcRアイソフォーム)が見出されている(図4.3)．これらは，遺伝子活性化領域が異なっている．組織や発生段階によってもEcRアイソフォームが異なる．E-EcR複合体がDNAに結合するには，USP(ultra spiracle)と呼ばれるパートナータンパク質の必要なことも判明した．つまり，E-EcR-USP複合体が遺伝子に作用する．初期遺伝子産物もまたUSPやEcRと結合することがわかった．さまざまな組み

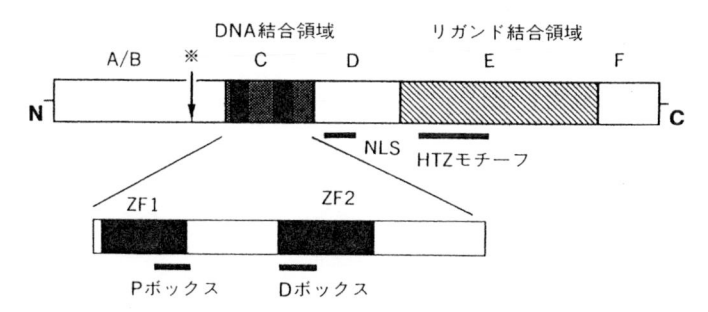

図4.3 EcRの模式構造(藤原・神村, 1998を改変)

EcR遺伝子のA/B領域(トランスアクティベーション領域)で選択的転写とスプライシングが起こり，構造の異なるアイソフォームが生じる．※：アイソフォーム切り替え部位(これより上流で構造が異なる)．C：DNA結合領域．DNA結合様式の1つであるZnフィンガー構造をとる部分が2か所(ZF1, 2)あり，DNAの特異的配列の認識に重要と思われるPおよびDボックスが存在する．D：ヒンジ領域．核移行シグナル(NLS)の存在が示唆されている．E：リガンド結合領域．この中のHTZ(ヘリックス-ターン-ジッパー)モチーフは，USP(本文参照)とのヘテロ2量体を形成する部位と推察される．N, C：タンパク質のNおよびC末端側．

合わせの複合体が生じる．組み合わせの違いにより，調節する遺伝子が異なってくる．また，初期遺伝子は複数のプロモーターを持っている．転写時のスプライシングの違いで複数の mRNA を生じ，異なる遺伝子産物ができる．mRNA の長さの違いは，生じるタイミングのずれを生じさせる．異なるプロモーターはエクジステロイド濃度に対する反応性が異なる．したがって，エクジステロイド濃度の上昇に伴って，さまざまな転写調節因子が，時間的ずれを持って発現する．このようにして増幅され，多様な作用となって現れる．

（3） エクジステロイドの構造　エクジステロイドは，エクジソン(ecdysone)とその類縁化合物の総称である．エクジソンは，構造決定された最初の脱皮ホルモンであり，脱皮(ecdysis)を誘導するケトン体という意味から名づけられた．ステロイドであり，2β, 3β, 14α, 22α, 25-ペンタヒドロキシ-5β-コレスト-7-エン-6-オン構造を持つ（図 4.4(a)）．エクジソン抽出の過程で，親水性を示すもう1つの活性物質が得られた．エクジソンの C-20 位に OH 基を有する 20-ヒドロキシエクジソンである（図 4.4(b)）．その後，昆虫のみではなく，甲殻類をはじめとする無脊椎動物，さらに植物からもさまざまの活性物質が単離同定された．ザリガニの脱皮にも昆虫と同じホルモンが働いている．動物起源のもの(zooecdysteroid)のみならず，植物体からのホルモン活性物質(phytoecdysteroid)まで，昆虫のホルモンとまったく一致する例が多く見出されている．いずれもエクジソンを基準とする構造を有しており，OH 基の数，側鎖の長さ，立体配位などがわずかに異なっているのみである．

昆虫はステロイド骨格を合成できない．エクジステロイドは，食物由来の植物性 β-シトステロール，スティグマステロールや，動物性コレステロールから合成される．合成器官が前胸腺であることは，実験形態学的手法で 1940 年に示された．ところが，前胸腺を出発材料としてもホルモンが分離できず，前胸腺との

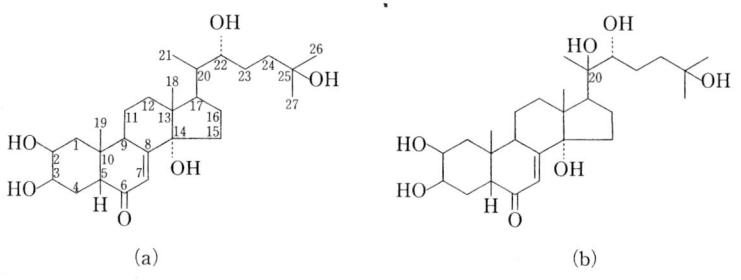

図 4.4　エクジソン(a)と 20-ヒドロキシエクジソン(b)の構造

関係に疑問を持たれる時期があった．結論は，前胸腺の培養実験によって得られた．培養後の培地中にのみホルモンがみつかったのである．前胸腺はホルモンを合成し，貯めずに直ちに分泌する．実験形態学から30年後の，生化学的証明であった．

卵巣や卵でのホルモン合成もみつかった．この場合，大部分が結合型である．親水性が高く，主として硫酸，グルコシド，グルクロン酸，リン酸結合になっている．結合が切られ，遊離型になって卵巣や胚の発育を促すと考えられている．

植物体でのエクジステロイドは，その植物の成長・発育制御を行うとともに，昆虫に対する防御機能を果たすと考えられている．摂食した昆虫のホルモンバランスを乱して生活条件を劣えさせ，食害を制限する．一方昆虫は，植物エクジステロイドを摂食してもそれを排除する機構を獲得する．共進化の一例であろう．

抗エクジステロイド活性物質もあり，植物中にも大量に存在する．エクジステロイド研究が進めば，新しい昆虫成育制御素材としても実用化されよう．

2) 前胸腺刺激ホルモン(PTTH)

(1) **PTTH の作用**　前胸腺を刺激し，エクジステロイド分泌を促すホルモンが，PTTH である．脳の側方神経分泌細胞で合成され，アラタ体(corpora allata, 単数 corpus allatum)から体液中に分泌される．脱皮・変態の時期は，外界からの刺激や体内の環境情報によっており，PTTH の分泌はこれらの情報に従っている．

PTTH は昆虫で最初に研究されたホルモンである．S. Kopeć が，変態を誘起するホルモンを脳が分泌すると報告して，その幕をあけた．1922年であった．脳は神経中枢であってホルモン分泌器官ではない，とされていた時代である．V. B. Wigglesworth によって脳に神経分泌細胞が確認されたのは，18年後の1940年であった．脳ホルモンと呼ばれた．ところがこの年，前胸腺が変態を制御するホルモンを分泌すると福田宗一が報告した．脳と前胸腺，2つの研究結果に結論が得られたのは，1947年であった．セクロピア休眠蛹を巧みに用いたC. M. Williams の実験から，脳ホルモンは変態を直接誘起するのではなく，前胸腺を刺激してそのホルモン分泌を促すことが判明した．その後，脳からはさまざまなホルモンがみつかり，機能に応じた名前がつけられるようになった．

(2) **PTTH の構造**　PTTH の構造は，名古屋大学と東京大学の共同研究によって1990年に決定された．アミノ酸109残基のサブユニットが，ジスルフィド結合で架橋された2量体構造である．架橋部位は15残基目のシステインで

あり，小さな糖鎖が41残基目のアスパラギンに付加している．

ペプチドホルモンは一般に細胞の中には入らず，細胞膜上の受容体と結合し，シグナル伝達カスケードを経てその作用を発現する．PTTHについても，脊椎動物ペプチドホルモンとのアナロジーから精力的に検討が進められている．

カイコガ頭部から単離され，その学名 *Bombyx mori* からボンビキシン(Bombyxin)と名づけられた活性物質がある．これは，エリサン除脳蛹のエクジステロイド濃度を上昇させ，成虫化させる．しかし，カイコにはPTTH効果がない．その構造は，哺乳類のインスリンとよく似ており，また脊椎動物と無脊椎動物とが分かれる前の軟体動物からも，同じような構造のホルモンがみつかっている．進化との関係から興味深い論議がなされている．

3) JH

(1) JHの作用　アラタ体で合成・分泌され，エクジステロイドの作用を修飾する．エクジステロイドが作用するときに，同時にJHが存在すると幼虫は幼虫へ脱皮する．蛹でも，人為的にJHを与えると，再び蛹に脱皮する．JHがほとんど存在しないと，幼虫は蛹へと変態し，JHがまったくなくエクジステロイドのみが作用すれば，蛹は成虫へと変態する．現状維持作用といえる．

JHは，JH輸送タンパク質によって脂肪体，表皮などの標的細胞まで運ばれ，細胞内のJH受容体と結合する．JHと結合した受容体は核に移行し，遺伝子発現の調節を行う．JHの現状維持機構については，この遺伝子発現調節機構から追究されている．EcRの量，エクジステロイドによって誘起される転写因子の量，それらのmRNA発現量などに及ぼすJHの影響，E-EcR複合体との拮抗作用，また貯蔵タンパク質や表皮クチクラタンパク質，体色タンパク質の発現を調節するJHの作用などである．しかし，解明には至っていない．活発な研究にもかかわらずJH受容体が確定されたとはいえず，昆虫の種による違い，細胞や組織による違いなどの複雑さが原因である．最近，119ページで述べたUSPがJH受容体である可能性について検討され始め，注目される．

アラトトロピンはJHの分泌を刺激し，アラトスタチンは抑制する．これら上位ホルモンはいずれもペプチドであり，脳で生産される．自身の体の発育状況や外部の環境情報を脳に集め，脳からのホルモンの生産と分泌を制御することで，脱皮・変態を決定している．

(2) JHの構造　ホルモンとしてはめずらしいセスキテルペノイド構造を持つ．基本構造は同じで，側鎖長とエポキシ化の異なる7種類がみつかっている

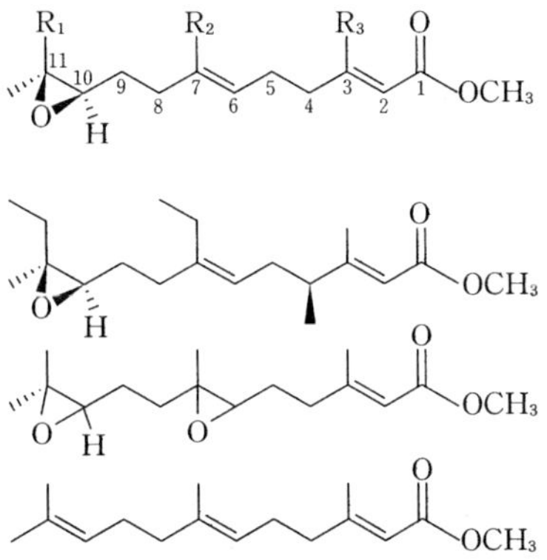

JH 0 $(R_1=R_2=R_3=C_2H_5)$
JH I $(R_1=R_2=C_2H_5, R_3=CH_3)$
JH II $(R_1=C_2H_5, R_2=R_3=CH_3)$
JH III $(R_1=R_2=R_3=CH_3)$

4-methyl-JH I

JH III-bisepoxide

Methyl farnesoate

図 4.5　JH の構造

昆虫の種によって異なる．JH IIIが一般的な JH であり，JH 0, I, II, 4-methyl-JH I はチョウ目に，JH III-bisepoxide はハエ類に存在する．エポキシ環のないファルネセン酸メチルエステル(methyl farnesoate)は甲殻類の JH 活性物質と考えられているが，ゴキブリ類でもみつかっている．

(図 4.5)．メチルエステル(C 1)とエポキシ環(C 10–11)が機能の発現に重要であり，加水分解された JH 酸(JH acid)やエポキシ環の開いた JH ジオール(JH diol)には活性がない．JH acid にする JH エステラーゼや，JH diol にする JH エポキシドヒドラーゼなどの分解酵素によって，JH 濃度が調節される．JH の存否がエクジステロイドの作用に大きく影響するので，濃度の制御は重要である．

(3)　JH のその他の作用　成虫になると，JH は独立して作用し，現状維持とはまったく逆の成熟促進ホルモンとして働く．雌成虫の脂肪体では，卵黄タンパク質であるビテロジェニン(vitellogenin)の合成が促進される．合成されたビテロジェニンは体液中に放出され，卵巣に取り込まれる．取り込みも JH によって促進される．この取り込み促進作用は，核内受容体ではなく，細胞膜上の受容体を介した，セカンドメッセンジャー系の刺激によると推察されている．

その他 JH の働きには，胚発育の促進，成虫原基の発達抑制，偽成虫化阻止，エクジステロイドの分泌刺激，体色変化，社会性昆虫のカースト分化，幼虫休眠の維持，性ホルモンの合成誘導などが知られている．多岐にわたるその作用機構は 1 つでなく，いろいろな因子の制御を受けている可能性がある．

昆虫成長制御剤(insect growth regulator, IGR)が害虫防除などに使用されている(第 5 章参照)．JH，その活性物質，または阻害物質を投与することによって，昆虫体内のホルモンバランスを攪乱させ，昆虫の発育を制御できる．終齢幼虫や蛹期に JH 処理すると，正常な成虫への変態が阻害されたり，過齢脱皮を起

こしたり，幼虫と蛹の中間が生じたりする．昆虫ホルモンは昆虫にだけ効き，他の生物に影響を与えない．自身が生産する物質であるので抵抗性の発達する可能性が低い．生体物質，またはそれと同じ性質のものであり，使用しても分解して土に還り，害を残さない．うまく利用すると，環境保全型の害虫制御剤となりうる．他方カイコガでは，幼虫期間を延長させ，繭を大きくするのに使われている（第6章参照）．植物からもJH活性物質あるいは阻害物質がみつけられ，化学合成品とともに実用研究に供されている．

4) 休眠ホルモンとPBAN

昆虫の特徴的な発育に，休眠がある．休眠中に成長や活動を一時停止する．プログラムされた積極的な停止である．この間に，生活環と季節のめぐりとを合わせ，次の発育段階のための生理的準備をする．冬の低温など，不良環境を乗り切る手段でもある．高緯度地域にまで生活圏を拡大できた要因の1つである．

支配するホルモン系は3つに分けうる．PTTH，JHおよび休眠ホルモンである．蛹期でのPTTH分泌が停止してエクジステロイド欠如が生じ，成虫化の進まないまま休眠状態となるのが蛹休眠である．成熟幼虫になってもアラタ体の活動が消えず，一定割合のJH分泌が続くと，幼虫のまま休眠状態となる．逆に，成虫になってもアラタ体が活性化されないでJH欠如になると，卵巣は成熟せず，成虫は休眠状態となる．ヤママユガの幼虫休眠では，新たな因子の関与する休眠機構が提案されている．カイコガの卵休眠は，休眠ホルモン(diapause hormone，DH)によって積極的に誘起される．卵の休眠維持については，エクジステロイドとの関係も論議されているが，結論は得られていない．

DHは，食道下神経節(subesophageal ganglion，SG)から分泌される．アミノ酸24残基からなり，C末端はアミドである．作用機構が，糖代謝との関連から追究されている．卵巣トレハラーゼ活性を高め，卵中グリコゲン量を増加させる．最近，グリコゲン蓄積のない卵でも休眠することが判明し，新たな研究が展開されている．

DHの作用は，EA4と呼ばれる酵素との関連からも検討されている．EA4は，時間を計る機能を持つと考えられており，4.7.d項であらためて述べる．

PBANは，性フェロモンの合成を刺激する神経ペプチドホルモン(pheromone biosynthesis activating hormone)である．DHとPBANをコードするcDNAがクローニングされたところ，いずれも両者の配列を含んでいた．さらに，このcDNAには他の3種の神経ペプチド(α-，β-，γ-SGNP，SG neuropeptide)も

コードされていた．神経ペプチド5種類が，1つの前駆体から切り出される．

それら5種類のペプチドは，C末端に共通の配列(Phe-X-Pro-Arg/Lys-Leu-NH$_2$)を持つ．FXPRLアミドファミリーとして分類され，カイコ胚休眠，フェロモン生合成開始のほかに，筋収縮の刺激，体色変化などを調節する．従来から考えられていた，特定ホルモン分子による特定現象の調節という対応関係に，新たな視点が要求されている．

c. その他の昆虫ホルモン

昆虫には，脱皮・変態・休眠などの発育にかかわるホルモン以外に，代謝調節，心拍・筋収縮，体色調節などにかかわるホルモンが存在する．いずれも神経ペプチドホルモンである．

脂質動員ホルモン(adipokinetic hormone, AKH)は，脂肪体および筋肉細胞中でのジグリセリド代謝を促進してエネルギーの供給を高める．側心体から分泌される．アミノ酸配列が，エビの赤色素凝集ホルモン(red pigment-concentrating hormone, RPCH)と似ており，RPCHにもAKH作用が認められることから，AKH/RPCHファミリーと呼ばれる．血糖上昇ホルモン(hyper-trehalosemic hormone, HrTH)は，体液中のトレハロース濃度を高める．やはり側心体から分泌される．昆虫で最初に発見された代謝調節ホルモンである．HrTH活性がAKHにも認められる場合が多い．いずれも，N末端はパイログルタミン酸で，C末端はアミドでブロックされている．背脈管の拍動を高めるホルモンも似たような構造をしている．筋収縮にかかわるホルモンは多数見出されている．利尿ホルモンは，マルピギー管や中腸での体液透過，水分排出を促進する．構造は昆虫の種によって異なっており，作用の詳細は不明である．抗利尿ホルモン，卵形成神経ホルモン，メラニン化と赤色化ホルモン，低血糖ホルモンなども研究されている．季節多型，社会性昆虫の階級決定などにもホルモンが関与している．

多細胞生物では，細胞間情報伝達が欠かせない．化学物質による伝達という観点から生理機能を明らかにする学問として，内分泌学が生まれた．昆虫には，脱皮・変態という劇的な現象があり，研究はそこから始まった．代謝調節などにかかわるホルモンの研究は遅れてスタートしたが，発展が期待される分野である．今後，分子生物学が得意とする分子レベルでの解析が生かされてこよう．

4.4 生体防御

　生物は，病原微生物の感染など，自己の存在を脅かす危険に常にさらされている．それらの危険に対応し，生存し続けるため，自己由来の不要物や外界からの異物を非自己と認識し，無毒化して排除する必要がある．昆虫には，脊椎動物でみられる抗原・抗体反応は存在せず，一度遭遇した非自己を記憶しておくいわゆる免疫記憶もない．しかし，その生体防御機構は，脊椎動物の免疫機構を簡略化しただけの系とは異なる．

　微生物などの侵入には，まず表皮が物理的なバリアとして働く．経口感染に対しては，消化管内の高い pH が繁殖を抑制し，囲食膜は中腸上皮細胞への直接的な接触を防ぐ．体腔内に侵入してしまったバクテリアに対しては，体液中の防御機構が反応する．細胞性防御反応と体液性防御反応である．

　細胞性反応には，貪食作用(phagocytosis)と包囲化作用(encapsulation)がある．貪食作用は，顆粒細胞とプラズマ細胞によるバクテリアなど微小異物の取り込みである．取り込んだ後，殺菌，消化などを行う．取り込みを行った顆粒細胞が集合体を作ったり，バクテリアの集塊を顆粒細胞が取り囲むことによって分散を防ぐのが，ノジュール形成，包囲化作用である．一方，体液性反応には，生体防御タンパク質をはじめとする多くの因子，(1)抗菌性タンパク質，(2)フェノールオキシダーゼ系，(3)レクチン，(4)補体，(5)抗ウイルス因子が関与し，脂肪体や血球などで発現する．

　抗菌性タンパク質は，すでに分子種として約 150 が分離・精製され，アミノ酸配列が決定されている．バクテリアの膜機能消失，細胞壁加水分解など，作用機構についても解明されつつある．フェノールオキシダーゼ系は，チロシンの酸化からメラニン形成に至る複雑な化学反応のカスケードである．途中で生じる中間生成物は，細菌やカビに対して毒性を示す．生じたメラニンは細菌などに付着し，血球細胞による捕食を促す．また，体表の傷をふさぐとともに，侵入したバクテリアなど異物の周囲を包囲化し，増殖や分散を防ぐ．レクチンは糖結合性タンパク質であり，捕食細胞を活性化して酵素や活性酸素の放出を誘導したり，異物に直接作用して凝集・不活性化したりする．捕食細胞が異物に結びつきやすくする効果も有する．抗体のない昆虫体液中にも，補体活性成分が存在する．

　脊椎動物のサイトカインのような，細胞性と体液性の両防御反応間の情報伝達にかかわる物質についての詳しい解析はない．しかし，両反応は伴って働き，相

加的・相乗的効果を発揮すると考えられている．表皮も単なる物理的バリアのみではなく，真皮細胞で抗菌性タンパク質が合成され，クチクラ層で抗菌活性が上昇する．クチクラ層にはフェノールオキシダーゼ活性化機構も存在する．

このような防御機構とその誘導機構について分子生物学的研究が進められ，新しい抗菌物質としての応用も検討されている(第6章参照)．

なお，抗菌性タンパク質は，他方で，発生・分化を進める機能をも有すると考えられており，活発な研究が続けられている．

4.5 化学生態学

昆虫と動物，植物，昆虫と昆虫間の複雑な相互作用に，化学物質の重要な役割がある．自然環境中の生物間相互作用を，生化学的に追究しうる．化学生態学などといわれ，害虫や微生物から作物を護り，自然環境を保全するのに，その知見が大いに役立つ．適当な事例を選ぶのは難しいが，昆虫の繁栄を支える柱の1つに柔軟な食性があり，カイコとクワの関係についての実験経過から述べる．

カイコは，実質クワしか食べない．なぜクワしか食べないのだろうか．暗い所でもカイコはクワに寄って行く．臭いによると容易に想像される．そこで，香気成分を抽出して濾紙につけてみた．浜村保次らの実験である．香気を抜き取られたカスのクワには寄りつかず，カイコは濾紙に集まった．簡単なことか，そう思われるかもしれない．しかし，集まるだけである．誘引されたカイコは，濾紙に這い上がっても，咬むことをしなかった．葉っぱの感触が必要なのだろうか．香気を抜き取られ，もはや葉の感触のないクワにカイコを置いてやると，意外にもこれをむさぼるように食べる．香気はカイコを誘引するだけで，咬むという行動を引き起こす物質も必要なことが示された．この物質を取り出し，香気成分と一緒につけてみた．果たして，カイコは集まりそして咬んだ．しかし，まだ答えではなかった．咬むだけであった．連続的に咬んで飲み込むという行動をしなかったのである．「食べる」で表現される行為は，複雑な行動の総合体であった．飲み込むという行動を引き起こす物質も必要であった．これを取り出し，3成分を一緒に入れた．その結果，ついに食べた．最終的には寒天ゼリーに入れた．カラクリはわかった．「食べる」を構成する3つの行動それぞれを引き起こす物質が，クワに含まれている．

誘引因子(attractant)として主成分シトラールが，噛咬因子(biting factor)としてβ-シトステロール，イソクエルシトルリンが同定された．モリンにも同じ

作用がある．嚥下因子(swallowing factor)には，主成分がセルロース粉で，補助因子として第二リン酸カリやシリカがみつけられた．摂食を完全にするために，ショ糖やイノシトールも必要であった．

同定された各因子は，クワ以外の緑葉中にも含まれている．クワは，これら3因子の含量や含有割合が特有であり，カイコに対する忌避物質を含んでいない．すべての条件がそろった食べ物は，やはりクワのみであった．

人は，4,000年以上にわたってカイコガを飼育してきた．そのカイコとクワとの関係が明らかになった．因子がそろえば，濾紙や寒天でも食べる．研究成果は，カイコの人工飼料を誕生させた．気象条件の影響を受けない飼育，クワのない時期での飼育，周年飼育などが可能になった．全齢1回や2回給餌で飼育労力は激減した．飼育方法が一変し，機械化が一気に進んだ．人工飼料は，生産場面のみでなく，基礎研究にも大きく貢献した．人工飼料ゆえ，栄養素の組成・量を任意に変えることができる．栄養要求性・栄養生理化学が急速な発展をみた．同時に，桑葉生理化学の発展も加速させた．昆虫の食性・寄主選択行動の化学を開き，化学生態学の誕生と発展に寄与した．生クワを食べるカイコからはわからなかった発育生理学，生理化学，環境生理学などにも次々に貢献した．人工飼料は無菌飼育を可能にした．無菌カイコを使って，多くの病理学的現象が解明された．その他，思いもしない面へのさまざまな貢献がなされている．"カイコはなぜクワしか食べないか"，この疑問が人工飼料を生み，蚕糸学のみでなく，昆虫学，生物科学，農学，農業の発展に貢献するところとなった．素朴な疑問に始まる仕事の一例である．基礎的なことが最も応用的であるといえる好例でもある．

多くの化学生態学的成果がある．食物選択だけに限っても，食餌への定位・定着，摂食の開始・継続などさまざまな行動それぞれについて，誘導・抑制の因子が数多く解析されている．寄主選択行動，産卵行動をはじめ，配偶，自己防衛，警戒，攻撃，跡づけ，集合，社会性維持などの生態的関係が，化学的に説明されている(第2章参照)．研究成果は，新しい害虫管理方法にも展開されている(第5章参照)．

4.6 分子進化

a. 共生微生物

化学生態学とは異なる観点から，微生物と昆虫との関係にごく簡単に触れる．寄生と共生の2つの関係がある．微生物が宿主昆虫に悪い影響を及ぼす場合が

寄生であり，代表が病原微生物である．宿主昆虫に利益を与える場合は共生と呼ばれる．中でも，宿主の体内に完全に取り込まれた内部共生は，密接な相互作用を形成している．抗生物質処理などで細胞内共生微生物を殺してしまうと，宿主昆虫も成長遅滞，不妊化，死亡などが引き起こされ，子孫を残せなくなる．昆虫は，利用困難な食物・栄養源を共生微生物の助けによって利用でき，共生微生物の産生する必須栄養物質を利用している．共生微生物が抗生物質を産生し，宿主への病原微生物の侵入を防いでいる可能性も考えられている．一方，共生微生物は，細胞壁が退化するなど，宿主体外では生存できなくなっている．母から子への卵巣感染のみによって伝えられ，母性遺伝因子にまでなってしまっている．

微生物に安住の地を与え，彼らの持つ特殊で効率の良い代謝系をまるごと取り込み，昆虫自らは新たな生態的地位に進出している．まとまった生物機能，新規な遺伝因子の獲得形態であり，生物進化の重要な側面である．昆虫の繁栄は，他種生物への柔軟な対応性にもある．共生微生物の分子生物学的諸性質，進化的起源，宿主生物との共進化の様相などについての新しい知見が得られつつある(石川，1994 参照)．

b. 分子進化学

分子生物学は，タンパク質や DNA のような分子の中に，生物進化の証拠をみつけた．DNA は，遺伝情報分子であるとともに，生物進化の履歴を刻んだ化石分子でもある．昆虫との関係について簡単に述べる．

生物進化の過程で，タンパク質を構成するアミノ酸が少しずつ別のアミノ酸に置き換わってきた．ほとんどのアミノ酸置換は，遺伝子の一塩基置換によって起こる．したがって，分子進化のメカニズムを，この点変異が生じる機構から追究しうる．変異が，DNA 複製エラーによるものなのか，ランダムな DNA 破壊によるものなのかという課題である．これを明らかにするため，シトクロム c の変異速度が，昆虫と哺乳動物とで比較検討された．DNA 複製時に変異するのなら，世代の短い昆虫の方が速く変異するはずである．モデル昆虫として，カイコガやショウジョウバエ類が用いられた．その結果，変異数に比例するのは，世代数ではなかった．昆虫・哺乳動物分岐後の時間であった．変異数と時間との比例関係は，酵母からヒトに至るさまざまな生物の間で確認された．シトクロム c の変異から推定された分子系統樹は，従来の系統樹とみごとに一致していた．DNA は，時間の経過とともにほぼ一定のペースで，時を刻むように塩基置換を

蓄積している．分子時計(molecular clock)である．生物のたどった進化の歴史を再現する分子系統学(第1章参照)と，分子そのものの進化メカニズムを追究する分子進化学が開かれた．木村資生の分子進化中立説は，従来の自然選択(自然淘汰)説とは大きく異なり，分子レベルの進化を説明する主要な理論である．

　化石に残りにくい生物や細菌などには，分子進化学的アプローチが特に有効である．大きな成果に，古細菌の発見がある．同様な発見が，さまざまな生物について，次々となされた．遺伝子重複はその代表であろう．遺伝子が自分自身のコピーを作り，そのコピーに突然変異を蓄積させて新たな機能の遺伝子を誕生させる仕組みである．分子進化の保守性と機能的革新のみごとな調和が明らかにされた．単なる重複のみではなく，別の遺伝子との組み合わせによって雑種の遺伝子が形成されたり，一方の遺伝子の塩基配列を別の遺伝子のもので置き換えたりしながら，多様な遺伝子が作り出される過程も明らかにされた．葉緑体やミトコンドリアの起源など，共生微生物の項で述べたような他生物への遺伝子の水平転移もある．イントロンの存在を利用し，エキソンをかきまぜて新たな遺伝子が作られることも判明した．種々の方法で遺伝子を組み合わせ，長い時間をかけて，わずかな素材から驚くほど多様な遺伝子が構成されてきたといえる．

　分子によっては，分岐時間と置換数との関係が振れる．比べる種間の分岐時間にも依存し，綱のレベルでは成り立つ置換速度の一定性が，下位のレベルでは成り立たない場合がある．機能的制約もある．機能にとって重要な部位は，長い進化の過程で変化していない．タンパク質の立体構造は，アミノ酸配列よりもよりよく保存されている．同義置換と非同義置換の問題(第1章参照)もある．しかし，ヒトを含むあらゆる生物は，それぞれみかけ上は大きく違っていても，共通のDNA型祖先生物に由来した兄弟である．DNAの分析は，時間軸に沿った生命の展開を，現存生物間の比較という空間軸上で提示してくれる可能性がある．分子の進化と，機能や形態の変化として表現される生物の進化との間には，どのような関係があるのだろうか．遺伝暗号の進化，化学進化，生命の起源論などをめぐり，40億年近く前に誕生したとされる祖先生物に思いが至る研究分野である．真核生物だが哺乳動物より複雑さが少なく，世代交代が速く，遺伝的変異種が圧倒的に多く，進行中の進化過程がみえる昆虫は，分子進化学においても好個の研究対象とみられる．

4.7 細胞の中の時間と空間

　いずれの生物も，はじめは1個の受精卵であり，1粒の種である．たった1個の細胞が，形も機能も異なる何十兆個もの分化した細胞になり，精緻で高度な機能を持ち，まことに複雑な構造の生物体を形成する．少しでも間違えば，体はでき上がらない．発生・分化の不思議である．

　染色体は，細胞分裂時に複製され，娘細胞に分配される．特別な例を除いて，細胞分裂ごとにこの完全複製が続く．つまり，すべての細胞がもとの受精卵と同じ遺伝子を持つことになる．社会的関心を集めている体細胞クローン動物は，分化した細胞もはじめの受精卵と同じであることを示す証拠の1つである．どの細胞も同じ遺伝子DNAを持っているにもかかわらず，なぜ腸や乳腺，翅や脚などのように，形も機能もまったく異なる細胞になってしまうのであろうか．

　仕組みの1つは，細胞の時間認識機構のはずである．細胞中の遺伝子には，一生分の情報が含まれている．しかし，すべてが一度に発現されるのではない．発生過程に応じて，時間的に秩序正しく発現される．

　もう1つの仕組みは，細胞の空間認識機構である．細胞分裂で形成された集団の中で，各細胞は自身の位置を認識し，その位置にかなった情報のみを発現させる．翅になるべき細胞は，翅になるべき位置にいるという認識を行い，自分の持つ全情報の中から脚や腸ではなく翅の情報のみを選び出している．

　必要な情報が，正しいときに，正しい位置で発現する．発生・分化の謎が，分子生物学の進展で解けつつある．研究には，目的に応じてさまざまな生物が使われている．細胞系譜が決定されている線虫，初期胚研究が進んでいるアフリカツメガエル，形態形成メカニズム解明の著しいニワトリ，発生工学が盛んなマウスなどである．このような中で，昆虫の果たしている役割が非常に大きい．遺伝学的，分子生物学的解析が進んでいるからである．ここでは，キイロショウジョウバエおよびカイコガの研究を中心に述べ，細胞の中の時間と空間の観点から生物に共通な仕組みの存在を浮かび上がらせたい．

a. 前後，背腹，左右

　分裂によって生じた細胞集団中に，前後(頭尾)，背腹および左右の3体軸が形成され，分化方向が決定される．これらは，キイロショウジョウバエでの研究が端緒となって明らかにされた．

まず前後が形成される．長軸の両端をトルソ(torso)と呼ばれるタンパク質が決定し，前をビコイド(bicoid)，後をオスカー(oskar)と呼ばれるタンパク質をコードするmRNAが決定する．これらは，母性因子である．つまり，前と後は受精前に決定される．哺育細胞で合成されたこれら前後軸形成因子は，細胞質連絡を通して卵母細胞に移送される．卵母細胞中には微小管が前極および後極に向かって伸びており，前極に向かう微小管でビコイドmRNAが，後極に向かう微小管でオスカーmRNAが運ばれる．その結果，それぞれに局在する．

ビコイドmRNAは受精後に翻訳されて，ビコイドタンパク質が前極から後極に向かって拡散し，前極で最も高く，後極で低い濃度勾配が形成される(図4.6)．このタンパク質の働きは，コーダル(caudal)と呼ばれるタンパク質の発現抑制であるため，コーダルタンパク質は前極で最も低く後極で高い濃度勾配となる．一方オスカーは，ナノス(nanos)と呼ばれるタンパク質をコードするmRNAを後極に局在化させる．ナノスタンパク質はハンチバック(hunchback)と呼ばれるタンパク質の発現を抑制する結果，ハンチバックタンパク質は逆に後極で低く前極で高い濃度勾配となる．こうして前後が定まり，それぞれの因子の濃度に従って分節化し，個体のどの部分に分化するのかが決定される．

背腹軸も母性因子によって決定され，受精後発生の始まった胚でドーサル(dorsal)，カクタス(cactus)およびトール(toll)の3種タンパク質が中心的な役割を果たす．ドーサルは，背側の細胞ではカクタスと結合して細胞質中に，腹側ではカクタスと解離して核の中に存在している．解離は，トールからのシグナルによって起こる．Decapentaplegic(*dpp*)と呼ばれる遺伝子が，ドーサルの制御を受け，背側で発現する．*dpp*が発現しない突然変異胚は，体全体が腹側のクチ

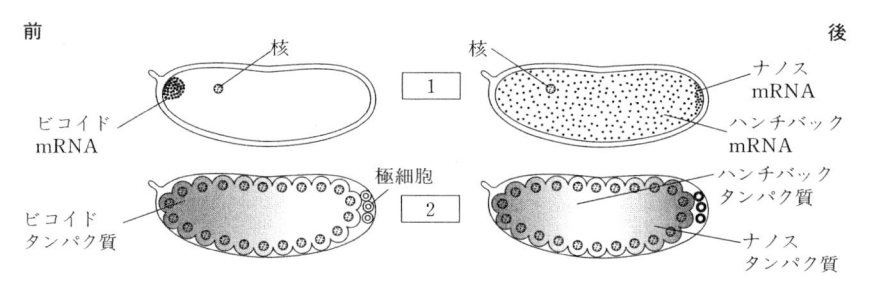

図4.6 ショウジョウバエ胚の前後軸決定因子とその分布(野田ら，1997を改変)
前方を左，後方を右に示した．①核分裂前の受精期，②分裂核は表層に移動したが，まだ細胞を形成していない胞胚葉期．mRNAは点で，タンパク質産物量は黒色の濃度勾配で表した．

クラ構造で覆われ，全周で発現させると，腹側の細胞も背側のクチクラ構造を作るようになる．

 dpp 遺伝子がコードするタンパク質(DPP)は，脊椎動物の骨形成タンパク質(bone morphogenetic protein, BMP)と高い相同性がある．ショウジョウバエの *dpp* 突然変異を，ヒトBMP遺伝子によって正常に回復させうる．また，DPPをラットの皮下に与えると，BMPと同様に骨組織が作られる．相同タンパク質は，線虫，ニワトリなどでもみつかっている．脊髄に象徴される中枢神経系が，脊椎動物では背側に走っており，昆虫では腹側に神経が走っている．逆の位置関係ではあるが，動物種を越えた共通のメカニズムが存在すると考えられている．

 前後，背腹が決定されて細胞群は対称性を失い，同時に左右軸を獲得する．臓器配置の左右非対称性がみられない昆虫では，ニワトリやマウスで報告されているレフティ(*lefty-1, 2*)のような左右軸決定遺伝子はみつかっていない．

b. 細胞の空間認識機構

 体軸に続いて，体節が決定される．決定には，分節遺伝子(セグメンテーション遺伝子)と総称される遺伝子群が働く．大きく3つに分類される遺伝子群からなる．ギャップ，ペアー・ルール，セグメント・ポラリティー遺伝子群であり，体軸決定遺伝子とは違って，受精卵で働き始める．

 これらの遺伝子に変異が生じると，正常な体節が形成されない．ギャップ突然変異体では，複数の体節がごっそり欠失する．クリュッペルやクナープスが代表である．ペアー・ルール突然変異体では，体節が1つおきに欠失する．フシタラズでは偶数番目の擬体節が，イーブンスキップでは奇数番目の擬体節が欠失し，いずれも体節の数が半分になり，胚は短くなる．セグメント・ポラリティー遺伝子群は，体節をさらに細分するように働く．この遺伝子に変異が生じると，各体節の半分が欠失し，残っている半分の体節の鏡像構造が，その欠失した部分に形成される．正常な体節を形成するためには，50以上あるといわれるこれら遺伝子群の正常な働きが必要である．

 体節が区切られると，各体節に特徴的な器官の分化を進める遺伝子群が働く．ホメオティック遺伝子群といわれる．図4.7は *Science* 誌(Vol. 221, 1983)の表紙を飾った写真である．双翅のハエ目キイロショウジョウバエが，後胸にも翅を持っているようにみえる．しかし，よく調べてみると，後胸という体節に翅が生

じているのではない．後胸がすっかり中胸に置き換わったため，前胸，中胸，中胸と中胸が2つになり，4枚翅になったのである．細胞が持っているすべての遺伝情報の中から，後胸になるべき遺伝子を選び，その後胸遺伝子を起こすべきところを，間違えて中胸の遺伝子を起こしてしまった変異体である．細胞の空間位置認識間違いといえる．頭の触角のできるべき場所に脚ができたり，眼になるべきところが翅になるなど，さまざまな変異体が知られている．その体節に特有の構造を分化させるには，空間認識といえるある特定のホメオティック遺伝子の働きが必要である．

図 4.7 後胸がそっくり中胸に変異し，翅が4枚になったショウジョウバエ

ホメオティック遺伝子の構造が調べられ，上述の *Science* 誌にその第1報が掲載された(Bender ら，1983)．情報の読まれ始め部分に，すべてのホメオティック遺伝子に共通な DNA 部分がみつかった．その部分は 180 ヌクレオチドからなり，ホメオボックスと呼ばれる．ボックスの情報を読み取って作られたタンパク質の 60 アミノ酸残基部分は，ホメオドメインといわれ，DNA と結合できるヘリックス-ターン-ヘリックス構造を形成する．つまり，転写調節因子である．

母親の体軸決定遺伝子によって前後，背腹が決まる．体軸決定遺伝子が作るタンパク質の濃度は胚の位置によって異なるため，それぞれの位置にさまざまな分節遺伝子のスイッチが入る．分節化された各体節中ではホメオティック遺伝子が働き，さらに次の遺伝子群のスイッチをオンにする．多くの遺伝子の階層的発現によって位置認識され，発生は進行する．

ホメオボックスはホメオティック遺伝子だけではなく，体軸決定遺伝子や分節遺伝子にもあり，微生物から高等動植物まで広く存在することがわかってきた．DNA との結合，転写調節にかかわる重要な構造である．

今日の発生生物学は，ヒトの形態形成に関与する重要な遺伝子がショウジョウバエの遺伝子とほとんど共通であることを明らかにしている．生物の種を越えて，共通の枠組み，共通の分子が使われている．受精，初期発生，成熟，生殖，老化や死までを制御する遺伝子に至るまで，昆虫でみつかった遺伝子が他生物でも次々にみつけられている．種の多様性のメカニズム解明が新しい課題になりつつある．

c. 生殖細胞形成機構

すべての細胞が体細胞に分化してしまうわけではない．それでは，生命をつないでいけない．生殖細胞に分化する細胞は，体細胞系列から隔離されて独自の分化をとげる．生殖細胞形成機構が，ショウジョウバエで解明されつつある．

昆虫の受精卵は，いわゆる細胞分裂をしない．まず核のみが分裂する．分裂後の核は表層に移動し，細胞質を取り込むようにして細胞を形成する．このとき，卵の後極に移動した核のみが外側へくびれ出して極細胞を形成し，生殖細胞に分化する（図4.6参照）．極細胞質以外の表層に達した核は，体細胞を形成する．表層に達する以前の核は全能であり，生殖細胞にも体細胞にもなりうる．したがって，生殖細胞へ分化させる因子が極細胞質中に局在していることになる．

その因子として，ミトコンドリアのlarge rRNA(mtlrRNA)が同定された．mtlrRNAを欠失させるリボザイムを使うなど，分子生物学的方法を駆使して決定された．極細胞から生殖細胞への分化には，ナノスタンパク質が必須であることも示された．ナノスタンパク質は，極細胞中で生殖細胞に特徴的な遺伝子（バーサ，チューダなど）を発現させると同時に，体細胞の分化にかかわる遺伝子（フシタラズなど）の発現を抑制する．mtlrRNAとナノスタンパク質mRNAは，ショウジョウバエのみではなく，カエル卵の生殖質中にも局在することが見出され，両分子は多くの動物の生殖細胞形成にあずかると推察されている．

d. 細胞の時間認識機構

生化学・分子生物学は，いわば時間的要素を捨て，小さな要素に還元する方向に進んできた．最近，ゲノムやプロテオーム研究にみられるように，統合の方向へも動き始めている．遺伝子の機能などは，時間を含めた関係がわからなくてはならなくなってきている．十分に解明されているとはいえないが，さまざまな生物現象と生物時計との関係が明らかにされてきている．時計には，概日時計(circadian clock)のようなリズム時計と，流れる時間の長さを計るインターバルタイマー(interval timer)とがある．

1) 概日リズム時計

キイロショウジョウバエは，ほぼ24時間おきに羽化する．この羽化リズムの突然変異に，約19時間の短周期型(per^S)，約29時間の長周期型(per^L)および無周期型(per^0)がある．羽化のリズムは集団のリズムであるが，各個体の活動リズムが興味深い．ハエは，昼間に活動し夜は静かにしている．ところが，per^Sでは19時間の短い周期で活動し，per^Lでは29時間の長周期であり，per^0には周期がみられない．per変異と活動のリズムとの関係が明らかになったことから，さまざまなリズムが調べられた．その結果，求愛ソングのリズムのような秒単位のリズムに至るまで，per^Sでは周期が短くなっており，per^Lでは長く，per^0には周期性がなくなっていた．per遺伝子が変化することによって，すべてのリズムが変化する．perは，時計本体タンパク質をコードしているといえる．

perDNA および PER タンパク質が調べられた．PERは，アミノ酸残基1,218個からなる大きなタンパク質である．PERによるリズム発生機構が，最近明らかにされた(図4.8)．PERは，TIMと呼ばれるタンパク質と2量体を形成して作用する．その作用は，dCLK-CYCタンパク質2量体の機能抑制である．dCLK-CYCの機能は，perとtim遺伝子の転写活性化にあるため，結果としてPERとTIMの発現が抑制される．PERとTIMが減少すれば，

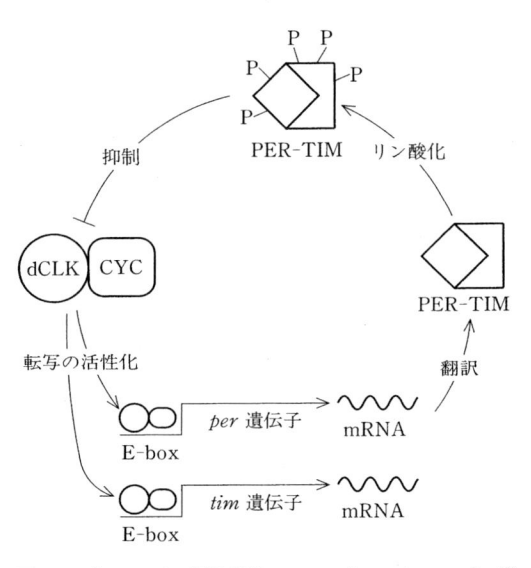

図4.8 概日リズム振動機構のフィードバックループモデル(Dunlap，1998を改変)

dCLKタンパク質とCYCタンパク質からなるヘテロ2量体が，時計遺伝子perおよびtim上流のE-boxに結合してその転写を促進する．翻訳されて増加したPERタンパク質とTIMタンパク質のヘテロ2量体が核に移行して，dCLK-CYCによるperとtimの転写促進を抑制する．その結果PERとTIMは減少して抑制が解除され，dCLK-CYCによるperとtimの転写促進が再開する．PERタンパク質の崩壊過程には，リン酸化が関与していると推察されている．遺伝子は斜体で，タンパク質は立体で表示した．

dCLK-CYC の抑制はなくなり，*per* と *tim* の転写が再開する．フィードバックループ機構である．

アカパンカビなどから哺乳類，ヒトに至るまで，同様のフィードバックループモデルが提唱され始めている．リズムが発現するまでの経路は複雑な段階からなっており，多くの分野にまたがる問題である．PER の崩壊・減少機構，光による同調機構，温度補償機構なども精力的に研究されている．

2) インターバルタイマー

概日リズム時計は，環境適応の時計ともいえよう．同じような現象が，同じような間隔で毎日繰り返される．一方，発生・分化は，後戻りできない変化であり，時間を追って順序正しく進行する現象である．このような現象には，インターバルタイマーの存在が考えられる．タイマー研究はまだ始まったばかりであるが，TIME-EA 4 (EA 4)と呼ばれるカイコガ卵の酵素について例を述べる．

カイコガ卵の休眠は，一定期間の低温を経験してはじめて覚める．この期間中に，低温要求性の生理化学的発育，すなわち休眠間発達(diapause development，休眠発育などとも訳されるが筆者は休眠間発達としている．甲斐，1977；甲斐ら，1995参照)が完了する．EA 4 はその休眠間発達と関係する ATPase である．EA 4 を精製してただちに 5℃ に冷蔵すると，約 2 週間後に極大活性を発現する(図 4.9)．この活性発現期は，卵を冷蔵した場合に，卵の中でみられる一過性の活性発現期とほとんど同じである．それは，休眠間発達の完了期に当たる．

いったん活性化された EA 4 は，低温だけでは再活性化されない．ところが，塩酸グアニジン(GuHCl)で立体構造をときほぐすと，再び約 2 週間で活性が発現する．GuHCl 効果は，活性発現前の酵素にもみられる．冷蔵 8 日後に GuHCl 処理すると，約 3 週間後，すなわち処理約 2 週間後に活性が現れる．はじめの 8 日間がキャンセルされ，タイマーをリセットし

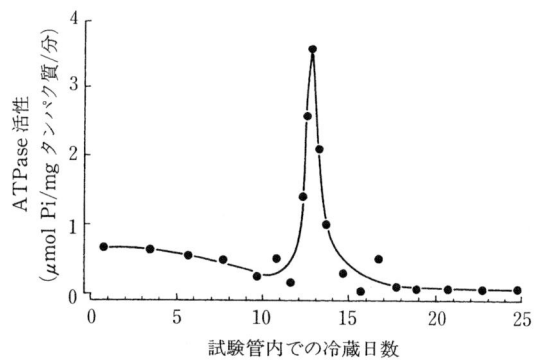

図 4.9 試験管内で冷蔵中の EA 4 活性の変動(Kai ら，1995 を改変)
体眠に入る直前のカイコ卵から分離精製した EA 4 を試験管内で 5℃ に冷蔵して，いろいろな冷蔵期間後にそのATPase 活性を測定した．

た後あらためて2週間を要したと考えられる．時間情報は，EA4の立体構造中に組み込まれている．

インターバルは，タイムゼロからの経過時間である．ストップウォッチのボタンを押すような，時間よみスタート機構が働くはずである．PIN (peptidyl-inhibitory needle) と呼ばれる因子との関係から検討されている．PINは，EA4のATPase活性を阻害する．しかし，単なる酵素阻害剤ではない．一定時間後にEA4からPINを除く実験で明らかにされた(図4.10)．はじめにEA4を5日間冷蔵し，その5日冷蔵EA4にPINを加える．ついでPIN-EA4共存下に15日間冷蔵を続け，共存15日後，つまり合計冷蔵日数20日後にPINを除去する．このようにすると，PIN除去約1週間後に活性が発現する．図4.10の上の横軸で示されるように，PIN共存期間を差し引くと約2週間後である．PINは，EA4の時間よみ停止機能を有すると推察される．PINとEA4との複合体が検出されている．この複合体の解離が，時間よみスタートであろう．PINはアミノ酸38残基のペプチドであり，EA4は156残基のアミノ酸からなる糖タンパク質である(Taniら，2001)．今日，タンパク質の機能を理解する鍵はそのかたち，その動きにある，といわれる．PINとEA4との構造相関から，発生タイマーの可能性について検討が進められている．

インターバルタイマーについては，アフリカツメガエルなどでも議論され始めた．発生過程での，アポトーシスと呼ばれる細胞死と時間との関係からである．

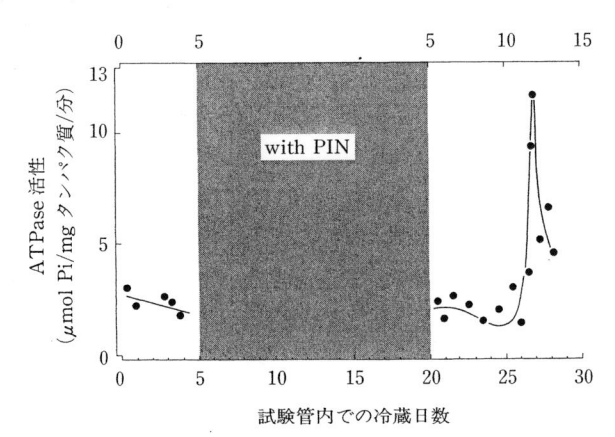

図 4.10 EA4活性発現時期に及ぼすPINの作用(Kaiら，1996を改変)
試験管内で冷蔵中のEA4にPINを加え，一定時間後にそのPINを除去してEA4活性を測定した．この図の場合，冷蔵5日後にPINを加え，冷蔵20日後にPINを除去した．PIN共存中の活性発現はない．

タンパク質の機能から時計機構が解析される期待がある．

おわりに

　農学には，環境にやさしく，対象となる生物にその機能を最大限に発揮してもらい，さらに隠された機能・能力があればそれも発揮してもらおうというソフトな側面がある．生物に機能を最大限に発揮してもらおうとするためには，その生物そのものを十分知る必要があろう．本章では，昆虫に特徴的な生化学的・分子生物学的メカニズムに注目して昆虫を描いた．類書との重複をできるだけ避け，最近の研究成果を中心に述べた．生物の代表として研究対象になっている例にも重点をおいた．昆虫の持っている機能，その不思議の，ほんの一端が明らかにされているにすぎないが，それでも，膨大な研究成果がある．限られたスペースの中で選択したため，述べるべき事柄が少なからず欠けている．遺伝学の発展に，カイコガやショウジョウバエの果たした役割はたいへん大きい．現在の分子生物学に果たしている役割も，たいへん大きい．第5章，第6章でも述べられているように，遺伝子を利用した害虫防除や昆虫機能の利用，昆虫あるいは昆虫培養細胞を用いたバイオテクノロジーによる医薬品などの生産がなされている．フィブロイン遺伝子やその発現調節機構，タンパク質合成延長反応など，述べるべき研究例はほかにも数多くある．細分化された専門分野を総合化する方向も意識されつつある．しかし，ここに述べられている例だけでも，現代の昆虫生理・生化学の流れを理解できるよう努力したつもりである．

　分子生物学の進歩は，教科書を次々と書き換えている．常に新しい文献を読み，新知識を身につけ，進歩についていく必要がある．常識の破られていくのが，学問である．先人の貴重な財産としての常識は十分ふまえながら，とらわれず，広い視点からの柔軟な発想が望まれる．諦めない，誠実に心をこめる．平凡なこれらを強く意識しながら勉強し，研究を続けることであろう．複雑な生物の成り立ちの，ごく一部が明らかにされているにすぎない．新しい発見に立ち会う感動を体験できる機会が，無限に残されている．ノーベル賞受賞者の研究人生を綴り，研究謎解き過程を語りながら，分子生物学の基礎知識がカバーできるように工夫された教科書(石田，1998)を，参考文献に加えた．

5. 総合的害虫管理

 昆虫学の応用場面としては害虫防除技術と昆虫利用技術がある．後者については第6章で述べられている．害虫防除技術について体系的に解説することは紙面の関係で難しい(斉藤ら，1986など参照)．本章では，最初に最近開発されている新しい害虫防除技術について簡単に触れた後，将来の害虫防除技術の方向を示す総合的害虫管理(integrated pest management，IPM)に絞って，その考え方と実例などを解説する(詳しくは，中筋，1997参照)．

 序章にも述べられているように総合的害虫管理は，戦後登場した有機合成殺虫剤による防除がいろいろの問題を生じさせた1960年代に，その考え方の基礎が作られた．当時は総合防除(integrated control)といわれていたが，1970年代初め頃から総合的害虫管理(以後IPMという)の語が用いられるようになった．

5.1 害虫防除法

a. 有機合成農薬

 近代的な害虫防除技術の開発は，1938年にスイスのP. Müllerによって発見された有機合成殺虫剤DDTによって始まった．その後，BHCのγ体の殺虫効果の発見(1941)，ドイツのSchraderらによるパラチオンの発見(1944)などが続いた．これら有機合成殺虫剤は第二次大戦後農業害虫防除に用いられ，多くの害虫に著しい防除効果を示した．有機合成殺虫剤はその化学構造から，有機塩素系，有機リン系，カーバメート系，ピレスロイド系，第3級アミン類，ネオニコチノイド系などに分けられる(図5.1)．最近，これらとは異なる系統の殺虫剤が次々開発されている．

 1980年代に入って，昆虫の成長や脱皮，キチン合成などの生理的機構を阻害する昆虫成長制御剤(insect growth regulator，IGR)の開発が行われた(表5.1)．また昆虫の性フェロモン(sex pheromone)を製剤化したフェロモン剤が1970年代後半から出現した．フェロモン剤は，誘殺トラップを圃場に配置して，雄成虫を誘殺して交尾率を低下させる誘殺法(mass trapping)や，圃場にフェロモンを拡散させて，雌雄成虫間の交信を阻害し交尾率を低下させる交信攪乱法(mating

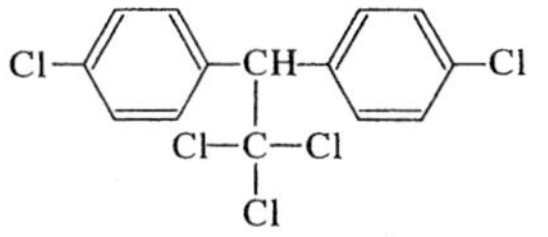

5.1 害虫防除法

図 5.1 に主な有機合成殺虫剤の構造式を示す:

- DDT（有機塩素剤）
- パラチオン（有機リン剤） 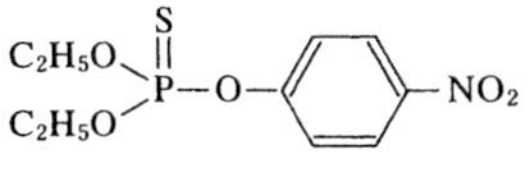
- マラソン（有機リン剤） 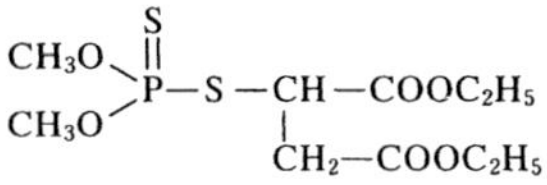
- カルバリル（カーバメート剤） 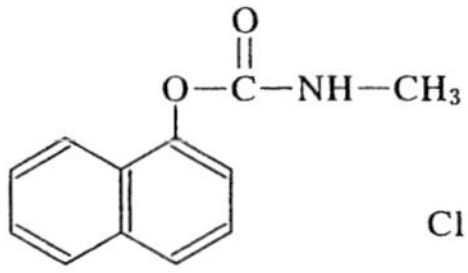
- イミダクロプリド（ネオニコチノイド剤） 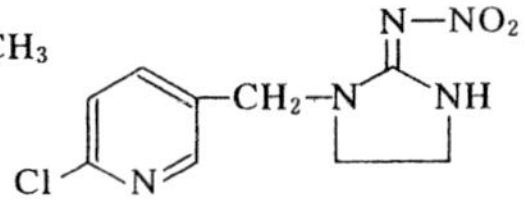
- フェンバレレート（合成ピレスロイド剤） 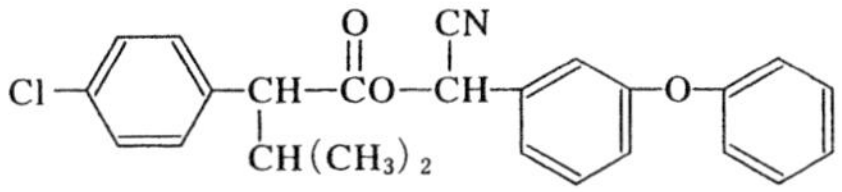

図 5.1 主な有機合成殺虫剤の構造式

表 5.1 わが国で登録が得られている IGR 剤と主な対象害虫（1999 年現在）

薬剤名	作用機構	対象害虫
ジフルベンズロン	キチン合成阻害	チョウ目マイマイガ，アメリカシロヒトリ，モモシンクイガ，ハマキムシ類など
イソプロチオラン	脱皮阻害	カメムシ目トビイロウンカ
ブプロフェジン	脱皮阻害，産卵抑制，卵ふ化抑制	カメムシ目ウンカ類，ヨコバイ類，カイガラムシ類 チャノホコリダニ
クロルフルアズロン	キチン合成阻害	チョウ目果樹ハマキムシ類，コナガ，チャハマキ，ヨトウムシなど アザミウマ目ミナミキイロアザミウマ
テフルベンズロン	キチン合成阻害	チョウ目キンモンホソガ，コナガ，ハスモンヨトウ，果樹シンクイガ類など コウチュウ目ゾウムシ類
フェノキシカルブ	幼若ホルモン様作用	チョウ目キンモンホソガ，チャノホソガなど カメムシ目ヤノネカイガラムシ
フルフェノクスロン	キチン合成阻害 卵ふ化抑制	チョウ目モモハモグリガ，ハマキガ類 カメムシ目チャノミドリヒメヨコバイ アザミウマ目ミナミキイロアザミウマ ハダニ類
テブフェノジド	脱皮異常（脱皮ホルモン様作用）	チョウ目コブノメイガ，ニカメイガなど
ピリプロキシフェン	幼若ホルモン様作用	カメムシ目コナジラミ類 アザミウマ目ミナミキイロアザミウマ
シロマジン	脱皮阻害	ハエ目マメハモグリバエ
ヘキサフルムロン	キチン合成阻害	チョウ目キンモンホソガ，チャノホソガなど
ルフェヌロン	キチン合成阻害	チョウ目コナガ，ハスモンヨトウなど．コウチュウ目カメノコハムシ

disruption)などの利用法がある(図5.9参照)．害虫防除には後者の方法がより多く用いられている．1990年代には，吸汁性害虫の摂食量を減少させる摂食阻害剤(feeding deterrent)などの開発がなされている．なおネオニコチノイド系の化合物もきわめて低濃度で処理すれば摂食阻害剤として利用できる．

　これらの最近開発された化合物は，以前の殺生物剤(biocide)に対して，害虫の生理，行動，生殖などを制御する制御剤(regulator)と呼ぶべきもので，IPMの体系に重要な役割を果たすことが期待され，今後の農薬開発の主流となるものと思われる．

　殺ダニ剤では抗生物質や，土壌放線菌の産出する化合物を用いた資材が開発されている．これらには，ハダニの天敵との間に選択性のあるものが多い．

b. 天敵資材

　後に述べるように，IPMの基幹となる防除法は自然制御要因であり，その中心は土着天敵の利用である．そのためには天敵の保護(conservation)がなされなければならない．しかしながら，温室などの閉鎖環境ではこれらの天敵の侵入が期待できない場合が多く，天敵を人為的に放飼する必要がある．これらは放飼増強法(augmentation)と呼ばれる．放飼増強法には，害虫の発生初期に少量の天敵を放飼する接種的放飼(inoculative release)と，発生した害虫を即時的に防除するための大量放飼(inundative release)がある．

　近年天敵の放飼増強を行うために，かなりの資材が天敵農薬として登録され市販されている．それらはオンシツコナジラミ *Trialeurodes vaporariorum* にオンシツツヤコバチ剤，ハダニ類にチリカブリダニ剤，マメハモグリバエ類にイサエアヒメコバチ・ハモグリコマユバチ剤，アブラムシ類にショクガタマバエ剤，コレマンアブラバチ剤，ハダニ，アザミウマ類にククメリスカブリダニ剤，アザミウマ類にナミヒメカメムシ剤などである(天敵昆虫の利用については第6章参照)．これら天敵昆虫以外に，コガネムシ類やネキリムシ類など土壌生息性害虫防除に，昆虫寄生性センチュウのスタイナーネマ剤が開発され実用化されている．昆虫感染性の天敵微生物には，ウイルス，細菌，糸状菌などがあり，これらを用いた防除資材も市販されている．なかでも，細菌の *Bacillus thuringiensis* の菌体，または菌が生産する結晶毒素を製剤化したBT剤は，害虫防除に広く使われている．最近では，BT毒素を生産する遺伝子を直接作物に組み込んだ遺伝子組換え作物(transgenic crop)がトウモロコシ，ジャガイモ，ワタなどで作

られている．これら作物はアメリカ合衆国などではかなり普及しているが，わが国では，現時点(2000年)で実用栽培はなされていない．

c. 忌避資材

果樹や果菜類の果実を吸汁し被害を与えるアケビコノハ *Adris tyrannus* やアカエグリバ *Oraesia excavata* などの吸ガ類の防除に，光を使った忌避法が1970年代から用いられてきた．モモ園やブドウ園に黄色蛍光灯が点灯されている風景は，最近では果樹栽培地帯で普通にみられる．1990年代になって，黄色蛍光灯がオオタバコガ *Helicoverpa armigera* やシロイチモジヨトウなどの野菜，花卉類のヤガ類防除に高い効果を示すことがわかり，急速に普及しつつある(図5.2)．

図5.2 ヤガ類によるカーネーションの被害防止のために黄色蛍光灯が点灯されている温室群(八瀬順也原図)

日中に飛翔行動する多くの昆虫が反射光を忌避する性質を利用したシルバーポリフィルムが，アブラムシ類媒介性ウイルス病の伝播防止や，果樹や茶のアザミウマ類の防除に，また近紫外線除去フィルムが，ビニールハウスでアザミウマ類などの増殖抑制に利用されている．

5.2 総合的害虫管理とは

1965年に，世界の害虫防除専門家がFAO専門家パネルに招請され，長時間の討論の末提唱された害虫防除の新しい考え方が，その後(1972年にアメリカ合衆国のCouncil on Environmental Qualityに寄せられたニクソン大統領のメッセージにはじめて用いられた)IPMといわれるようになった．

IPMは「あらゆる適切な防除手段を相互に矛盾しないかたちで使用し，経済

的被害を生じさせるレベル以下に害虫個体群を減少させ，かつその低いレベルに維持させるための害虫個体群管理システム」と定義される．この定義の中には，3つの重要な概念が含まれている．それらは，(1)複数の防除手段の合理的統合，(2)経済的被害許容水準，(3)害虫個体群のシステム管理である．

「複数の防除法の合理的統合」とは，いくつかの防除技術を組み合わせて用いることを意味し，従来の「農薬主義」や「天敵主義」などの単一防除手段至上主義をとらないという立場を明確にしたものである．

定義の「経済的被害を生じるレベル」は，その後経済的被害許容水準(economic injury level, EIL)という用語で表現されるようになった．これは，防除によって，防除コストに見合う以上の利益が得られないレベル以下の害虫密度のときには，防除を行わないことを意味する．この考え方は従来の農薬による害虫の皆殺し防除(天敵や非害虫も同時に除去される)を否定し，ある密度以下であれば害虫の存在をも許容しようとするもので，後に述べるIPMの実行上とりわけ重要な考え方である．

「害虫個体群管理システム」には，従来の経験と勘による防除を排して，害虫個体群密度の動態や被害の発生量を科学的に予測し防除を行う，とする理念が込められている．この理念を実現する方法として，農業生態系，作物生産，害虫個体群密度，被害の動態を包括的に記載するシステムズモデル(systems model)と，それを用いたシステムズ分析(systems analysis)の重要性が強調されている．

a. 複数防除法の合理的統合

FAOパネルの定義が出された1960年代後半には，まだ有機合成殺虫剤や導入天敵，少数の抵抗性品種以外の害虫防除技術の実用化は，ほとんどなされていなかった．すでに述べたように，害虫の性フェロモンが実用技術となったのは1970年代後半であったし，昆虫成長制御剤の実用化は1980年に入ってからさかんになった．これら化学的方法以外にも，天敵昆虫(またはカブリダニ)や微生物を用いた生物農薬，不妊虫放飼法，害虫忌避をねらったフィルム，電灯など物理的方法，遺伝子組換え作物など多様な害虫防除法が，近年急速に開発されてきた．

害虫防除法は伝統的に，化学的防除(chemical control)，生物的防除(biological control)，物理的防除(physical control)，耕種的防除(cultural control)などに分けられている．これらは，防除法の資材特性をもとに分けたにすぎず，それぞれの防除法が害虫個体群密度の変動に及ぼす影響の仕方を考慮していない．そ

```
       手　段                           手段のグループ
┌─────────────────┐      ┌── 捕食寄生性・捕食性動物
│ A 害虫個体群を低密度，小 │──────┼── 自然感染性微生物
│   さい変動幅に抑制      │      └── 抵抗性品種，環境の改変
└─────────────────┘
                                                      ┌── 農薬
                              ┌── 直接的殺虫法 ────────┼── 物理的エネルギー
                              │                       └── 天敵農薬，微生物農薬
┌─────────────────┐      ├── 趨性行動の利用(フェロモン，誘引物質，光)
│ B 一時的に害虫個体群の密 │──────┼── 生活機能の攪乱(IGR, フェロモン，光)
│   度を低下させる        │      └── 忌避法(忌避剤，シルバーポリフィルム，
└─────────────────┘                    近紫外線除去フィルム，光)

┌─────────────────┐      ┌── 不妊虫放飼法
│ C 絶滅または低密度に維持 │──────┼── 遺伝的防除(細胞質不和合，染色体転座など)
│   する                 │      └── 置換型競争種の導入
└─────────────────┘
```

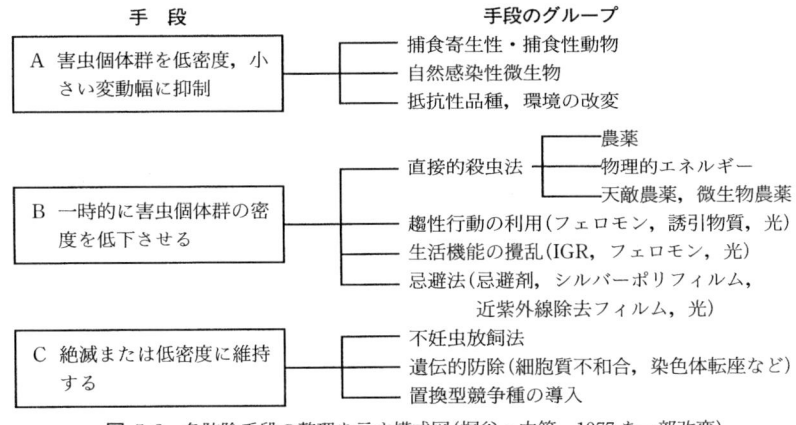

図 5.3　各防除手段の整理を示す模式図(桐谷・中筋, 1977 を一部改変)

のために，IPM における防除手段の合理的統合を行う上での防除法の評価が適切にできない．

　害虫防除法は，それぞれの防除法が害虫個体群密度の変動にどのような役割を果たすかによって，A．害虫個体群を低密度，小さい変動幅に制御することが期待できるもの，B．一時的に害虫個体群を低下させるもの，C．理論的に害虫個体群を絶滅に導きうるものの3つに分類することができる(図 5.3)．

　害虫を個体数変動の特徴から区別すると2つのタイプがある．その1つは，平均密度がいつでも経済的被害許容水準より高いタイプであり，恒常性害虫といわれる．イネ害虫では，西日本のツマグロヨコバイなどがその例である．一方通常の個体群密度は低いが，その変動幅が大きいためときどき経済的被害許容水準を超えるタイプの害虫がいる．九州を除く地域のトビイロウンカなどがその例である．これらは突発性害虫といわれ，移動性の高い害虫にこのタイプが多い．このほか，作物を寄主植物にしているが，何らかの原因で，経済的被害を与えるほどの密度に高まることのない昆虫(潜在害虫)もいる．たとえば水田にすむオオヨコバイ *Cicadella viridis* などがそれにあたる．

　以上のように，ある昆虫が害虫である要件は，個体群の平均密度が高いか，または個体数変動の幅が大きいかによっていると考えることができる．したがって害虫個体群管理の目標は，前者に対しては平均密度を低下させ，後者に対しては個体数の変動幅を小さくすることである．このような働きが永続的に期待できる防除法には，害虫の死亡を密度依存的(density-dependent)に引き起こしうる(第

3章参照)天敵動物，病原性微生物などがある．さらに害虫が利用する資源の質を悪化させ，環境収容力(carrying capacity)を低くしたり，成虫の産卵を忌避させたり，増殖力を著しく低下させるほど，害虫の未成熟ステージの生存率を恒常的に下げることができる抵抗性品種の利用も重要な防除法である(図5.3)．環境の改変によって，天敵密度を高めたり，成虫の産卵適期を避けて作物を栽培するなどの防除法もこの中に含まれる．

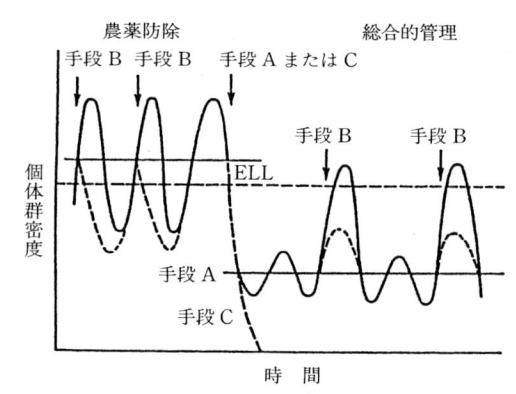

図5.4 総合的害虫管理における各種手段の役割を示す模式図(桐谷ら，1971)
実線は無防除のときの害虫の個体数の変化，点線は防除したときの変化をそれぞれ示す．手段A,B,Cは図5.3のグループを示す．

　従来の農薬を用いた個別的防除法で，一時的に害虫密度を低下させ被害回避を図っていた状態に，効果的な防除手段Aを導入したときの害虫の個体群密度の変動を模式的に示した(図5.4)．IPMでは，防除手段Aによってまず害虫の平均密度を低くし，かつ変動幅を小さく抑えることから出発する．このことから，防除手段AはIPMにおける基幹的防除手段(fundamental tactics)という．

　しかしながら，防除手段Aは生物的防除法であるために，害虫の増殖にとって好適な気象条件の変化や，防除法Aにとって不利な環境条件の変化などによって，害虫個体群の増加が防除手段Aの働きの範囲を超えてしまう事態がしばしば生じる．そのような場合には，防除手段Bによって一時的に害虫密度を下げて，防除手段Aの働きうる範囲に引き戻してやらなければならない．この場合，用いた手段Bが，手段Aの働きを壊さない，または最小限の影響にとどめることが，防除手段Bの導入の基本条件となる．FAOの定義にある「適切な技術を相互に矛盾しない形で使用し」，すなわち「防除手段の合理的統合」の重要な意味がここにある．このように，防除手段Bは防除手段Aの働きを補助する役割を担うという意味で，基幹的防除法に対して副次的防除法(subsidiary tactics)という．IPMで最も一般的にみられる防除手段の統合に，有効な天敵と，害虫に対して有効で，天敵に対して影響が少ないという意味での，選択性殺虫剤(selective insecticide)の組み合わせがある．

防除手段 B には多様な技術が含まれる．通常の有機合成殺虫剤はもとより，フェロモン，IGR，誘引物質，忌避物質などが実用化されているほか，天敵動物や微生物を農薬的に使用する場合もこれに含まれる．

b. 経済的被害許容水準(EIL)

経済的被害許容水準(以下 EIL という)は，IPM の中心概念の1つであるが，その正確な意味を理解することはかなり難しい．その理由は，害虫密度と被害の関係が単純でない上，防除の費用(cost)と，防除による利益(benefit)増加などの経済的な関係が絡み合ってくるからである．

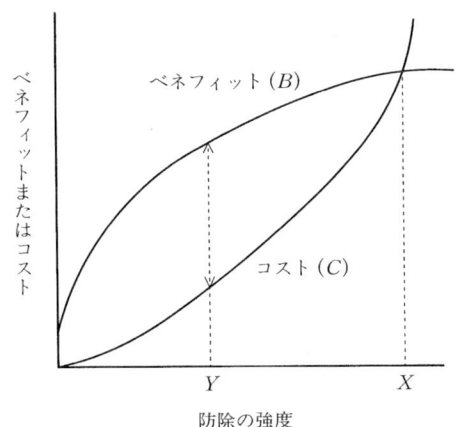

図 5.5 いろいろな害虫防除の強度下における作物の収量変化に伴うベネフィット(B)と防除のコスト(C)の関係
X は $B/C=1$，Y は純益($B-C$)が最大になる防除強度を示す．

図 5.5 に害虫密度が高いときを想定して，いろいろの強度で防除を行ったときの，防除費用(C)と防除による収量増に伴う利益(B)の関係を示した．X 点は防除にかけた費用と，それによる収益が同じであることを示す．それ以上の防除を行う場合は，防除費用が収益を上回るために，経済的にはこのような強度の防除は無意味なことは明白である．IPM における合理的防除の目標は，X 点ではなく Y 点，すなわち，利益と費用の差が最大になるように防除を行うことにある．アメリカ合衆国のように，農産物が完全な商品として扱われる場合にはこのことは正しい．しかし，アジア地域の発展途上国における主食の米のような場合，国内における食糧自給を高める政策などの要因が絡むため，防除費用に対する利益の割合が減っても，収量を増やすためにより高い防除強度をかけるかもしれない．このように，「経済的被害」の背景には社会・経済的要素が深くかかわってくる．

社会・経済的要素を除外しても，「被害許容水準」とは何かを考える上でいくらかの問題点がある．まず被害許容水準とは被害を与える害虫密度と定義されている．被害には収量の減少以外に品質の低下，およびその両方がかかわる場合があり，その結果収益が決まってくる．害虫密度と収益関係は，作物と害虫との

表 5.2 わが国の作物害虫に対する経済的被害許容水準(EIL)または要防除密度(CT)の例 (中筋, 1997)

害虫名	EIL または CT	文献
イネ		
ヒメトビウンカ (縞葉枯病)	出穂期　発病株率5%(EIL) 本田初期　ヒメトビウンカ成虫3匹/株(CT)(保毒虫レベルで異なる)	岡本・大畑(1973) 尾崎・亀山(1981)
ツマグロヨコバイ (萎縮病)	休閑田　ツマグロヨコバイ成虫8匹/10回すくい取り(保毒虫率5%)(CT)	Kiritani と Nakasuji (1977)
ニカメイガ	第1世代　幼鞘変色茎率12%(CT) 　　　　心枯茎率5%(EIL)	小山(1978)
	第2世代　第1世代末期幼虫1,500匹/10a(CT) 　　　　被害茎率15%(EIL)	高木(1958) Kiritani(1981)
	第1世代　フェロモントラップ56匹(越冬世代)(CT) 第2世代　　〃　　144匹(第1世代)(CT)	Kondo と tanaka (1995)
イチモンジセセリ	第2世代　1齢幼虫3〜15匹/株(CT) 　　　　蛹　　0.9〜2.1匹/株(EIL)	青木(1981)
コブノメイガ	分げつ期〜出穂期　被害葉率30%(EIL)	佐々木(1981)
イネクビボソハムシ	5月下旬　成虫0.5匹/株(CT) 6月上・中旬　中齢幼虫3匹/株(CT)	江村・小嶋(1978)
イネミズゾウムシ	越冬世代成虫侵入数0.25匹/株(CT) 　　　　　　　　0.3匹/株(CT)	都築ら(1983) 山代(1991)
トビイロウンカ	8月上旬(第3回成虫)短翅雌成虫0.36匹/株(CT)	岸本(1965)
イネキモグリバエ	第1世代　被害茎率14%(EIL) 第2世代　傷穂率11%(EIL)	岡本・大畑(1973)
ミナミアオカメムシ	乳熟期　5.4〜6.1匹/50回すくい取り(2等米)(CT)	中沢ら(1972), 中筋(1973)
クモヘリカメムシ	乳熟期　17匹/50回すくい取り(2等米)(CT)	清水・丸(1978)
アカヒゲホソミドリメクラガメ	第2回発生期　7.4匹/50回すくい取り(2等米)(CT)	八谷(1985)
イネシンガレセンチュウ	75匹/穂(EIL)	尾崎ら(1981)
果樹		
ウンシュウミカン		
ミカンハダニ	春葉　若虫・成虫1,150匹・日/葉(EIL) 夏葉　　〃　　1,600匹・日/葉(EIL)	西野・大串(1977)
ヤノネカイガラムシ	越冬後　雌成虫0.47匹/100葉(マシン油+有機リン剤1回)(CT)	大久保(1978)
ミカンツボミタマバエ	葉に対するつぼみ比0.32のときつぼみ被害率30%(EIL)	加藤(1980)
ブドウ		
チャノキイロアザミウマ	黄色粘着トラップ日当たり誘殺数6月10匹, 7月上旬23匹, 7月下旬72匹(CT)	柴尾(1996)
クリ		
モモノゴマダラノメイガ	クリ毬果上の卵数　0〜1/50果　無防除 　　　　　　　　2〜4/50果　1回散布　(CT) 　　　　　　　　5〜9/50果　2回散布	真梶(1980)

野菜・畑作物			
ハスモンヨトウ	7月世代	フェロモントラップ誘殺数 950 匹/5 日 (CT)	Nakasuji と Kiri-tani (1978)
	8月世代	〃　　　　　　800 匹/5 日 (CT)	
	ビニールハウス, ナス 5, 6 齢幼虫 0.4 匹/m²(EIL)		松崎ら (1976)
	〃　　ピーマン　〃　0.3 匹/m²(EIL)		
ミナミキイロアザミウマ	ビニールハウス		
	キュウリ 雌成虫 3.1 匹/葉		河合 (1990)
	ナス　　　　　0.06 匹/葉	(EIL, 5%減収)	
	ピーマン　　　0.08 匹/葉		
カンシャコバネナガカメムシ	第1世代　平均 2.5 齢期　幼虫 13 匹/サトウキビ茎 (CT)		藤崎・法橋 (1983)

組み合わせでいろいろなパターンが存在することが知られている．さらに防除を行ったとき，防除強度(防除費用)と害虫密度の減少の関係も単純な直線関係にはならず，多くはシグモイド型になるといわれている．このような複雑な害虫密度-収益関係，防除費用-害虫密度減少関係を複合した害虫初期密度-収益関係から，EILを「ある密度の害虫をコスト-ベネフィット関係に基づいて最適に防除したとき，収益増加量＝防除費用(ある防除費用をかけても，必ず収益増加が見込めるの意味)となっている密度の最大値」と定義することができると提案されている(中筋，1997 参照)．

さて，上記のように EIL を定義できたとしても，次のような問題点が残される．第1の問題点は，害虫密度が EIL に達したときには，通常すでに相当な被害が生じてしまっていることである．実際に防除を行う場合には，害虫密度が EIL に達することを事前に予測し，適切な防除法を投入して害虫密度を制御することが必要である．この実際に防除を決断するときの害虫密度を要防除密度(control threshold, CT) と呼ぶ．EIL と要防除密度の間には害虫密度の時間的変動の予測という確率的な問題が入ってくる．

第2の問題点は，ある作物に被害を与えるのは1種類の害虫だけとは限らないということである．複数の害虫が作物に被害を与えるとき，多くの場合に，それらは作物に対して独立の事象としては作用しないであろうと予測される．作物の生長の時系列に中で生じる異種害虫の被害の相互作用の実態は，きわめて複雑なものであろう．さらに，作物の生長過程で，害虫密度と被害の関係が動的に変動する以上，EIL も時間的に変動するもの(時間依存的 EIL，または動的 EIL)としてとらえなければならない．

このように EIL について解決すべき課題が残されているが，実際の防除の現

場では，いろいろな作物と害虫に関して，多くの暫定的な EIL，ないしは要防除密度を決める試みがなされている(表5.2)．これらは先に述べたような定義に対して必ずしも厳密なものではないが，少なくとも栽培現場において無駄な防除を省き，より合理的な防除を行うという観点からみれば，たいへん有益な基準となっている．

c. 害虫個体群のシステム管理

IPM の他の重要な概念に，「害虫個体群密度を(EIL 以下に)管理するシステム」がある．言い換えればそれは生態学的管理システムである．

Huffaker と Smith(1980) は，IPM を実行するための課題として，

1) 作物の生長，害虫と天敵，およびそれらに影響を及ぼす他の要因に関する生物的，生態的，経済的に重要なプロセスの十分な把握
2) 多様な防除法の開発
3) 関与する生物的，気象的，および作物生産についてのデータの収集，処理，およびそれらを説明するための手法の開発
4) システムズ分析の利用
5) 作物生産・害虫システム，およびそれらを総合し，経済的分析ができるモデルを構築し，それを用いたそれぞれの作物システムに対するパイロット試験の実施

をあげ，これらに基づいて，IPM を実行(implementation)するとした．このように，作物害虫の個体群管理を科学的に行うためには，作物の生物生産の過程の定量的記載が必要になる．この生物生産のモデルは従来植物の生産生態学が扱っていたような植物全体の現存量(biomass)の変化のみの記載では不十分であり，害虫の攻撃の対象になる器官(葉，茎，根，花，果実など)の個体数の生長過程まで記述できるモデルであることが必要である(石井，1981 参照)．

害虫はその作物上で発育し個体群密度が時間とともに変動する．この変動過程には，天敵や気象条件以外に，作物の栄養や防衛反応といった植物の質が関与するし，殺虫剤などの防除が害虫と天敵の両方に異なった作用を及ぼす．これらが全体として定量的に記述できるモデルを作成しなければならない．先に述べたように作物の被害は，作物の生産過程と害虫密度変動過程の相互作用によって実現される．その間に害虫の加害に対する作物の補償作用(compensation)などの過程を経て，最終的収穫物の損害が生じる．

このように作物-害虫-被害のシステムは，かりに社会・経済的要素(国の農業政策など)を除外したとしても，きわめて複雑なものとなり，それらを記載するモデルは，多くの変数や確率過程を含んでいる．多くの変数を含むシステムズモデルを取り扱う手法として，ダイナミックプログラミングなどが用いられる．

これらのシステムズモデルを用いた被害予測で，害虫個体群密度が EIL を超えると予想される場合に適切な防除手段が投入されることになる．この過程を意志決定(decision making)という．選択すべき防除法は複数あり，それらを単独，または組み合わせて用いるためには，防除法のアセスメントのためのモデルも必要となる．さらに，防除の費用，それによる利益，すなわちコスト-ベネフィット関係をシステムズモデルに組み込んだ上，システムズ分析により最適な防除の予測を行う．この場合意志決定は，複数の防除法のメニューの形で提示される．防除の結果は，作物生産と害虫個体群動態モデルにフィードバックされ，次の過程の予測が再び始められる．

害虫個体数の変動と防除の効果のアセスメントをシステムズモデルで行った一例を以下に示す．農薬散布が頻繁に行われる現実の作物栽培圃場での害虫の個体数変動は，複雑で予測することは難しい．このような栽培ミカン園での，ミカンハダニ *Panonychus citri* の個体数変動を記載するモデルを作成し，発生予察技術として確立しようとする試みが，静岡県柑橘試験場の古橋嘉一らによって行われた．ミカンハダニの個体数変動に関与する要因はたいへん複雑である．彼らはミカンハダニの発育ステージを，卵，幼虫，第1若虫，第2若虫，産卵前成虫，産卵成虫，非産卵雌成虫に分け，それぞれのステージの個体数を連立一次微分方程式で記載した(図5.6)．さらに，天敵の個体数の変動と，それによるハダニの捕食過程もモデルに加えた．微分方程式は個体数を増加させる要因をプラス，減少させる要因をマイナスとして，それぞれの要因を加減形式でつなぎ合わせて，個体数の時間的変化を記載するのに便利であり，シミュレーションモデルによく使われる手法である．モデルは多くの変数を含む連立方程式のセットになっており，一見計算が複雑そうであるが，パーソナルコンピューターで十分計算が可能である．彼らはこのモデルで，まず無散布圃場での3年間のハダニ個体数の変動をシミュレーションで求めたところ，2年間で実際の個体数変動と予測値はきわめてよく一致した．図5.7に示した事例では，通常6〜7月にみられる発生の大きなピークは，殺ダニ剤でうまく抑えられている．その代わり，秋季にハダニの大発生がみられ，殺ダニ剤が散布されて終息した．図にみられるように，殺ダニ

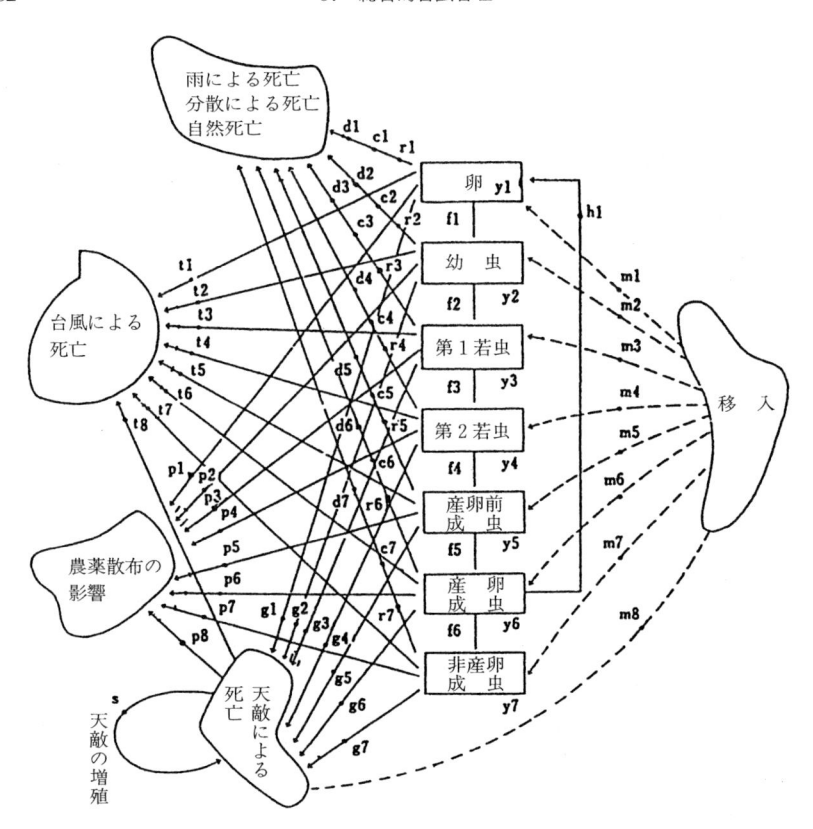

発育段階	予 測 式
卵	$dy_1/dt = (y_6 h_1) - (f_1 + c_1 + d_1 + r_1 + t_1 + p_1)y_1 - g_1 x + m_1$
幼 虫	$dy_2/dt = (f_1 y_1) - (f_2 + c_2 + d_2 + r_2 + t_2 + p_2)y_2 - g_2 x + m_2$
第1若虫	$dy_3/dt = (f_2 y_2) - (f_3 + c_3 + d_3 + r_3 + t_3 + p_3)y_3 - g_3 x + m_3$
第2若虫	$dy_4/dt = (f_3 y_3) - (f_4 + c_4 + d_4 + r_4 + t_4 + p_4)y_4 - g_4 x + m_4$
産卵前成虫	$dy_5/dt = (f_4 y_4) - (f_5 + c_5 + d_5 + r_5 + t_5 + p_5)y_5 - g_5 x + m_5$
産卵成虫	$dy_6/dt = (f_5 y_5) - (f_6 + c_6 + d_6 + r_6 + t_6 + p_6)y_6 - g_6 x + m_6$
非産卵成虫	$dy_7/dt = (f_6 y_6) - (f_7 + c_7 + d_7 + r_7 + t_7 + p_7)y_7 - g_7 x + m_7$
天 敵	$dx/dt = s_1 + s_2 + s_3 + s_4 + s_5 + s_6 + s_7 - s_8 + m_8 - p_8 x - t_8 x$

y_i：ミカンハダニの各発育段階の個体数，x：天敵数，h：産卵数，f_i：各発育段階の次の発育段階への発育率，c_i：各発育段階の分散による死亡率，d_i：各発育段階の自然死亡率，r_i：各発育段階の雨による死亡率，t_i：各発育段階の台風による死亡率，p_i：各発育段階の農薬による死亡率，g_i：各発育段階の天敵による被捕食数，m_i：各発育段階の天敵の外部からの移入，s_i：各発育段階の捕食による天敵の増殖．

図 5.6　ミカンハダニ個体数変動に関与する要因(上)と個体数変動モデル(下)(Furuhashi ら，1981)

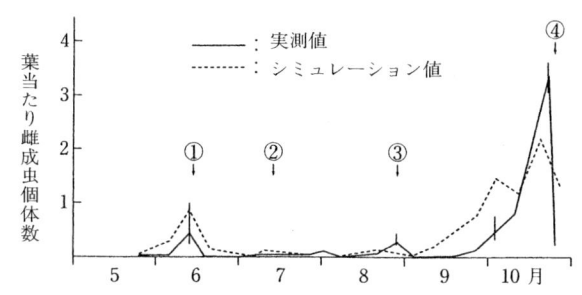

図 5.7 ミカン園におけるミカンハダニ個体数変動に関するシミュレーション結果と実測値の比較(古橋, 1983)
矢印は殺ダニ剤の散布を示す.

剤の効果を組み込んだシミュレーションの結果は,観察されたハダニの個体数の変化ときわめてよく一致しており,モデルの利用価値が高いことを示している.

5.3 総合的害虫管理の実例

a. 露地栽培ナスでのミナミキイロアザミウマのIPM

　ミナミキイロアザミウマ *Thrips palmi* は,1978年に宮崎ではじめて発生が確認された侵入害虫である.その後急速に西日本各地に分布が拡大し,露地や温室栽培のナス,ピーマン,メロン,キクなど果菜類を含む多くの野菜,花卉の最も重要な害虫に短時間でのし上がった.この害虫には,侵入当時から各種の殺虫剤による徹底した防除が行われてきた.しかし多くの殺虫剤に対する感受性は低く,また卵が作物葉の組織内に埋め込まれたり,蛹が地上に落下したりするため,殺虫剤散布の効果が十分あがらなかった.このためたとえば露地栽培ナスでは,20回を超える殺虫剤散布にもかかわらず,栽培後期には,その激しい被害のため栽培を放棄せざるをえない事例が続出した.岡山県では分布初確認の翌年の1983年には,露地ナスの出荷量が30%減少する事態となった.ミナミキイロアザミウマは,ナスの幼果の萼の下に潜り加害するため,比較的低密度下でも,果実の伸長とともにあばた状の傷果が発生し商品価値を失う.

　この害虫が侵入害虫であることから,九州大学の広瀬義躬らのグループにより原産地と思われる東南アジアで天敵探索が行われ,タマゴヤドリコバチの1種,*Megaphragma* sp.,アザミウマヒメコバチ *Ceranisus menes* などの天敵を発見した.これらのうち後者は,その後わが国にも土着している天敵であることが判明した.しかしこれら天敵を用いた生物的防除は行われていない.

岡山県農業試験場の永井一哉は,殺虫剤無散布のナス畑のナスが慣行防除畑のナスよりミナミキイロアザミウマの被害が少ないことに注目して,注意深く観察したところ,ナミヒメハナカメムシ *Orius sauteri* などヒメハナカメムシ類が有力な天敵であることを見出した.実はそれまでも多くの応用昆虫学者が野外のミナミキイロアザミウマを観察していた.それにもかかわらず,ナミヒメハナカメムシのミナミキイロアザミウマに対する重要な働きを見逃していた理由は,この天敵が,通常よく散布される殺虫剤に対して感受性が高いため,侵入直後からの度重なる殺虫剤散布でヒメハナカメムシ類がいない状態が普通であったためであろう.ナミヒメハナカメムシはめずらしい種ではなく,各地できわめて普通にみられる捕食性昆虫である.

　永井はこの天敵の働きを評価するために,ヒメハナカメムシ類に対して殺虫効果が高いが,ミナミキイロアザミウマにはほとんど効果がない殺虫剤を散布したナス畑と,無散布でヒメハナカメムシ類を温存したナス畑のアザミウマ類とヒメハナカメムシ類の個体数を比較した.その結果,殺虫剤散布区では明らかにヒメハナカメムシ類個体数が減少し,その結果8～9月のアザミウマ類個体数が増加していることがわかった.ナス栽培初期の6～7月に発生するアザミウマ類は,花に生息するダイズアザミウマ *Mycterothrips glycines* などで,これらはナスの果実にはほとんど被害を与えない.これら初期に発生するハナアザミウマ類がヒメハナカメムシ類を誘引し,この時期の代替餌となる.害虫のミナミキイロアザミウマは8～9月頃増加するが,この時期にはヒメハナカメムシ類の個体数が多くなっており,害虫個体群密度を有効に抑制することもわかった.ナミヒメハナカメムシに,ミナミキイロアザミウマとナスに発生する他の害虫,ワタアブラムシ *Aphis gossypii*,カンザワハダニ *Tetranychus kanzawai* を同時に与えた実験では,いずれの場合もミナミキイロアザミウマをより好んで捕食した.

　さて前記の天敵除去と天敵温存のナス畑におけるナスの被害果率を比較すると,天敵を除去したナス畑でより早く被害率が上昇した.一方天敵を温存したナス畑では,被害率の上昇は遅れたが,しばらくすると天敵除去区とほとんど変わらないレベルにまで被害は高まってしまった.たしかにヒメハナカメムシ類による自然制御作用(基幹的防除法)は有効であるが,この天敵の作用だけでは実用的な防除は難しい.ヒメハナカメムシ類に加えて,ほかに何か副次的防除法が必要である.しかしその防除法は,ヒメハナカメムシ類に影響を与えない,選択的なものでなくてはならない.

永井は試行錯誤の末に，IGR の1種ピリプロキシフェンを見出した．この IGR は，ミナミキイロアザミウマの前蛹と蛹にだけ致死効果を持つが，その効果はきわめてマイルドなもので，室内試験でも死亡率が 70% 程度であった．この程度の死亡率では，通常のスクリーニングテストから抜け落ちてしまい，農薬としての評価はなされないのが普通である．さてこの IGR は，ナミヒメハナカメムシに対しては，卵，幼虫，成虫のいかなる発育ステージにおいても影響がないことが，室内および野外試験で確認された．

露地栽培ナスには，ミナミキイロアザミウマ以外に，ニジュウヤホシテントウ *Epilachna vigintioctopunctata*，ワタアブラムシ，カンザワハダニなどの害虫が被害を与える．圃場試験の結果，これらの害虫防除のための選択性殺虫剤として，ブプロフェジン(IGR)，フェニソブロモレート(殺ダニ剤)，DDVP 剤などが使用可能であることも明らかにした．

以上の準備をした上で，永井は露地ナス栽培圃場で，ミナミキイロアザミウマ防除を主体にした IPM の実証試験を行った．ナス栽培では収穫が始まると，数日間隔で継続的に収穫が行われるので，収穫された果実の 10% 以上にミナミキイロアザミウマの被害(出荷不可果)が生じたときには防除を行うことにした(要防除水準の設定)．ただし収穫時以前に発生する害虫については，ナス株または葉のサンプリング調査で害虫個体数を監視し，防除の要否を判定した．慣行防除には，岡山県が防除指針に当時採用していた殺虫剤を使用した．具体的には，ミナミキイロアザミウマ防除に定植直前のカルボスルファン粒剤の植え穴処理，散布剤としてスルプロホス，ホサロン，ベンゾエピン，シペルメトリン，ポリナクチンと BPMC 混合剤，DMTP 剤などが使用された．結果的に慣行防除区では，植え穴処理も含め 17 回の殺虫，殺ダニ剤が散布されたが，IPM 区では，ニジュウヤホシテントウにブプロフェジンを1回，ミナミキイロアザミウマにピリプロキシフェンを2回の，計3回の散布で十分であった．図 5.8 に IPM 区と慣行防除区の間で，ナミヒメハナカメムシとミナミキイロアザミウマの個体数を比較した．慣行防除区では度重なる殺虫剤散布のために，8月上旬以降ナミヒメハナカメムシはまったくみられなくなり，この頃からミナミキイロアザミウマが増加した．それに対して，IPM 区では全期間にわたってナミヒメハナカメムシが存在し，ミナミキイロアザミウマ個体数は低いレベルに抑制された．ナスの収穫果実数は両区間で違わなかったが，出荷可能な果実(商品果)の割合は，慣行防除区では8月上旬以降常に 90% を下回り，繰り返し散布が必要となった．それに対し，

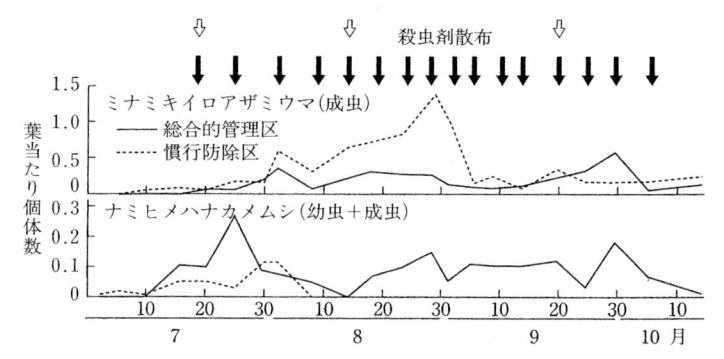

図 5.8 露地ナス畑における総合的害虫管理区(白抜き矢印)と慣行防除区(黒矢印)での殺虫剤散布回数,ミナミキイロアザミウマ(上段)および天敵ナミヒメハナカメムシ(下段)の個体数の比較(永井,1993 を一部改変)

IPM区では,8月上旬と9月上旬の2回だけ90%以下に低下したが,ピリプロキシフェン散布後すみやかに回復した.果実収穫時の岡山市農協のナス市場価格と収穫量から,粗収益を算出する一方,殺虫剤および散布労賃から防除経費を求め,慣行防除区とIPM区の利益を比較したところ,IPM区でヘクタール当たり,111万円利益がまさるという結果が得られた.

ここに紹介したミナミキイロアザミウマのIPMは,土着性天敵を基幹的防除手段とし,その効果の不十分な部分に,天敵に影響の少ないIGRを副次的防除手段として組み合わせて,コスト-ベネフィットの面からも実用可能な防除体系を作り出した点で価値ある研究である.

永井の露地ナス害虫IPMは,その後いくらかの修正を加えられながら岡山県を含む各地で実用化の試みがなされている.ニコチンの類縁化合物として近年開発された殺虫剤イミダクロプリド粒剤を植え穴処理することによって,ミナミキイロアザミウマをはじめ,アブラムシ類など吸汁性害虫の発生を,40〜50日間もの長期にわたって有効に抑制することができる.埼玉県園芸試験場の根本(1995)は,イミダクロプリド粒剤を植え穴処理することにより,天敵類への影響を少なくし,かつダニ類の防除に,天敵に対する影響の少ないミルベメクチン剤(土壌放線菌が産出する化合物)などを組み合わせることにより,露地ナス害虫管理が効果的になされることを示した.

福岡県農業試験場の大野和朗,嶽本弘之らも,イミダクロプリドの埋え穴処理を加えた露地ナスのミナミキイロアザミウマIPMを普及させている(表5.3).この例では,ビニールハウス栽培ナスから多数のミナミキイロアザミウマが移出

表 5.3 露地ナスでの総合的害虫管理体系の有効性の実証(大野, 1996 を一部改変)

調査年次	試験場所	面積 (m²)	平均被害果率 (%)	防除回数(対ミナミキイロアザミウマ(その他))	総合評価
(総合的管理圃場)					
1993 年	立花町	700	約 40	1 (4)	△
1994 年	黒木町	800	約 60	10 (2)	×
	前原市	1,000	10 以下	0 (6)	○
	筑紫野市	250	10 以下	0 (3)	○
1995 年	立花町	800	約 15	1(未調査)	△
	上陽町	1,200	10 以下	2 (8)	○
	星野村	700	約 15	5(未調査)	×
	前原市 1	800	10 以下	0 (7)	○
	前原市 2	1,000	10 以下	0(未調査)	○
	筑紫野市	300	10 以下	0 (8)	○
(慣行防除圃場)					
1993 年	黒木町	800	約 80	20 (7)	—
1994 年	黒木町	1,000	約 60	20 (10)	—

して,周辺の露地ナス栽培の初期から著しく密度が高くなる特殊な地区(黒木町)を除けば,ミナミキイロアザミウマに対する防除回数を著しく減少できている.また高知県でも高井幹夫らによって類似の試みがなされており,防除回数の削減に成功している.

b. 果樹害虫の IPM

リンゴやナシなどの落葉果樹の最も重要な害虫は,モモシンクイガ *Carposina niponensis*,ナシヒメシンクイ *Grapholita molesta*,ハマキガ類などチョウ目昆虫である.これら害虫防除のために有機リン剤,カーバメート剤,合成ピレスロイド剤などの殺虫剤を頻繁に散布している.これらの殺虫剤には非選択的なものが多く含まれるために,園内の天敵相,特にハダニ類の天敵が除去され,ハダニ類の誘導多発生を引き起こし,殺ダニ剤の散布回数も増え,ハダニ類の殺ダニ剤抵抗性発達を引き起こし,防除をますます困難にしている.

この悪循環を断ち切る方法として,シンクイガ類,ハマキガ類,キンモンホソガ *Phyllonorycter ringoneella* などを同時に交信攪乱する性フェロモン剤が開発された.これらは複合交信攪乱剤と呼ばれ,1999 年現在,リンゴ用と,モモ・ナシ用の 2 種類が実用化されている(図 5.9).これら性フェロモン剤を用いることによって,シンクイガ,ハマキガ類に対する殺虫剤散布回数の削減を図ることができれば,ハダニ類の天敵カブリダニ類などが保護され,ハダニ類の防除回数

図 5.9 モモ園に設置された複合交信攪乱剤コンフューザーP®のディスペンサー(信越化学工業(株)原図)
ディスペンサーから合成フェロモンが少しずつ放出され,害虫の雄雌成虫の交信が攪乱され,交尾率が低下する.

も削減され,抵抗性発達も遅延できるのではないかと期待される.

　福島県の岡崎一博らは,リンゴ園で複合交信攪乱剤を用いるとともに,殺虫,殺ダニ剤を,できるだけ天敵に影響の少ないものに切り替えた減農薬防除体系を組み,1996年から100 ha規模の実証試験を行った.殺虫,殺ダニ剤の散布回数は慣行の16回に対して,減農薬区では複合交信攪乱剤処理以外に6回に減らしている.その結果,果実被害に関して慣行防除と変わらない防除効果が得られた.捕食性ダニのケナガカブリダニ *Amblyseius womersleyi* の密度は増加し,2年目にはナミハダニ *Tetranychus urticae* の密度は低下した(一谷・中筋,2000参照).

　鳥取県の伊澤宏毅らも,ナシ害虫に対する複合交信攪乱剤の利用による殺虫剤散布回数の削減に取り組んでいる.伊澤らは,殺虫,殺ダニ剤を慣行(14回)の約1/2,および1/3に減らした2つの実験区を設け,フェロモン剤と殺虫剤の防除効果を比較した.交信攪乱剤を処理した削減区では合成フェロモントラップへのハマキ類,モモシンクイガの誘殺はほとんどなく,交信攪乱の効果がみられた.その結果,シンクイガ類,ハマキガ類の被害は慣行防除と同様ほとんどみられなかった.殺虫剤削減区ではオオミノガ *Clania formosicola*,ドクガ類,イラガ類などのマイナー害虫による葉の食害が慣行防除より多かったが,これらは収量に影響を与えるほどのものではなかった.ここでも殺虫剤の散布削減によって,ハダニアザミウマ *Scolothrips takahashii* を主体とするハダニ類の捕食性天

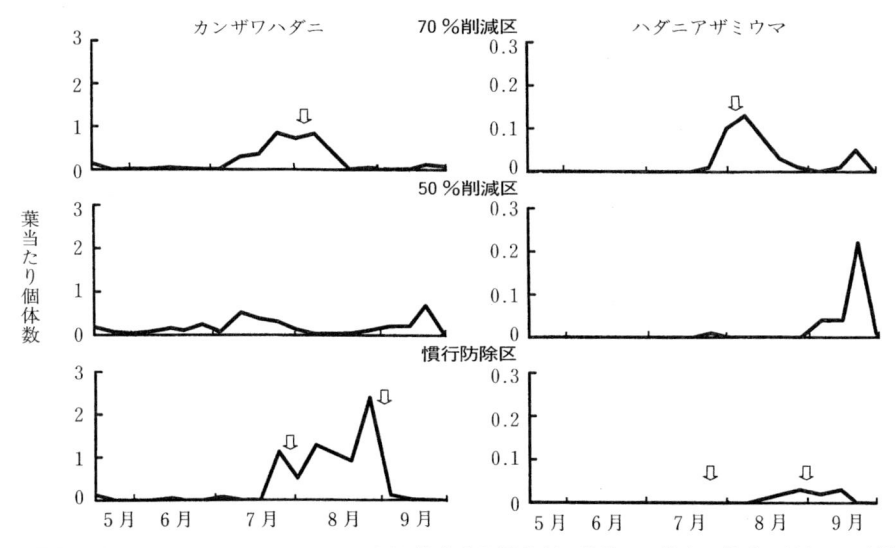

図 5.10 ナシ園でシンクイガ,ハマキガ類を複合交信攪乱剤で防除し,殺虫,殺ダニ剤を70%削減(上),50%削減(中)した区と慣行防除区(下)でのカンザワハダニとその主要な捕食者ハダニアザミウマ個体数の比較(伊澤,2000)
矢印は殺ダニ剤の散布を示す.

敵の密度が高まり,カンザワハダニの発生が慣行防除区(殺ダニ剤2回散布)よりも少なかった(図5.10).

オーストラリアでは国家プロジェクトとして,コドリンガ *Cydia pomonella* のIPMが進められている.コドリンガは,幸い日本にはまだ侵入を許していないが,世界的なリンゴの大害虫である.オーストラリアではこの35年間,この害虫の防除のために非選択性殺虫剤を10回も散布する状態が続き,殺虫剤抵抗性の発達,生態的誘導多発生による潜在害虫の害虫化に悩まされてきた.この防除体系の改善のために,コドリンガの合成性フェロモン剤(Isomate®)の導入試験が行われている.A. H. Nicholasらは,(1)交信攪乱のみ,(2)交信攪乱に加え,有機リン剤アジンフォスメチルを3回散布,(3)交信攪乱に加え,IGRのフェノキシカルブを4回散布の3つの試験区を設けて,各種害虫と天敵類の発生と被害を比較した.

コドリンガの被害は交信攪乱でよく抑えられるが,殺虫剤を散布しないと,他の果実食入性のガの1種 *Epiphyas postvittana* の被害が経済的な許容レベルを上回る.IGR散布区でもこのガの防除は十分でなかった.その他の害虫はいずれもそれほど問題にはならなかった.図5.11には,3つの試験区でのリンゴワタ

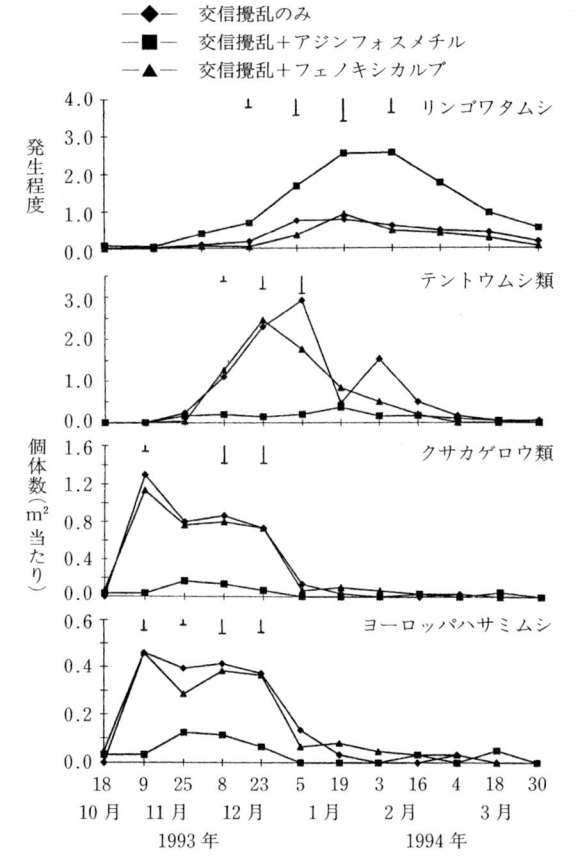

図 5.11 オーストラリアのリンゴ園のコドリンガ防除に性フェロモン剤の交信攪乱処理，およびそれに付け加えてアジンフォスメチル(有機リン剤)を3回，またはフェノキシカルブ(IGR)を4回散布した区でのリンゴワタムシの発生程度と天敵類の密度の比較(Nicholasら，1999)

各図上部の垂線は，その調査日の3つの区の数値間に有意差($p < 0.05$)があることを示している．

ムシ *Eriosoma lanigerum* と捕食性昆虫，テントウムシ類，クサカゲロウ類，ヨーロッパハサミムシ *Forficula auricularia* の発生程度や個体数を比較した．有機リン剤のアジンフォスメチルを散布した区では，いずれの捕食性昆虫の密度も他の2区に比べて低い．一方リンゴワタムシの発生は多くなっており，生態的誘導多発生が起こっていることを示している．彼らはナミハダニとカブリダニ類の密度も比較しているが，(1)，(3)の区でカブリダニ類の密度は高く，ナミハダニ

は被害許容水準以下に抑えられていた．したがってこの防除体系ではハダニ類の防除はほとんど省略できるようである．

c. ワタ害虫のIPM

ワタは農作物の中でも特に害虫の種類が多く，それらによる被害も多い．そのため1960年代のアメリカ合衆国では，全殺虫剤使用量の約半分がワタ害虫防除に使用されていた．このような殺虫剤の多用が，農薬利用の危機時代を引き起こし，FAOによるIPMの考え方を生み出す直接的契機となった．

イスラエルは，国土の大部分が少雨乾燥地にあるにもかかわらず，節水型人為灌漑システムをはじめ，近代農業技術を駆使して高い農業生産をあげている国としてよく知られている．この国では，1980年代後半から，果樹，野菜，花卉など多くの作物の病害虫防除にIPMの考え方を導入し，普及を行っている．考え方の基本は徹底した発生監視と，生物的防除および選択性化合物の利用である．

なかでも，ワタ生産流通公社が行っているワタ害虫のIPMシステムは先進的な例である．他の多くのワタ栽培地帯と同様，イスラエルでも1980年代半ばまでは，殺虫剤抵抗性や害虫の誘導多発生に悩まされていた．そこでワタ生産流通公社では，1987年からIPMプログラムをスタートさせた．その実施組織を図5.12に示した．ワタ公社病害虫防除部の技術者が，農民にIPM教育を施しなが

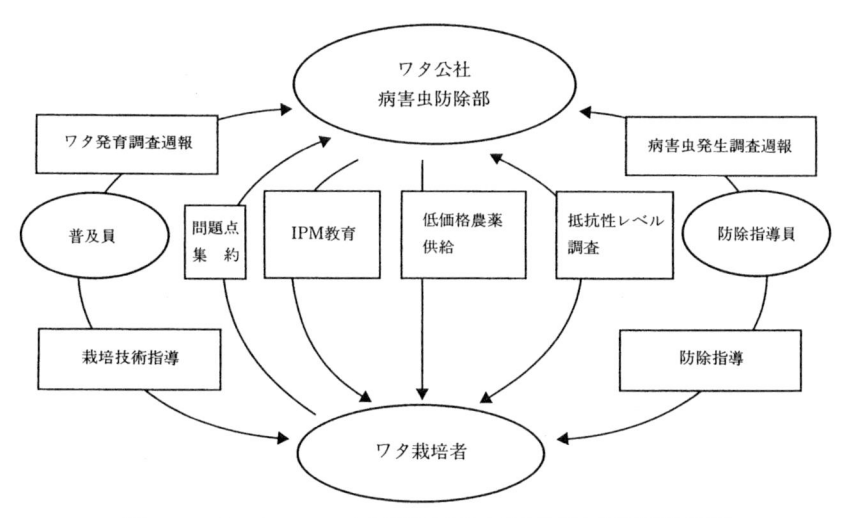

図 5.12 イスラエル，ワタ生産流通公社の総合的害虫管理実施組織図
（イスラエル，ワタ生産流通公社原図）

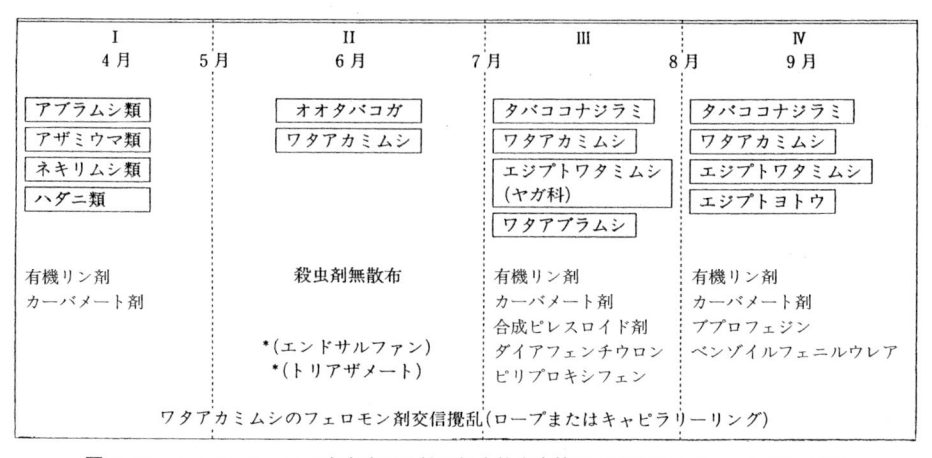

	I 4月	5月	II 6月	7月	III 8月	IV 9月
	アブラムシ類 アザミウマ類 ネキリムシ類 ハダニ類		オオタバコガ ワタアカミムシ		タバココナジラミ ワタアカミムシ エジプトワタミムシ (ヤガ科) ワタアブラムシ	タバココナジラミ ワタアカミムシ エジプトワタミムシ エジプトヨトウ
	有機リン剤 カーバメート剤		殺虫剤無散布 *(エンドサルファン) *(トリアザメート)		有機リン剤 カーバメート剤 合成ピレスロイド剤 ダイアフェンチウロン ピリプロキシフェン	有機リン剤 カーバメート剤 ブプロフェジン ベンゾイルフェニルウレア
	ワタアカミムシのフェロモン剤交信攪乱(ロープまたはキャピラリーリング)					

図 5.13 イスラエル，ワタ生産流通公社の総合的害虫管理の防除スケジュール(1995年)
(イスラエル，ワタ生産流通公社原図)

ら，IPM プログラムに用いられる資材を低価格で供給し，防除指導員の病害虫発生監視により，害虫個体群が要防除密度を超えたときにのみ指導に従って防除するというものである．防除のプログラムは図5.13に示した．作付け初期の4～5月(第I期)には，アブラムシ，アザミウマ，ネキリムシ，ハダニ類などが問題になる．この時期はまだ天敵類の密度が低い時期なので，必要に応じて有機リン剤やカーバメート剤を散布する．5～6月の第II期には，オオタバコガやワタアカミムシ *Pectinophora gossypiella* が問題になるが，ワタアカミムシに対する性フェロモン剤交信攪乱以外に，原則として殺虫剤は散布しない．この時期に天敵の密度が増加するのを妨げないためである．7～8月の第III期には，タバココナジラミ *Bemisia tabaci*，ワタアカミムシ，エジプトワタミムシ *Earias insulana*，ワタアブラムシなどが増加する．これらに対してピリプロキシフェンなどIGR，フェロモンおよび選択性殺虫剤を用いる．9月の収穫期にはタバココナジラミ，ワタアカミムシ，エジプトワタミムシ，エジプトヨトウ *Spodoptera littoralis* が被害を与える．この時期にもブプロフェジン，ベンゾイルフェニルウレアスなどのIGRを主体とした防除が行われる．IGRを用いる重要な目的には，天敵の保護以外に，エンドサルファンや合成ピレスロイドなど主要殺虫剤に対する害虫の抵抗性を低下させることがある．これを彼らは，総合的抵抗性管理(integrated resistance management, IRM)と呼んでいる．常に抵抗性レベルをモニタリングするとともに，積極的に新規化合物を導入する努力が払われてい

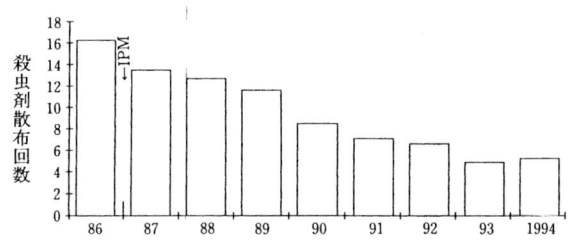

図 5.14 イスラエルのワタの総合的害虫管理実施後の主としてタバココナジラミ防除のための殺虫剤散布回数の年次変化(イスラエル,ワタ生産流通公社原図)

 この結果,1986年にはワタ1作期に,タバココナジラミ防除を中心として16回以上殺虫剤散布が行われていたが,1987年にIPMプログラムが導入された後,少しずつ減少し続け,1994年には6回にまで減少した(図5.14).

6. 有用資源としての昆虫

本章では，応用昆虫学の柱の1つである昆虫の役に立つ面を取り上げる．最近のはっきりした動向は，生物農薬としての天敵への評価と期待が確実に大きくなったこと，昆虫の機能利用の機運がこれまでにない高まりをみせていること，そして遺伝子操作が現実のものとなりつつあること，の3点であろう．

6.1 二大有用昆虫利用の歴史：カイコとミツバチ

カイコとミツバチはいずれもヒトとの長い共存の歴史がある．中国浙江省の遺跡から出土した絹の解析は，今から4,750年前(甲骨文字が作られる1,000年以上前)，すでに生糸から絹糸を取り出す技術があったことを物語っている．カイコを飼育するようになったのが4,000年前，クワの栽培は3,000年前からと考えられている．一方，野生ミツバチの巣からハチ蜜を採取しているところを描いた最古の壁画は起源前7000年といわれる．ミツバチの飼養がいつから始められたかは定かでないが，3世紀にはセイヨウミツバチについてのアリストテレスの詳細な観察記録がある．日本最初の養蜂記事は在来種であるニホンミツバチ *Apis cerana japonica* に関するもので，643年の日本書紀にみられる．

カイコとミツバチの人類とのつきあい方の形は大きく異なっている．カイコは人為淘汰を重ねたことにより，幼虫が移動性を消失し，成虫の飛翔能力も退化した．目的の繭はもちろん大型化し，現在の実用品種の吐糸直前の幼虫の絹糸腺は体重の40%に及ぶ．カイコは原種が何かはっきりしないほどに変わってしまっているのである．これに対しミツバチは，巣外の空中で10匹以上の雄と多回交尾するため，品種改良の常道であった交雑(選抜)育種が事実上難しく，虫自体は野生種とあまり変わっていない．その代わり規格化された巣箱が与えられ，巣礎や巣板，さらに隔王板や人工王椀などの人工物が巣内の住空間に持ち込まれ，ハチはそれらをよく受け入れている．

有名なパスツールはカイコの微粒子病予防のための母ガ検査を開発した．F_1雑種の実用化は日本でのカイコの例が，全世界，全動植物を通じて最初である．養蚕学(カイコ生物学，日本の貢献がきわめて大)の蓄積は，ショウジョウバエ生

物学のそれにつぐ膨大かつ貴重なものである．一方，養蜂分野ではこの100年間，技術革新には乏しいものの，昆虫では唯一，人工授精の技術が確立した．遅れている育種のための必要性が産んだといえる．現在のわが国の研究体制としては，農林水産省蚕糸試験場が廃止になり，これに代わる蚕糸昆虫農業技術研究所(筑波)が，カイコから枠を広げ，昆虫一般の機能利用研究の一大センターとなっている．ミツバチの応用研究は，いずれも規模は小さいが，畜産試験場と玉川大学が中心となって行われている．

6.2 生物的防除資材

総合的害虫管理の主要な柱に「虫をもって虫を制する」天敵昆虫の利用がある．生物的防除は，薬剤防除に比べて効果が表れるまでに時間を要し，効果を確実にする環境条件の設定が難しいなどの点はあるものの，人畜毒性，残留毒性などの環境負荷が小さい，抵抗性の発達がほとんどない，選択性が高い，開発費が農薬の数十分の一程度ですむ，など大きなメリットがある(表6.1)．

表 6.1 化学的防除と比較した場合の天敵利用のメリット(van Lenteren, 1993 および根本, 1995 を改変)

---
1. 標的害虫への種特異性が高い
2. 抵抗性発達の危険性がないか，低い
3. ポリネーターなど非標的生物への悪影響がないか，少ない
4. 環境汚染の危険性が少ない

農家にとってのメリット
1. 幼苗への薬害がなく，蕾，花，果実などの早期落下もない
2. 放飼に時間がかからず，施用者に防護服着用の必要もない
3. 定植直後に放飼すれば，収穫などの作業と重ならず，効果をチェックしやすい
4. 主要害虫には，薬剤を使おうにも，抵抗性のため使える剤がない場合がある
5. 生産物に薬剤残留がないため，収穫日の調整の必要がない
6. 化学的防除よりコストが安くてすむ

開発上のメリット
1. 試験検体(種)数が少なくてすみ，成功率が高い
2. 開発費が低額ですむ(例：化学農薬の100億円に対し2億円)

---

a. 導入天敵による永続的防除

外地から新規の天敵を導入して定着させ，永続的な防除効果を期待する方法は伝統的生物防除(classical biological control)と呼ばれ，ベダリアテントウ *Rodolia cardinalis* によるイセリアカイガラムシ *Icerya purchasi* の防除に代表される．しかし輝かしい成功例が多数あるものの，それらは外国からの侵入害虫に

表 6.2 導入天敵による害虫防除の日本における成功例(斎藤ら,1996 より改変)

害虫名	対象作物	天敵名	種別	導入源・年代
イセリアカイガラムシ *Icerya purchasi*	柑橘	ベダリアテントウ *Rodolia cardinalis*	捕食虫	台湾,1911
ルビーロウカイガラムシ *Ceroplastes rubens*	柑橘,カキ,チャ	ルビーアカヤドリコバチ *Anicetus beneficus*	寄生バチ	九州,1948〜
ミカントゲコナジラミ *Aleurocanthus spiniferus*	柑橘	シルベルトリコバチ *Encarsia smithi*	寄生バチ	中国,1925
リンゴワタムシ *Eriosoma lanigerum*	リンゴ	ワタムシヤドリコバチ *Aphelinus mali*	寄生バチ	アメリカ,1931 (3回目の導入で)
ヤノネカイガラムシ *Unaspis yanonensis*	柑橘	ヤノネキイロコバチ *Aphytis yanonensis*	寄生バチ	中国,1980
		ヤノネツヤコバチ *Coccobius fulvus*	寄生バチ	中国,1980
クリタマバチ *Dryocosmus kuriphilus*	クリ	チュウゴクオナガコバチ *Torymus sinensis*	寄生バチ	中国,1979 1981

その他 7 種の侵入害虫に対する 11 種,4 種の土着害虫に対する 6 種の天敵昆虫の放飼は失敗に終わっている.

対し,その原産地から天敵を探してきて導入し,果樹のような永年作物の害虫に適用した場合がほとんどである(表 6.2).

b. 「生物農薬」としての利用

近年では導入,土着の別を問わず,天敵を資材として大量生産し,これを農薬的に,あるいは対症療法的に放飼する方法が精力的に試みられ,欧米を中心に大きな成果をあげている.日本では,ハダニ類の天敵チリカブリダニ *Phytoseiulus persimilis* をめぐる生態学的基礎研究や,テントウムシ類,クサカゲロウ類の人工飼料育の研究などで世界をリードするものとなっていたにもかかわらず,実用化では欧米に大きく遅れをとってしまっている.

生物農薬としての利用が成功するためには,寄生性にせよ,捕食性にせよ,まず適切な天敵昆虫(線虫,ダニなどを含む)を見出す必要がある.その上で,大量増殖のための規格化,効率・省力化,低コスト化,流通のための保存や製剤化,品質管理などが要求される(表 6.3).現在日本で実用化されている,あるいは試験されている天敵昆虫は,チリカブリダニ(対ハダニ類),オンシツツヤコバチ(対オンシツコナジラミ),タマゴバチ類(卵寄生バチ),アブラバチ類(アブラムシの寄生バチ)(図 6.1),ハモグリバエの寄生バチ類,ヒメハナカメムシ類(対アザミウマ類),ショクガタマバエ類(対アブラムシ),クサカゲロウ・テントウ

表 6.3 天敵の大量増殖に当たって望まれる条件(DeBach, 1964を改変)

天敵側に求められる特性
 1. 単性生殖するか, 雌の性比が高い
 2. 室内で容易に交尾・産卵する. 産卵期間は短く, 産卵数は多い
 3. 寄生者の場合は寄主体液摂取, 捕食者の場合は共食いをしない
 4. すでに産卵されている寄主と未寄生の寄主を識別できる
寄主側に求められる特性
 1. 天敵が容易に寄生または捕食できる
 2. 室内飼育が簡単にでき, 休眠しない
 3. 産卵数が多く, 発育期間も短い
 4. 単性生殖するか, 室内で容易に交尾・産卵する
 5. 甘露, ろう状物質などの分泌物を出さない
 6. 広食性で, 病気になりにくい
寄主植物または餌に求められる特性
 1. 植物の場合, 室内栽培が可能である
 2. 寄主昆虫に十分な栄養を供給できる
 3. 扱いが容易で, 変質しにくく, コストも安い

図 6.1 アブラムシに産卵中のコレマンアブラバチ
(新島恵子原図)

シ類(対アブラムシ)などで, 多くは外国ですでに実績のあるものである. 日本では天敵の売買に当たり農薬取締法による農薬登録が必要であり, これが問題意識が低かったことに加えて独自の開発を遅らせた一因になったと考えられる. 1999年6月現在登録がなされている天敵昆虫は線虫2種を含む15品目で, そのほとんどは輸入品である(図6.2). 日本でも一部の企業が生産を試み始めてはいるが, まだ専門の会社はない.

世界ではすでに多くの天敵生産会社が機能している. 特に進んでいるのはEU諸国(西ヨーロッパにバイオベスト社など17社), アメリカ合衆国とカナダ(カリ

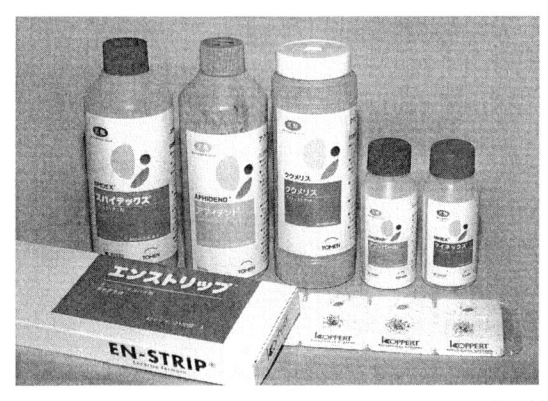

図 6.2 コパート社から輸入された天敵商品群((株)トーメン，和田哲夫原図)

フォルニア州のリンカン・バイトバ社をはじめ 30 社，販売会社は 100 社以上)，それにオーストラリア(カイガラムシの天敵に主力をおくバックス・フォア・バックス社など 7 社)である．施設園芸向けの資材を出しているところが多いが，屋外の果樹やトウモロコシ害虫用の天敵を販売している会社もある．イギリスのチバ・バンティング社は効果のおだやかな殺虫剤，殺菌剤と天敵を組み合わせる戦略を進めており，フランスのバイオトップ社はヨーロッパアワノメイガの卵寄生バチを中心に生産している．

　これら天敵の利用は外界から遮断された施設での栽培を中心に急速に拡大しているが，露地栽培での利用実績では中国の状況が注目に値する．卵寄生バチ(タマゴバチ類)の大量増殖は国家事業として行われ，すでに 100 万 ha の農地や森林で放飼がなされている．サクサン *Antheraea pernyi* などの野蚕の卵を代替餌とする方法で，各地に研究施設があり，1 か所だけで毎日 5 億匹が生産されているところもある．大量に羽化させた雌ガから卵を洗い出し(不受精で可)，これに産卵させることを繰り返して増殖する．寄生バチの入った卵は冷蔵保存し，翌年，たとえばアワノメイガの発生盛期に適量をトウモロコシ畑に置けば，1 個のサクサン卵から 50〜100 匹の寄生バチが出て，80％レベルの防除ができるという．

c. 天敵の導入，管理上の問題点

　天敵といえども新たな導入に当たっては既存生態系への影響はありうる．EU では，外来天敵の導入に当たり，ミツバチ，他の天敵，雑草防除のための昆虫な

どの有益生物に対する影響評価と，導入天敵の検疫(病原微生物，二次寄生バチなど)の基準が完備しつつある．欧米で天敵の実用化が進んだのは，そのリスク(危険性)が化学農薬と比べて格段に小さいとの認識の上に立っているからであり，新たに生じうるリスクを最小限にするアセスメントと管理のシステムが模索されているのである．日本でも天敵の大量飼育設備，供給体制，検疫や影響評価

図 6.3 ハエの1種による雑草(knapweed)の防除中であることを示す看板(カナダの高速道路にて)

を含めた基準作り，さらには天敵に影響の少ない農薬の開発などが急がれる．研究者，天敵生産・販売会社，農家，消費者の意識改革を促す国家的なバックアップがより必要であろう．

d. 有害植物の防除

天敵利用の対象は害虫に限らない．1900年代初頭，鑑賞用に入れたウチワサボテンがオーストラリアで大繁殖，放牧地まで覆うようになり，これをアルゼンチンから導入したメイガの1種サボテンガ *Cactoblastis cactorum* に食べさせ，防除に大成功した例などがある(図6.3)．日本でも牧草地の害草エゾノギシギシ(シュウ酸を含み，ウシは嫌って食べない)に対し，これを専食するコガタルリハムシ *Gastroidea atrocyanes* で防除しようとした試みがある．実用には至っていないが，農薬の使用が難しい牧草地では，雑草の生物的防除はうまくいけば理想的なはずである．

6.3 媒介機能の利用

a. ポリネーション

ポリネーター(pollinator，花粉媒介者，送粉者)としての昆虫の経済的貢献度はきわめて大きい．Levin(1983)の試算では，アメリカ合衆国でのミツバチのポリネーションによる貢献は49品目で年間189億ドル(現在の日本円にしておよそ2兆円)だという．それらはリンゴ，ナシ，サクランボ，キウイフルーツ，イチ

ゴ，スイカ，メロンなどの果菜類や果物の生産，アブラナ，ヒマワリ，ワタなどの工芸作物，レッドクローバーなどの牧草の種子生産などの農作物での直接的貢献のみを想定したものである．実際にはさらに，ミツバチを含む多くの野生ハナバチ類，ハエ，アブ，コウチュウ目，チョウやガ類などが，数千種におよぶ野生植物の送粉を受け持ち，草地や森林の保全に多大な貢献をしていることを忘れてはならない．

効率のよいポリネーターの条件としては，（1）同種の花に続けて訪花する，（2）体に多量の花粉をつけて運ぶ，（3）雌しべの柱頭に花粉がつくようにふるまう，の3点があげられる．作物のますますの多様化に伴い，対応させるポリネーター類の多様化も必要である．島根大学や採種実用技術研究所で，単独性のハナバチ類の研究開発が行われているが，まだ十分とはいえず，適用範囲の広いミツバチに頼っている部分が大きいのが現状である．以下に日本で利用されている主要なポリネーターをあげる．

1）セイヨウミツバチ ポリネーション専用に養蜂家から貸し出される群が年間およそ15万群（レンタル料1〜1.5万円/1群）．ほかに回収をしない専用群がかなりの数売り出されているし，採蜜用の20〜30万群も野外でのポリネーションを兼ねている．ハウス栽培のイチゴのほとんどと，メロン類のかなりの部分がミツバチで花粉媒介されており，露地ではリンゴ，サクランボ，ウリ類，キウイフルーツなどで貢献度が大きい．ミツバチの特徴は，対象作物の範囲がきわめて広いこと，活動範囲が広いこと，群単位で自由に移動，配置ができることである．採餌の際の活動半径は普通2〜3 km（最長10 km程度）であるが，ポリネーション用には多くの作物でヘクタール当たり2〜3群が標準的配置となる．ミツバチはダンスによる情報伝達システムにより，常によりよい蜜源をモニターしながら集中的に訪花する傾向があるため，大面積の果樹園や畑にはよいが，栽培面積が狭い場合はうまく働いてくれない場合もある．花粉銀行（pollen bank）のシステム（図6.4）や，目的花への誘導技術（ビーセント®，ビーライン®，女王物質の利用など）のさらなる普及も望まれる．

2）マルハナバチ セイヨウオオマルハナバチ *Bombus terrestris* は1987年にベルギーで商品化されて以来，ハウス栽培のトマトを中心にヨーロッパで急速に普及した．日本には1991年にはじめて導入され，現在年間約4万箱がトマト農家の約30％で利用され，さらに需要が伸びている（1箱に女王1匹と働きバチが50〜100匹入って約3万円）（図6.5）．それまでヨーロッパでは電動のバイブ

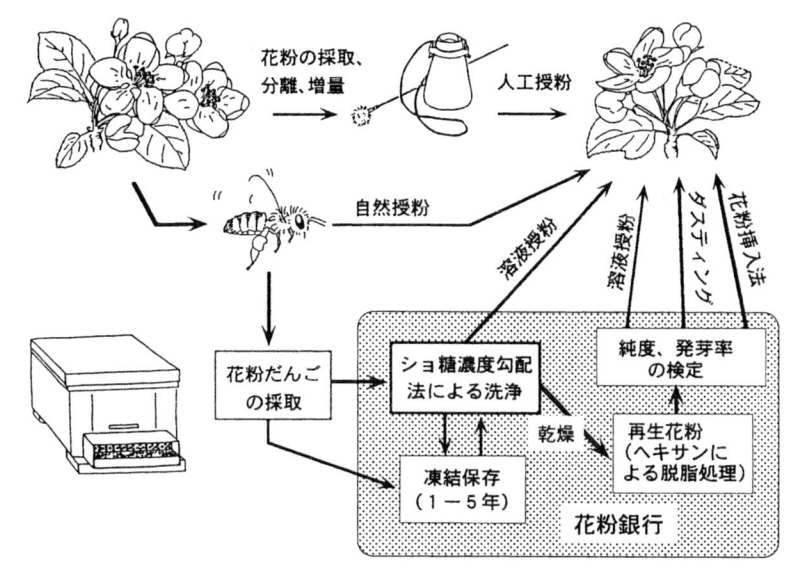

図 6.4 花粉銀行の概念図(佐々木, 1994)

図 6.5 トマトハウス内に置かれたセイヨウオオマルハナバチの巣箱と飛翔筋による振動を与えて花粉を出させているハチ(小野正人原図)

レーターを用い,日本ではホルモン剤による単為結果をさせており,いずれも受粉にたいへんな労力をかけていたが,トマトの苗3,000〜5,000本の大型ハウスでも,ハチの箱を1個置くだけですむようになったのである.ただし,セイヨウオオマルハナバチは繁殖力が旺盛で,逃げ出したものが帰化して日本在来種のマルハナバチ相,ひいてはそれらをポリネーターとしてきた植物相にも影響を及ぼ

す心配があり,日本在来種(同属のオオマルハナバチ *Bombus hypocrita* など)への転換が図られつつある。マルハナバチ類の利用に当たって特筆すべきは,ハウス栽培での利用が中心のため,害虫防除に天敵類を用いるのとセットでの普及が図られている点であり,IPM,あるいはさらに総合的な栽培システムの開発,普及への強力な先導役を果たしている.

3) **マメコバチ** マメコバチ *Osmia cornifrons* はツツハナバチの1種で,リンゴなどのバラ科果樹用に青森県下でみつけられ,東北農業試験場(当時)の前田泰生らにより開発された。青森県では,冷蔵庫内で管理してリンゴの開花期に成虫の出現を合わせる技術が定着している。活動範囲は50 m程度と狭いが,近くの花に確実に訪花するため効率は高い。花粉は腹部下面の毛にまぶすようにつけて運ぶ.

4) **その他** ハリナシバチ類も検討されているが,まだ実用段階ではない。シマハナアブ *Eristalis cerealis* の蛹が宅配便で届けられる販売システムは貴重であったが,生産中止となった。いずれにしても今後ますます適材適所,目的に応じた使い分けが必要になると思われる。現在,野菜や花卉類の70%以上が F_1 雑種利用といわれ,ポリネーターは種子生産の場面でもさらなる需要が見込まれる.

b. 致死遺伝子,不妊剤などの媒介機能の利用

ヒトや作物の病原微生物の昆虫による媒介は大きな問題である。たとえばリンゴの花粉媒介の際,リンゴモニリア病菌などが伝搬される可能性がないわけではない.

ヒトの病気を媒介するカ類では以前から,致死遺伝子や不和合性遺伝子を持ったものを大量に放飼し,媒介性の地域個体群をまるごと制御したり,非媒介性の個体群に置き換えたりする試みがなされている。放射線や化学不妊剤で処理された虫を放って野外個体群を制御する不妊虫放飼法(sterile method)は媒介機能の利用とみることもできる。これらは害虫の遺伝的防除(genetic control)といわれる.

昆虫の媒介機能をうまく生かす他の例として,ミツバチを微生物農薬などを運ばせるロボットとして利用することも可能であろう.

6.4 有用物質の生産と利用

　食用としての昆虫の利用は，日本では一部でみられる程度であるが，狩猟，採集的な文化が残っている地域などでは，むしろ一般的であり，重要である(三橋，1997 参照)．昆虫は食料として以外にも多くの有用物質を提供してくれており，その多様性からいって，未利用資源としての価値は限りなく大きい．最近では有用タンパク質を作り出すバイオリアクター(bioreactor)としての役割も注目されている(鈴木ら，1997 参照)．

a. カイコ絹タンパクの多目的利用

　絹糸はカイコが繭を作るために生合成したタンパク質からなり，吐糸口から吐き出されて糸になったものである．何日もかけて1匹が吐き続ける1本の糸の総延長は1kmを超える．すなわち綿にも羊毛にもない長い繊維であり，そのために製糸したとき，きわめて細い糸を作ることができる(図 6.6)．絹糸はその美し

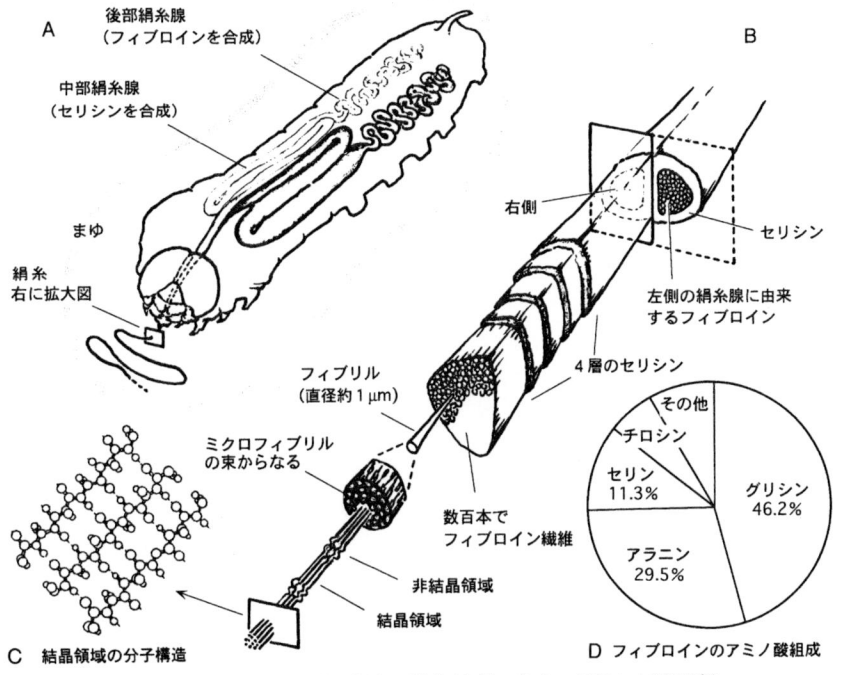

図 6.6　カイコの絹糸腺と絹糸の構造(小林・鳥山，1993 に加筆改変)

さ，吸湿性，染色性，肌ざわりのよさにより，古くから利用され，1900年代前半には日本の輸出による外貨獲得の大部分を占めていた実績がある．その後，合成繊維の普及で蚕糸業そのものは大きく後退したが，近年，絹タンパクの酸素透過性や生体適合性，抗血栓性に注目が集まり，新しい素材として，特に非衣料分野での活用が大きく期待されている．利用されるのはカイコの後部絹糸腺で合成されるフィブロイン(fibroin)と呼ばれるタンパク質(全絹糸タンパクの70～80％，グリシンとアラニンに富む)が中心で，繭からセリシンと呼ばれる熱水に溶ける部分を取り除いた後，いったん溶液状にしてから膜や微粉末などに加工される．さらに，たとえば絹膜の場合，アルコールで処理することにより種々の程度の酸素透過性を付与することができる．すでに開発されているものに有望視されている利用例を加えれば以下の通りである．

1) 酸素透過性絹膜 生体適合性がよい上に，透明で400～750 nmの可視光を98％以上透過し，酸素透過性もあることから，コンタクトレンズに有望で，試作はすでに成功している．

2) グルコース定量用バイオセンサー 酵素固定用の基質膜としての利用で，絹膜にグルコースオキシダーゼを固定化すると，酵素は1年以上安定に保持される．これに過酸化水素電極を組み合わせれば，すぐれたセンサーとして，たとえば血液や尿中の糖の定量などに使える．

3) 人工皮膚や人工血管 細胞付着性がよいばかりでなく，湿らせた状態の膜はすぐれた水蒸気透過性があり，伸縮性もヒトの皮膚のそれに近いことから，人工皮膚への応用が考えられる．また絹糸は古くから外科用の縫合糸として広く使われてきた実績がある．人体内で抗原抗体反応が起こりにくく，またイヌの血管に絹タンパクの膜片を入れた実験では，抗血栓性が示されており，人工血管への応用の可能性もあるとされている．

4) 食品や化粧品として すでにシルク入りのヨーグルトが市販されている．絹タンパクを加水分解で，中・低分子化したものの利用が，食品や化粧品分野で検討されている．さらに化学修飾を施して，新たな機能性を付与することも考えられる．めずらしい例として，京都府の加悦町では，シルク粉末を大量に生産し，うどん，煎餅，飴，入浴剤などに加えて製品化し，地域振興に役立てているという．

5) その他 化学繊維に絹タンパクをコーティングして，強度と絹の肌ざわりの良さを兼ね備えた「ハイブリッドシルク」が作られている．アクリル，ナイ

ロンを芯糸としたものが下着，靴下，シャツなどに商品化されている．カイコのホルモン状態を操作して，人工的に小さな繭としたものからは，より細くて繊細な肌ざわりの素材が得られる．

b. 多様なミツバチ生産物

ミツバチ生産物は，植物の花蜜，花粉，樹脂にハチが一部手を加えただけのものと，ハチの体内で生合成された動物性のものとに分けられる．各地の洞窟壁画に採取の様子が残されているように，ハチ蜜が一番利用の歴史が古く，市場規模も大きいが，近年ではローヤルゼリー，プロポリス（後述）が健康食品として注目されており，わが国だけでもそれぞれ年商数百億円規模となっている．

1) **ハチ蜜**　　起源はほとんどが花蜜であるが，まれに樹上のアブラムシなどが分泌する甘露も含まれる．蜜胃中に貯めて運ばれた花蜜がハチ蜜になるまでのプロセスを図6.7に示した．日本では色や香の薄いレンゲやアカシアの蜜が好まれるが，嗜好は国により異なる．現在国産品は年間4,000トンにまで減ってしまったが，輸入量は中国などから4万トン内外と増えている．

2) **ローヤルゼリー**　　王乳とも呼ばれる女王バチ用の餌で，幼虫期，成虫期を通じて若い働きバチから供給される．下咽頭腺からのタンパクと大あご腺からの脂肪酸類が混ぜられてヨーグルト状となったものである．王台1個につき300

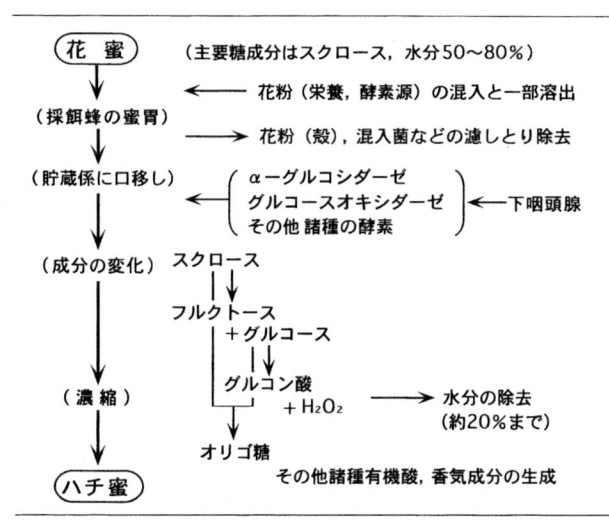

図 6.7　ハチ蜜の生成過程(佐々木，1999)

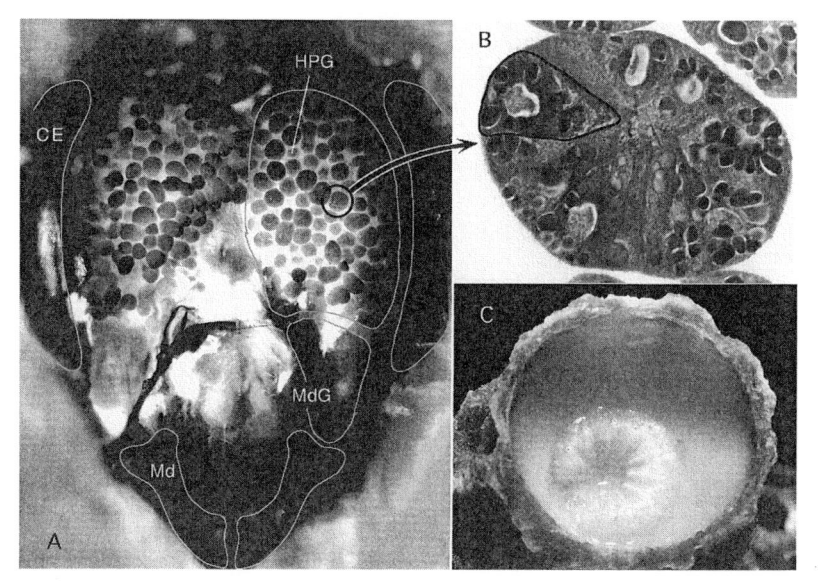

図 6.8 ミツバチの下咽頭腺とローヤルゼリー
A：頭部前面のクチクラをはがしたところ，HPG が下咽頭腺，MdG が大あご腺，B：実線で囲まれた部分が 1 個の細胞，C：王台の中に貯められたローヤルゼリーとそれに浮かぶ女王幼虫．

mg 程度貯められたものを集めて利用する（図 6.8）．パントテン酸などのビタミン類，ミネラル類が豊富で，デセン酸，アセチルコリン，核酸が多く含まれることも特徴である．国産以外に中国などから 400 トン以上が輸入され，100 g 当たり 1 万円前後で売られている．

3) **プロポリス**　本来植物の芽や蕾などが病気や害虫から身を護るために分泌した樹脂性の微量物質をミツバチが採集し，巣内に持ち込んだものを採取・利用する．フラボノイド類とフェノールカルボン酸類を多く含み，強い抗菌活性を示すほか，最近では抗腫瘍性のテルペン類などもみつかっている．従来からのアルコール抽出物に加えて水抽出物も注目されている．ブラジル，中国からの輸入品が主で，市場規模は 300 億円程度．

4) **蜂ろう（ワックス）**　ミツバチの巣は，働きバチの腹部に 4 対あるワックス腺から分泌されるろう片を成形して作られる（図 6.9）．これを熱で溶かして製品化する．成分は複雑で，長鎖のアルコールとそのエステル，炭化水素，遊離脂肪酸などからなり，融点は 64°C 程度である．教会用のろうそくとしてなくてはならないものであったが，現在ではクリーム，口紅などの化粧品，薬品，ガム，クレヨン，自動車用ワックス，セラミック離型剤などに広く使われている．

図 6.9 ろう片(鱗片ろう)と蜂ろうで作ったロウソク(玉川大学ミツバチ科学研究施設提供)

5) その他　後肢にだんご状につけて巣に持ち帰った花粉をトラップで集めて健康食品とするほか，日本，韓国，中国ではハチ毒が蜂針療法として神経系の疾患などに利用されている．蛹は「蜂の仔」缶詰として(本来はクロスズメバチ *Vespula lewisi*，特に信州地方で)ヒトの食用に供されるほか，凍結乾燥したものはテントウムシ，クサカゲロウ類などの天敵昆虫の増殖用代用餌として有効である．

c. 抗菌活性物質の利用

昆虫が発達させている生体防御系の中から，細菌が体内に侵入したり，体表が傷ついたときなどに誘導合成される抗菌性タンパク質類が，すでに50種以上同定されている(第4章参照)．これらは一般的に耐熱性で抗菌スペクトルが広く，特に最近重大な問題となっている薬剤耐性菌にも有効なものがみつかっていることから，製剤化が期待されている．グラム陽性細菌に殺菌力を持つディフェンシン型のもの(分子量約4,000，コウチュウ目などに由来)，グラム陰性細菌に有効なセクロピン型のもの(チョウ目，ハエ目)などがある．この2型のものは，いずれも細菌の細胞膜に作用してイオンチャンネルを形成することで細菌を殺すことがわかっている．これは既存の抗生物質にはない殺菌メカニズムであり，ヒトの病原細菌MRSAなどの耐性菌をも殺すことができる理由であると考えられている．ただし実用に当たっては，天然型のままでは異物として認識され，抗原性を示してしまったり，排除されてしまうと予想され，活性を保持させたままでの低

分子化などの課題は残っている．

d. 昆虫関連微生物による有用物質の生産

外来遺伝子の導入による物質生産の試みは，大腸菌をホストとする系から始まったが，大腸菌が作るタンパク質はその折りたたまれ方などの立体構造が本来のものと微妙な点で異なり，同じものが作られたはずなのに生理活性がない場合が多かった．細菌類は糖鎖の付加，リン酸化などに必要な酵素を欠くため，これらの修飾を要するタンパクが作れないことが主な原因である．これらを克服するため，酵母や植物での試みを経て，昆虫をホストとした外来遺伝子の発現系，特に昆虫ウイルスをベクターとするシステムが注目されるようになった．

バキュロウイルスは昆虫をホストとするウイルスの1種で，中でも核多角体病ウイルス(nuclear polyhedrosis virus，NPV)は，感染細胞の核内にタンパク質が結晶化した封入体を形成する特徴を持つ．封入体は感染によって死んだホスト昆虫の体外にNPVが出たときに，ウイルスを保護するための構造である．封入体は感染後期に大量に合成され，カイコをホストとした場合1個体当たり10 mgにも達する．原理的には，このタンパク質を合成する遺伝子を外来の有用遺伝子で置き換えようというわけである．

組換え体ウイルスを作る基本的な方法を，培養細胞を使う場合について簡単に示す(図6.10)．まず作らせたい目的物の(外来)遺伝子を多角体タンパク遺伝子の両側部の間にはさむ形でプラスミド(トランスファー)ベクターに組み込む．次に野生型ウイルスのDNAと，このプラスミドベクターを同時に細胞内に導入(コ・トランスフェクション，co-transfection)する．すると細胞内でウイルスDNAの多角体遺伝子領域とプラスミドベクターとの間で組換えが起こり，ある頻度で組換えウイルスが生じる．これらの細胞に単層培養条件下でプラークを作らせると，組換えウイルスのものは明るい色からそれとわかり，これを分離することができるわけである．現在ではトランスポゾンを用いて，より効率的に組換えウイルスを得るシステムも開発されている．

カイコの生体を使う効率のよい方法は，Maedaら(1985)により開発された．前田らはカイコのNPVの多角体遺伝子をヒトのインターフェロン遺伝子で置き換えた組換えウイルスを作り，幼虫に注射したところ，大量のインターフェロンが体液中に見出されたのである．昆虫の体液がタンパク分解酵素の阻害因子に富み，タンパク質の保存場所となる性質が幸いしたものと考えられる．したがって

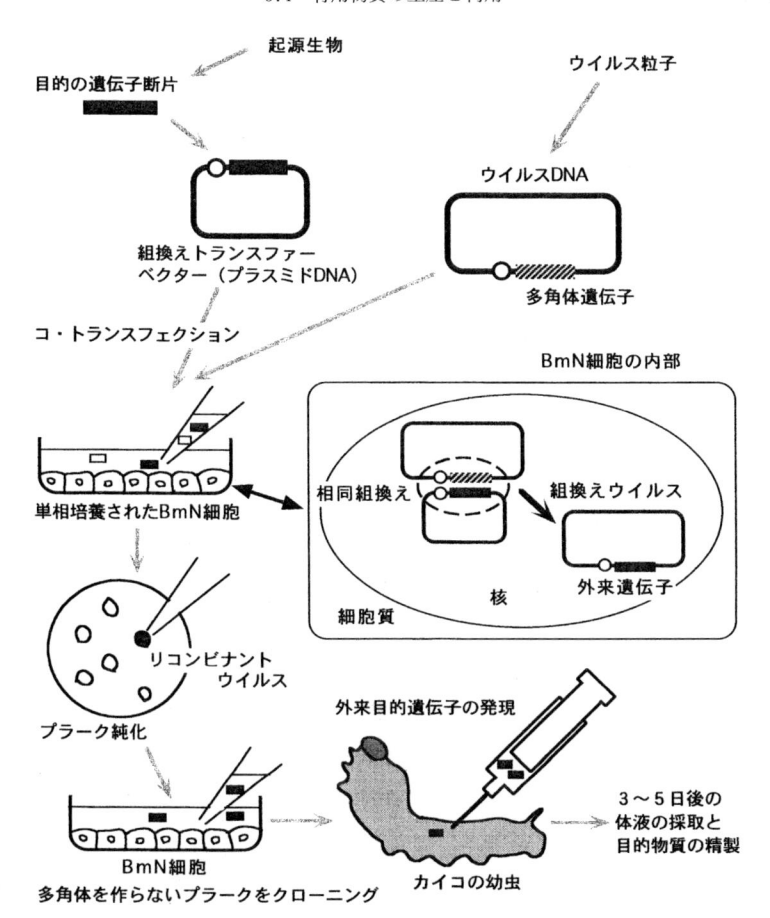

図 6.10 バキュロウイルス発現ベクターへの目的遺伝子の導入と発現法の一例(前田, 1993を改変)　バキュロウイルスの有用性にいち早く着目し, この分野の世界的パイオニアとして活躍した前田進は, 若くして急逝した.

体液中から適当なタイミングでタンパクを取り出して精製すればよい. これをそのままにしておけば, 幼虫の場合も細胞の場合も最終的には感染のため死んでしまう.

　昆虫をホストとしたタンパク質生産は, すでに商業ベースに乗ったか, 乗ろうとしているものだけでも, AIDS ウイルスに対するワクチン, 成長ホルモン, インターフェロンなど多数あり, 今後大きな市場へと発展することは間違いない.

e. 培養細胞の利用

培養はバイオテクノロジーの根幹をなす基礎技術の1つであり，昆虫の細胞培養の研究はオーストラリアの T. D. C. Grace や日本の三橋淳らの長年の努力によりかなり進んだ．バキュロウイルスもカイコの生体内だけではなく，上記のように培養細胞を用いて増殖することができる．生産の効率面ではまだ生体には劣るほか，培地に血清を要する場合も多く，価格が高くつくなどの問題点もあるが，将来は有望である．ウイルスを繁殖させるのではなく，直接昆虫細胞の染色体中に目的の遺伝子を入れてタンパク質を合成させる試みも，試験的にはすでに成功している．

有用タンパク質の生産に限らず，害虫の病原ウイルスを培養細胞で大量に生産し(ウイルスは現在のところ，生細胞内でしか増殖させられない)，害虫防除用に使える可能性もある．また殺虫剤その他の薬物のスクリーニングの過程に，いつでも同じ条件で安定的に使える培養細胞が利用できれば，大きなメリットとなろう．

f. その他の有用物質利用の可能性

中国では古くから昆虫類が漢方薬として多く利用されてきた．たとえば露蜂房(スズメバチ，アシナガバチ類の巣)は心臓の強化，血圧降下，利尿，抗炎症作用が知られ，冬虫夏草(セミタケなど昆虫寄生性の菌)は現在でも不老不死の妙薬として珍重されている．

イボタロウムシ *Ericerus pela* が分泌するワックスは，結晶性があり物理化学的に安定していて，マイクロカプセルの添加剤，プラスチック離型剤などへの利用実績がある．ラックカイガラムシ類が分泌する樹脂物質セラックは，粒状チョコレート菓子などの光沢コーティング剤としてわれわれがいつも口にしている．ヌルデにつくミミフシアブラムシ *Schlechtendalia* sp.の虫こぶ(五倍子)から抽出されるタンニン酸は，かつてはインクの製造に使われたが，今では医薬品，食品の酸化防止剤，防カビ剤などとして用いられている．

キチンは昆虫のほか，甲殻類の殻や土壌糸状菌の細胞壁に含まれ，その地球全体での生産量は年間1,000億トンに及ぶとみられている．キチンとその脱アセチル化により得られるキトサンは，廃水処理のための生物系(環境にやさしい)凝集剤として使われているが，構造中に化学反応性に富む多くの部位を有することから，治癒作用を持つ人工皮膚，抜糸を要しない外科用縫合糸などとしても実用化

が考えられている．

　昆虫のホルモンまたはその類縁体は，IGR(insect growth regulator)として利用されている．特に幼若ホルモン(JH)については，抵抗性のつかない第3世代の殺虫剤として期待された(Williams, 1967，なお第1世代は天然物殺虫剤，第2世代は塩素系，有機リン系などの有機合成殺虫剤)こともあって，これまでに数千種に及ぶ類縁体が合成され，スクリーニングにかけられた．メソプレンがカなどの衛生害虫防除用として定評があるほか，フェノキシカルブとピリプロキシフェンなどが農薬登録されている(表5.1参照)．

　フェロモン類は本来昆虫が生産する情報化学物質であるが，その合成品はIPMによる害虫の発生予察および密度制御手段として，ハマキガ，ヨトウガ類を中心に，すでに大きな実績をあげている(第5章参照)．近年，加害を受けた作物が発する特有の匂いをたよりに天敵昆虫が寄主を発見する事実が明らかになり，こうした情報化学物質を利用して天敵の行動をコントロールできる可能性も出てきた．

6.5　機能モデルとしての有用性

　紙の発明は，中国とヨーロッパで独立に蜂の巣をモデルに行われたとされている．図6.11にそのようなモデルになったと考えられるスズメバチ(図はキオビホオナガスズメバチ *Vespula media* の場合)の巣壁と，人造紙の拡大写真をあげた．ちなみにアシナガバチ類の英名は"paper wasp"である．図6.12は日本の国蝶オオムラサキ *Sasakia charonda* の蛹の尾端のホックと市販のマジックテー

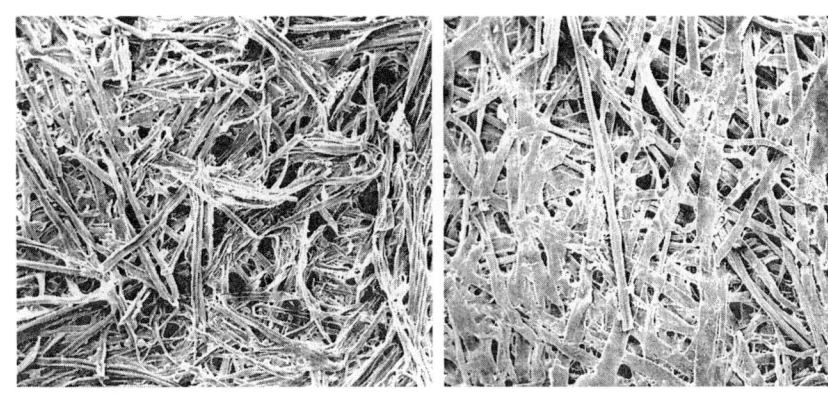

図 6.11　キオビホオナガスズメバチの巣壁(左)と和紙(右)の類似性(走査電顕)

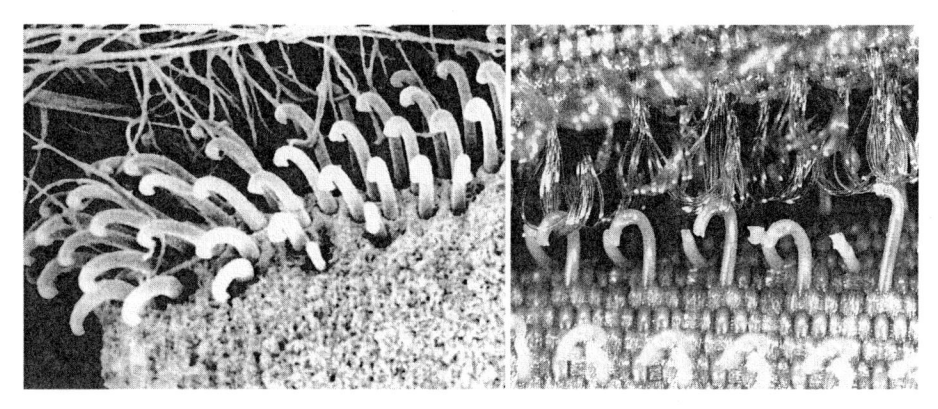

図 6.12 オオムラサキの蛹がぶら下がるための尾端のホックと絹糸の座(左)とマジックテープの類似性(走査電顕)

プとの比較である．また，昆虫の触角は「わずか1分子」の匂い物質を認識できる能力があり，人間の開発したいかなる分析機器よりもはるかに感度が高い．これをバイオセンサーとして，ガスクロマトグラフィーと組み合わせることにより，実際に情報化学物質の同定がさかんに行われるようになっている．アンテナの語も昆虫の触角につけられた"antenna"が元祖である．このほかにも昆虫の機能からヒントが得られそうな場面は数多い．夢物語に終わるものもあるかもしれないが，代表的な例をみてみよう．

a. すぐれた飛翔能力

ヒラタアブ類の空中静止飛行(ホバリング)やトンボ類の4翅独立駆動のアクロバット飛行には眼をみはるものがある．東京大学の先端科学技術研究センターでは，昆虫の飛翔メカニズムの航空力学への応用の可能性が検討されている．新幹線や宇宙ロケットにミツバチの巣を模したハニカム(honey comb)構造が採用されているように，昆虫の飛行メカニズムにヒントを得た新しい飛行法が生まれることを期待したい．

b. 小型ロボット

カリフォルニア大学のバイオロボテクスの研究グループは昆虫の6脚歩行の設計原理を応用した，車輪を使わない移動装置の開発をめざしている．すでにゴキブリ類をモデルにそのシミュレーションができているという．フランスでは昆虫の複眼による動体検知機能を利用した光源探索，障害物回避ロボットが試作され

ている．日本では筑波大学と東京大学の共同グループが，雄カイコガの性フェロモン源探索行動の解析をもとに，本物の触角をバイオセンサーとして装着した小型ロボットに，探索行動をとらせることに成功している(図 6.13)．

c. 退色しないチョウの翅の干渉色

中・南米産のモルフォチョウの金属的な翅の輝きは，色素によるものではなく，鱗粉表面の微細な格子状構造に基づく光の干渉作用によっている．最近日本でこの原理を応用した光る繊維の開発に成功した．自動車の退色しない塗装への応用も検討されているという．

図 6.13 雌(匂い源)を探索しながら進むカイコロボット(神崎亮平原図)

d. スズメバチの飛行燃料をモデルとしたスポーツドリンク

1日に何十km も飛び回って狩りをするスズメバチ類のエネルギー源が，幼虫の唾液腺で合成される特殊栄養液であることに着目した理化学研究所の阿部岳らは，これらの成分をシミュレートする形のスポーツドリンクを開発した(図 6.14)．Vespa amino acid mixture(VAAM，Vespa はスズメバチ類の属名の1つ)の商品名が示す通り，成分は 17 種の遊離のアミノ酸に糖が加わったものである．マウスを使った実験で，脂質を β 酸化してエネルギーを得る系を活性化することで，疲労物質としての乳酸がたまらず，同時に血糖値の低下も抑制される

図 6.14 オオスズメバチ幼虫が出す栄養液とそれをモデルに開発されたドリンク剤(左：小野正人原図，右：明治乳業(株)原図)

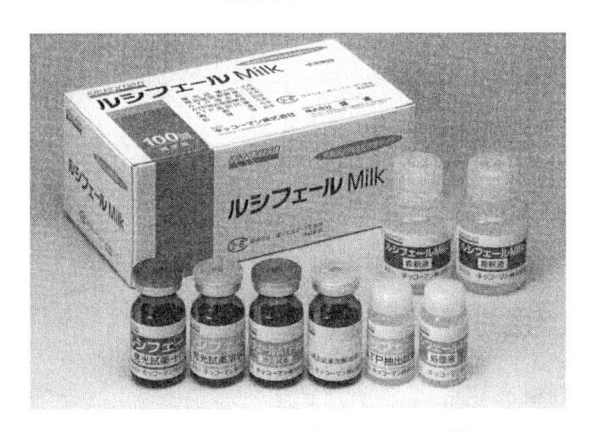

図 6.15　ホタルの発光原理を応用した微生物検査キットの一例(キッコーマン(株)原図)

効果が認められている．マラソンなど長距離走の選手が実際に飲用して顕著な効果を得ているという．

e. ホタルの発光原理，生体防御系を利用した微生物検知薬

ホタル類の光は冷光と呼ばれ，光エネルギーへの転換効率がよく，発熱を伴わない．ルシフェリン(発光物質)がATPとルシフェラーゼ(酵素)の働きにより酸素と化学反応して発光する．1986年，カリフォルニア大学でこのルシフェラーゼの遺伝子をタバコに導入し，黄緑色に発光するタバコの苗が作られたことを皮切りに，この遺伝子発現をリポーターとして利用する研究が進んでいる．たとえば，概日リズムに関係したペリオドという遺伝子が発現しているときだけ，ショウジョウバエの脳を発光させるといったことが可能となったのである．

最近，国内のある食品メーカーが，ゲンジボタル *Luciola cruciata* のルシフェラーゼを，大腸菌を使って大量に作らせることに成功し，化学合成で作られたルシフェリンと合わせて，検体中に微量でもATPがあれば発光する「ATP測定キット」を商品化した(図6.15)．これはすでに食品工場や病院での微生物汚染の検出などに用いられており，今後さらに多方面での利用が期待される．

昆虫の生体防御系を利用した微生物検知薬も最近日本で製品化された．原理的には，カイコの体液中のフェノールオキシダーゼ連鎖反応系を未反応のまま取り出して凍結乾燥したもので，微生物の細胞壁成分に反応して活性化される．このとき，基質としてのドーパを酸化してメラニン色素が作られるので，これを指標に検出，定量するわけである．

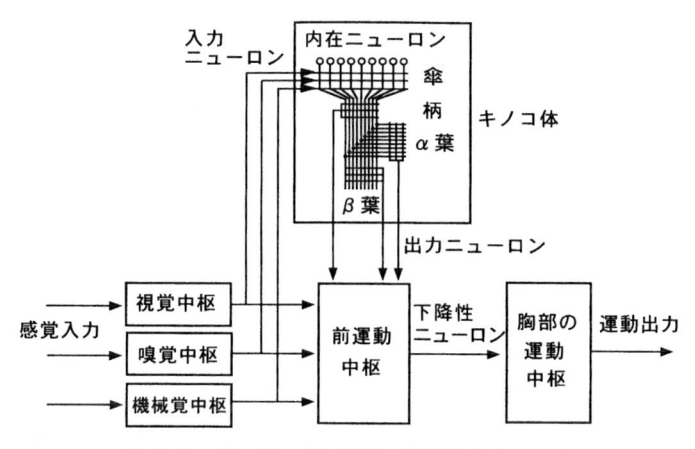

図 6.16 ゴキブリの脳の配線の概略図(水波, 1995)

f. 神経系における分散並列処理機構

生物システムでは小さなサブシステムの自律的な働きが，協調し合って全体が動くため，一部が壊れても被害が全体に及ばないですむ．工学の分野では近年，このような生物に近いシステムの開発が急務とされている．このような自律分散モデルの1つとして，複数の感覚情報の並列的処理ができたり(図6.16)，構造的にも脳を巨大化せず，各体節にサブセンターとしての神経節を配して階層構造をとる昆虫の神経系が注目されている．昆虫の神経系も基本的構成要素はニューロンであり，膜電位やシナプスでの情報処理機構も基本的には脊椎動物のそれと同じである．ところが構成ニューロン数は1～10万個のオーダーで，100億を超えるヒトのそれよりはるかに少ない．それでいて高度かつ多彩な機能を発揮する点が研究対象としての魅力に満ちている．運動系の制御にしても，一連の筋肉群の順序立った規則的な収縮，弛緩を起こさせるパターン形成回路(central pattern generator, CPG)と呼ばれるプログラムがある場合が多く，興奮性，抑制性の素子がフィードバックで結ばれたこれらのプログラムは工学上参考になる点が多い．

g. 社会性昆虫のコロニーにみる自己組織化

ヒトの社会は，中央制御(管理)型で，情報を集めた後，それに基づいてリーダーが決定を下し，それが縦に伝えられて機能する．これに対しミツバチ，アリ，シロアリ類の社会では，生殖や防衛などを分業するカーストは存在するが，リー

ダーは存在しない．1匹1匹は巣内の状況の全貌を把握しているわけではなく，ローカルな情報しか持ち合わせていないにもかかわらず，巣作りにせよ，蜜や花粉集めにせよ，必要なときに必要な量だけが確実に行われる．遺伝的バックグラウンドや加齢状態，経験によりスペシャリスト化する一部の個体を除けば，基本的には誰でもが参画し，しかも効率が重視されていて無駄がない．そこでは，匂い，接触化学感覚，音，振動などを媒体とした高度のコミュニケーションが行われている．彼らの持つ多彩な生理機能に加えて，ヒト社会とはまったく独立に進化したこの「もう1つの社会」のルールと制御の仕組みについてわれわれが学ぶべき点は少なくない．

6.6 昆虫自体の機能改変と形質転換植物用遺伝子素材の供給

ここでは突然変異の誘発，選抜，交雑などによる従来型の昆虫の遺伝的改良の例を2，3あげた後，形質転換によるまったく新しい性質の付与の可能性について述べる．

a. クワ以外でも食べる広食性のカイコ

カイコはクワしか食べない単食性というのが通説であるが，多くの系統の中にはクワ以外の植物をかじるものもあることに着眼した研究者たちがいた．クワの葉の乾燥粉末は摂食刺激程度にし，入手しやすい脱脂大豆粉などを主組成とする安価な人工飼料で育つ系統作りが進められた結果，リンゴやキャベツ，カステラまで食べるカイコが作り出された．現在，この方法で作られたF_1雑種「しんあさぎり」が，実用品種として養蚕農家でも飼われるようになっている．人工飼料での「稚蚕」の飼育は一般的には2齢までであるが，将来これが3齢，さらには4齢まで可能となり，しかもクワ成分を含まなくてもよいとなれば，養蚕業上の大きな変革である．

b. 刺さないミツバチ，アルファルファを選好するミツバチ

日本全国のハウス栽培などで約15万群のミツバチと4万群のマルハナバチがポリネーション用に活躍しているが，これがもし刺さなければより扱いやすい．現在畜産試験場のミツバチ研究室で，γ線を照射して刺さないミツバチ（針の奇形）を作出する研究が試みられている．この形質の遺伝的固定に成功すれば画期的である．

ミツバチはもともと多種多様な種類の花が利用できる特徴を持つ．それがポリネーターとしての汎用性を高めているわけであるが，一方カリフォルニア大学では，特定の花に好んで訪花する系統の作出が試みられている．マメ科の牧草アルファルファは，花粉の採取時花弁に弾かれるため，普通のミツバチは訪花が苦手であるが，これを好んで訪れるような遺伝子構成は比較的簡単なようであり，採種用に実用化が期待される．

世界中で養蜂種として飼われているセイヨウミツバチでは，腐蛆病(病原は *Paenibacillus larvae*)，チョーク病(同 *Ascosphaera apis*)などの病気，外部寄生性ダニの1種ミツバチヘギイタダニ *Varroa jacobsoni* の被害が少なくない．これらに抵抗性のセイヨウミツバチの育成は強く望まれるところであるが，まだ有効なものはできていない．これに対し，わが国在来種のニホンミツバチは，これらの病害虫に強い抵抗性を示す．このような場合，抵抗性遺伝子が解明できれば，以下のような新しい方法での育種ができるかもしれない．

c. トランスジェニック昆虫作りの原理と現状

外来遺伝子を目的昆虫の染色体中に人為的に挿入する「形質転換昆虫」作りは，その遺伝子をホストに安定的に発現させられた場合に成功したといえる．トランスポゾン(ゲノム中にあって細胞分裂などの過程で染色体上をランダムに移動する因子)の1種であるP因子を用いた導入系が確立しているのはまだショウジョウバエ類だけで，他の昆虫で自由に使える技術ではない．しかし適当なベクター(DNAを導入する際の運び屋の役割をするもの)系の開発は，遺伝子の発現機構の基礎研究だけではなく，応用的にも有用物質の生産，マラリアカやネッタイシマカなどの遺伝的防除技術の開発，天敵など有用昆虫の機能改善，たとえば殺虫剤抵抗性の天敵などにぜひとも必要である．現在，Minos(害虫のチチュウカイミバエ *Ceratitis capitata* の防除目的で1995年に成功)，marinarなどいくつかの有望なベクターが検討されている．遺伝子の導入の方法についても，これまでのDNAを発生初期の卵に注射する方法以外に，エレクトロポレーション，パーティクルガンや生殖細胞を利用する方法の開発も始まっている．

図6.17にショウジョウバエのP因子をベクターとした形質転換のやり方を示した．2つのP因子，すなわち転移酵素をコードしているが自身は末端配列を持たず転移できないAと，末端配列は持つが転移酵素のコードがなくて転移酵素が供給されると転移するBを使う．末端配列を持ったBのP因子に転換させ

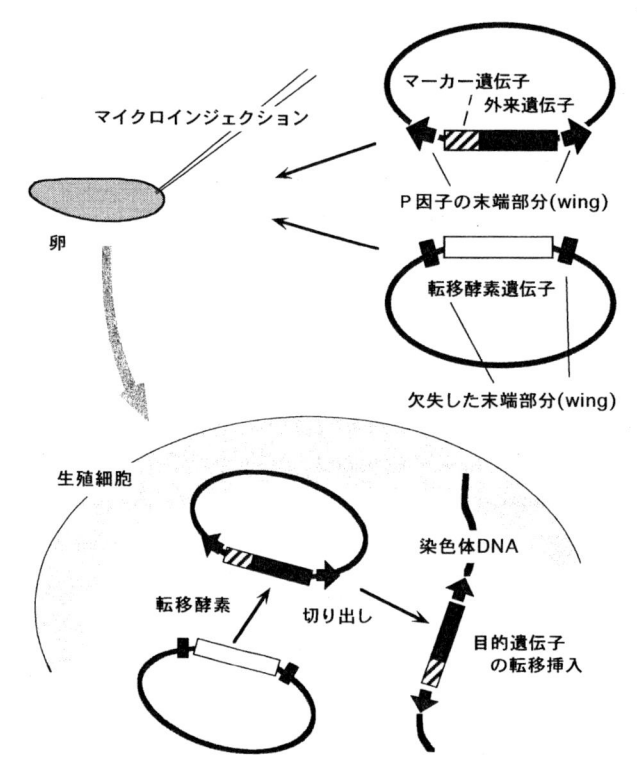

図 6.17 ショウジョウバエのP因子をベクターとした形質転換のやり方(田村・木村，1997を改写)

たい目的遺伝子と，転換体をスクリーニングするためのマーカー遺伝子を組み込み，これら2種のプラスミドを微量注射器で卵に注入する．Aの転移酵素が発現すると，それによりB中の目的遺伝子がプラスミドから切り離されてハエのゲノムDNA中に挿入される仕組みである．

d. 共生微生物を介した目的昆虫の改変

昆虫自体の遺伝子を変えなくても，昆虫に密着した共生微生物を操作することで，それを介して昆虫の性質を改変することも考えられる．病原微生物を媒介する衛生害虫に対し，それを殺したり制御したりする物質の遺伝子を共生ウイルスに組み込むなどである．このような共生微生物は宿主の昆虫との親和性が高く，しかも普通は目的以外の生物には感染しない．寄生バチでは，リケッチアの1種ボルバキアに感染すると単為生殖により雄なしで増殖できるようになる例が知ら

れている．このような性質は天敵昆虫を増殖する上で，理論的にはより効果的であろう．

話は変わるが，有限の生産力の地球上でのヒトの食糧資源の確保に昆虫を考えるとすれば，シロアリ類は有望かもしれない．シロアリは家屋害虫となった一部の種を除けば，熱帯，亜熱帯域では，有機物の分解・還元と地中への「鋤きこみ効果」で，森林環境の保持に大きな役割を果たしているばかりでなく，共生微生物の助けを借りてセルロースを分解し，さらに一部ではあるが空中窒素の固定を行うこともできる．大気の3/4を占める窒素が，植物を介さずに動物性のタンパク質に変換できるわけで，この能力を利用することは，培養細胞の食糧化の可能性とともに注目に値しよう．

e. 昆虫遺伝子を発現するトランスジェニック植物

いわゆる Bt 剤は，現在の微生物農薬市場で最重要の位置を占めている．この細菌の毒素タンパク(insecticidal crystal protein, ICP)をコードした遺伝子はプラスミド中に存在することから，この遺伝子をタバコ(対タバコスズメガ *Manduca sexta*)，ジャガイモ(対コロラドハムシ *Leptinotarsa decemlineata*)，トウモロコシ(対ヨーロッパアワノメイガ *Ostrinia nubilalis*)，トマト，レタスなどに導入して耐性品種を作出することが進められた(図6.18)．この場合は昆虫の遺伝子そのものの利用ではないが，このような方法によれば，これまでの自然突然変異からの抵抗性品種の選抜ではまったく考えられなかった新しい抵抗性植物を創成できるわけである．

アイデアとしては昆虫の利尿ホルモンやアラームフェロモン生産遺伝子の組み込みの可能性も考えられる．利尿ホルモンは比較的短いペプチドであり，これを作物に組み込めば，その葉を食べた害虫が脱水症状を起こして死に至る可能性があり，いち早く注目された．アブラムシ類ではアラームフェロモンが放出されると，近くにいる他の個体が危険を察知し，植物体から落下して逃げる反応が知られている．このアラームフェロモンをあらかじめ作物に組み込んでおけば，アブラムシの被害が回避できる可能性がある．

おわりに

こうして昆虫の機能利用についての現状をみると，知りつくされていたかのようなカイコやミツバチからでさえ，次々と新しいアイデアが生まれている．熱帯

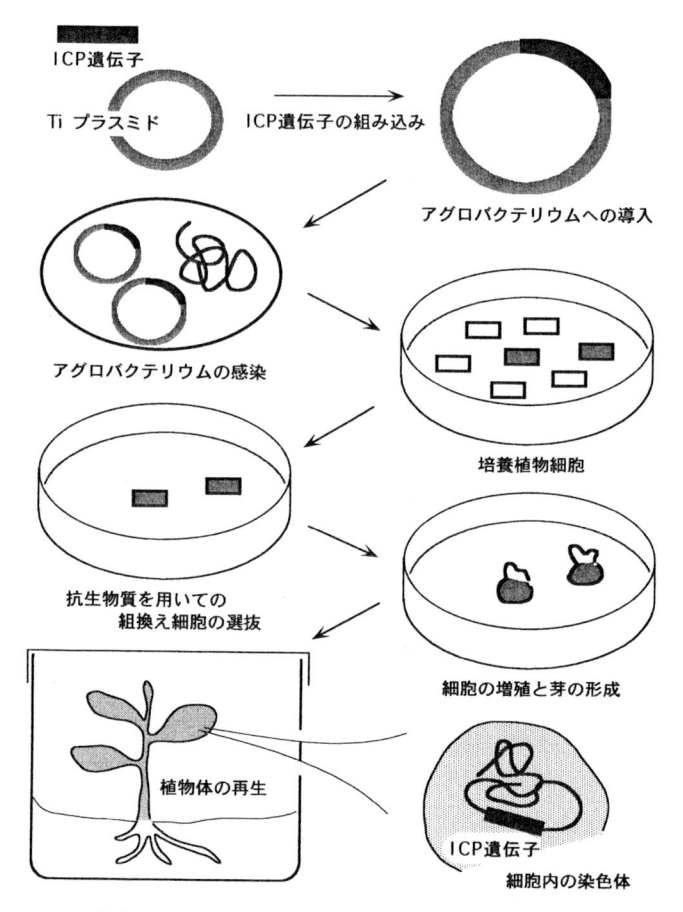

図 6.18　ICP遺伝子を導入したトランスジェニック植物の作成(渡部, 1998を改変)

から極地までの陸, 空, 水中を広く生活圏とし, 95万種を超える多様性と繁栄を誇る昆虫であれば, その可能性は無尽蔵である. 応用昆虫学の目的は, 作物やヒトへの加害者としての害虫を管理することだけではない. 昆虫の役に立つ面に注目すれば夢はふくらむ. 環境破壊で地球生態系に強いインパクトが与えられている現状を直視する一方で, 有用資源としての昆虫を含めた自然の保護を真剣に進めつつ, おおいにその利用も考えていくべきであろう.

　外来遺伝子の導入による昆虫や植物の改変については十分な慎重さが必要である. 遺伝子操作についてわれわれはまだ, たかだか30年の経験しか持ち合わせていない. その影響についてはわからないことばかりである. アメリカ合衆国で

は，いくつかの強力な企業が形質転換にかかわる世界特許の主要な部分を押さえてしまっており，それによって作られたダイズやトウモロコシ(たとえば除草剤抵抗性遺伝子を入れたダイズを除草剤をまいて栽培するもの)などが，すでに日本や欧州にも大量に流通しようとしている．最近 Nature 誌上に，*Bacillus thuringiensis* が産生する毒素タンパクの遺伝子を組み込んだトウモロコシの花粉が風で飛ぶと，それを葉と一緒に食べたオオカバマダラ(チョウ)の幼虫の死亡率が高まるだろうとの報が掲載され，論議に火をつけた．同じ毒素タンパクの遺伝子を組み込んだワタの栽培では，すでにこれに対する抵抗性のワタアカミムシ *Pectinophora gossypiella*(幼虫がワタの実を食害するガの１種)が出現しており，その抵抗性の進行をくい止めるための方法を探る目的で，室内飼育実験やコンピューターシミュレーションが行われている．これらの論議の中で，形質転換体がいったん野外に放たれれば，それらの遺伝子が拡散してしまうおそれがあらためて論じられている．あらゆるリスクをあらかじめチェックすることは事実上不可能である．しかし危険であるとの証拠がないからといって，危険がないという証拠にはならない．

参 考 文 献

　図表を引用した場合は，（　）内に本書中の番号と出典中のページを示した．

アシモフ，I.：科学の語源（小尾信彌・東　洋恵訳），共立出版，1972．
Begon, M., Harper, J. L. and Townsend, C. R.：Ecology, Blackwell, 1986.
茅野春雄：昆虫の生化学，東京大学出版会，1980．（表4.1, p.82）
ダニレフスキー，A. S.：昆虫の光周性（日高敏隆・正木進三訳），東京大学出版会，1966．（図2.5, p.134）
海老原史樹文・深田吉孝編：生物時計の分子生物学，シュプリンガー・フェアラーク東京，1999．
エルドリッジ，N.・クレイクラフト，J.：系統発生と進化プロセス（篠原明彦ほか訳），蒼樹書房，1989．
ファルコナー，D. S.：量的遺伝学入門，原書第3版（田中嘉成・野村哲郎共訳），蒼樹書房，1993．
フツイマ，D. J.：進化生物学，原著第2版（岸　由二ほか訳），蒼樹書房，1991．（図1.17, p.417）
藤崎憲治：昆虫における分散多型性の進化：Roff の理論の検証．日本応用動物昆虫学会誌，**38**：231-244，1994．
藤崎憲治：害虫の生態．植物防疫講座　第3版―害虫・有害動物編―，「植物防疫講座　第3版」編集委員会編，pp.37-73，日本植物防疫協会，1998．
深谷昌次・桐谷圭治編：総合防除，講談社，1973．
伏谷伸宏ほか：動物成分利用集成，下巻，R&D プランニング，1986．
浜　弘司：害虫はなぜ農薬に強くなるか，農山漁村文化協会，1992．
浜村保次編：カイコの人工飼料育への道，みすず書房，1975．
長谷川政美・岸野洋久：分子系統学，岩波書店，1996．
日高敏隆・松本義明監修：環境昆虫学，東京大学出版会，1999．
東　正彦・安部琢哉編：シリーズ地球共生系1，地球共生系とは何か，平凡社，1992．（表3.7, p.202）
平嶋義宏・森本　桂・多田内　修：昆虫分類学，川島書店，1989．（図1.1, p.126）
本間保男ほか編：植物保護の辞典，朝倉書店，1997．
一谷多喜郎・中筋房夫：植物保護，朝倉書店，2000．
池庄司敏明ほか：昆虫生理・生化学，朝倉書店，1986．
石田寅夫：ノーベル賞からみた遺伝子の分子生物学入門，化学同人，1998．
石井　実・大谷　剛・常喜　豊編：日本動物大百科8，昆虫Ⅰ，平凡社，1996．
石井　実・大谷　剛・常喜　豊編：日本動物大百科9，昆虫Ⅱ，平凡社，1997．
石井　実・大谷　剛・常喜　豊編：日本動物大百科10，昆虫Ⅲ，平凡社，1998．
石井象二郎：昆虫生理学，培風館，1982．（図2.18, p.147）
石井象二郎編：昆虫学最近の進歩，東京大学出版会，1981．（表3.5, p.189）
石川　統：昆虫を操るバクテリア，平凡社，1994．
石川良輔著，木村政司イラスト：昆虫の誕生――千万種への進化と分化（中公新書），中央公論新社，1996．
伊藤嘉昭：社会生態学入門―動物の繁殖戦略と社会行動，東京大学出版会，1982．（図2.26, p.129）

伊藤嘉昭編：アメリカシロヒトリ―種の歴史の断面(中公新書)，中央公論社，1972．(図2.9，p.21；図2.10, p.139)
伊藤嘉昭・藤崎憲治・斎藤　隆：動物たちの生き残り戦略，日本放送出版協会，1990．
伊藤嘉昭・法橋信彦・藤崎憲治：動物の個体群と群集，東海大学出版会，1980．
伊藤嘉昭・山村則男・嶋田正和：動物生態学，蒼樹書房，1992．
岩槻邦男・馬渡峻輔編：生物の種多様性，裳華房，1996．
甲斐英則：昆虫の休眠間発達―休眠昆虫に特異的な代謝をさぐる―．化学と生物，**15**：364-366，1977．
甲斐英則ほか：カイコ冷蔵卵の孵化歩合からみた休眠間発達期間．日本蚕糸学雑誌，**64**：132-141，1995．
粕谷英一：行動生態学入門，東海大学出版会，1990．
木元新作：集団生物学概説，共立出版，1993．
木村資生：生物進化を考える，岩波書店，1988．
木村　磁：昆虫に学ぶ，工業調査会，1996．
桐谷圭治編：日本の昆虫―侵略と撹乱の生態学，東海大学出版会，1986．
桐谷圭治・中筋房夫：害虫とたたかう，日本放送出版協会，1977．(図5.3, p.131)
桐谷圭治・志賀正和編：天敵の生態学，東海大学出版会，1990．(図2.24, p.78)
小林勝利・鳥山國士編著：シルクのはなし，技報堂出版，1993．(図6.6, p.128, 130)
小山重郎：530億匹の闘い・ウリミバエ根絶の歴史，筑地書館，1994．
久野英二：生態学研究法講座17，動物の個体群動態研究法Ⅰ個体数推定法，共立出版，1986．
久野英二編著：昆虫個体群生態学の展開，京都大学学術出版会，1996．(図3.5, p.69；図3.10, p.36；図3.15, p.259)
ロディッシュ，H.ほか：分子細胞生物学，第3版(野田春彦ほか訳)，東京化学同人，1997．(図4.6, p.553)
前田　進：昆虫ウイルスとバイオテクノロジー，サイエンスハウス，1993．(図6.10, p.80)
松香光夫：ポリネーターの利用，サイエンスハウス，1996．
松香光夫ほか：昆虫の生物学，玉川大学出版部，1984．
松香光夫・栗林茂治・梅谷献二：アジアの昆虫資源，農林統計協会，1998．
松本忠夫：生物科学入門コース7，生態と環境，岩波書店，1993．
松本忠夫・東　正剛編：社会性昆虫の進化生態学，海游舎，1993．
松本義明ほか：応用昆虫学入門，川島書店，1995．
馬渡峻輔：動物分類学の理論，東京大学出版会，1994．
Mayr, E.：Animal Species and Evolution, Belknap Press of Harvard University Press, 1963.
三橋　淳：虫を食べる人々，平凡社，1997．
三中信宏：生物系統学，東京大学出版会，1997．
村上陽三：クリタマバチの天敵，九州大学出版会，1997．
永井一哉：ミナミキイロアザミウマ，農山漁村文化協会，1994．
中筋房夫：総合的害虫管理学，養賢堂，1997．(表5.2, p.131)
中筋房夫編：昆虫学セミナーⅠ，進化と生活史戦略，冬樹社，1988 a．(図2.11, p.111)
中筋房夫編：昆虫学セミナーⅡ，生活史と行動，冬樹社，1988 b．(図2.6, p.72)
中筋房夫編：昆虫学セミナーⅢ，個体群動態と害虫防除，冬樹社，1989．
中筋房夫ほか：害虫防除，朝倉書店，1997．
根本　久：天敵利用と害虫管理，農山漁村文化協会，1995．(表6.1, p.18, 110)
根本　久・矢野栄二：天敵利用のはなし，技報堂出版，1995．
日本比較内分泌学会編：無脊椎動物のホルモン，学会出版センター，1998．(図4.3, p.110)

参 考 文 献

日本蚕糸学会編：蚕糸学入門，大日本蚕糸会，1992．
日本植物防疫協会：生物農薬ガイドブック，1999．
小原嘉明：昆虫生物学，朝倉書店，1995．
大串隆之編：シリーズ地球共生系2，さまざまな共生-生物種間の多様な相互作用，平凡社，1992．
大西英爾・園部治之・高橋　進編：昆虫の生化学・分子生物学，名古屋大学出版会，1995．
小野正人・和田哲夫：マルハナバチの世界，日本植物防疫協会，1996．
斉藤哲夫ほか：新応用昆虫学，朝倉書店，1986．(図1.2, p.14；表6.2, p.179)
斉藤　裕編：親子関係の進化生態学―節足動物の社会，北海道大学図書刊行会，1996．
笹川満廣：虫の文化史，文一総合出版，1979．
笹川満廣ほか：現代応用昆虫学，朝倉書店，1984．(図1.1, p.32)
佐々木正己：養蜂の科学，サイエンスハウス，1994．(図6.4, p.105)
佐藤芳文：寄生バチの世界，東海大学出版会，1988．(図2.22, p.12)
鈴木幸一ほか：昆虫機能利用学，朝倉書店，1997．(図6.17, p.208)
高林純示・田中利治：寄生バチをめぐる三角関係，講談社，1995．(図2.24, p.182)
高木貞夫：動物の分類，東京大学出版会，1978．
高橋信孝：基礎農薬学，養賢堂，1989．
Tani, N et al.：Carbohydrate moiety of time-interval measuring enzyme regulates time measurement through its interaction with time-holding peptide PIN, *J Biochem,* **129**：221-227, 2001．
Tazima, T. ed.：The SILKWORM：an important laboratory tool, 講談社, 1978．(図4.2, p.106)
内田俊郎：動物個体群の生態学，京都大学学術出版会，1998．
上野直人・野地澄晴：新形づくりの分子メカニズム，羊土社，1999．
梅谷献二編：昆虫産業，農林水産技術情報協会，1997．
梅谷献二編：昆虫と人間編(全10巻)，農山漁村文化協会，1998．
ヴォート，D. ほか：ヴォート生化学，第2版(田宮信雄ほか訳)，東京化学同人，1996．
鷲谷いずみ・大串隆之編：シリーズ地球共生系5，動物と植物の利用しあう関係，平凡社，1993．
渡部　仁：微生物で害虫を防ぐ，裳華房，1988．(図6.18, p.154)
柳澤桂子：卵が私になるまで―発生の物語―，新潮社，1993．

図表引用文献

参考文献から図表を引用した場合はここには掲げず，該当する参考文献の後に (本書中の番号，出典中のページ) の形で示した．

Beck, S. D.：Insect Photoperiodism, p.140, Academic Press, 1968.
Bender, W. et al.：*Science,* **221**：23-29, 1983.
Brower, L. P., Brower, J. V. Z. and Cranston, F. P.：*Zoologica,* **5**：1-39, 1965.
DeBach, P. ed.：Biological Control of Insect Pests and Weeds, pp.328-426, Chapman and Hall, 1964.
Dingle, H.：Dispersal and Migration (Danthanarayana, W. ed.), p.21, Springer-Verlag, 1986.
Dingle, H.：Migration, p.364, Oxford Univ. Press, 1996.
Dobzhansky, T. et al.：Evolution, p.275, W. H. Freeman and Company, 1977.
Dunlap, J.：*Science,* **280**：1548-1549, 1998.
Endler, J. A.：Ecology for Tomorrow (Kawanabe, H. et al. eds), Physiol. Ecol. Japan, 27 (Special Number), p.23, 1990.
Edwards, R. L.：*Behaviour,* **7**：88-112, 1954.
Fujisaki, K.：*Res. Popul. Ecol.,* **28**：219-230, 1986.
Furuhashi, K. et al.：Proc. Int. Soc. Citriculture, pp.653-655, 1981.
古橋嘉一：農薬, **30**(4)：20-28, 1983.
日浦 勇：昆虫学評論, **12**(2)：64-70, 1961.
Ichikawa, T. and Ishii, S.：*Appl. Entomol. Zool.,* **9**：196-198, 1974.
Ichikawa, T., Sakuma, M. and Ishii, S.：*Appl. Entomol. Zool.,* **10**：162-171, 1975.
石井象二郎：サイエンス, **4**(9)：28-42, 1974.
巌 俊一・花岡 資：生態学講座 32, 生物の異常発生, p.2, 共立出版, 1972.
伊澤宏毅：日本応用動物昆虫学会誌, **44**(3), (印刷中), 2000.
Kai, H. et al.：*J. Insect Physiol.,* **41**：905-910, 1995.
Kai, H. et al.：*J. Seric. Sci. Jpn.,* **65**：31-38, 1996.
鎌田直人：ブナアオシャチホコの個体群動態, 東京大学大学院農学研究科博士論文, 1995.
桐谷圭治：インセクタリウム, **21**：136-143, 1983.
桐谷圭治：インセクタリウム, **28**：212-223, 1991.
桐谷圭治ほか：防虫科学, **36**：78-98, 1971.
Kiritani, K. and Nakasuji, F.：*Res. Popul. Ecol.,* **9**：143-152, 1967.
岸本良一：ウンカ海を渡る, p.119, 中央公論社, 1975.
駒井 卓：遺伝学に基づく生物の進化, p.222, 培風館, 1981.
クレブス, J. R.・デイビス, N. B.：行動生態学 (山岸 哲・巌佐 庸訳), p.78, 209, 蒼樹書房, 1991.
Kukakiva-Peck, J.：Systematic and Applied Entomology, p.134, Melbourne Univ. Press, 1994.
Maekawa, K. et al.：*Zoological Science,* **16**：175-184, 1999.
Masaki, S.：*Annu. Rev. Entomol.,* **25**：1-25, 1980.
正木進三：昆虫の生活史と進化, p. 63, 68, 中央公論社, 1974.
Metcalf, C. L. and Flint, W. P.：Destructive and Useful Insects, p. 88, pp. 136-147, McGraw

-Hill Book Company, 1962.
水波　誠：昆虫の脳を探る（冨永佳也編），p.227，共立出版，1995．
永井一哉：岡山農試臨時報告，82号：1-55，1993．
Nakata, T. : *Appl. Entomol. Zool.*, **30** : 145-151, 1995.
Nicholas, A. H. et al. : *Australian J. Entomol.*, **38** : 23-29, 1999.
西田律夫：化学の目で見る生態系（高林純示・西田律夫・山岡亮平編），p.19，平凡社，1995．
Ohgushi, T. : Effects of Resource Distribution on Animal-Plant Interactions (Hunter, M. D. et al. eds), p. 219, 1992.
大野和朗：九防協年報 1996：3-11，1996．
Ohsaki, N. and Sato, Y. : *Ecol. Entomol.*, **15** : 169-176, 1990.
小野知洋：小蛾類の生物学（保田淑郎・広渡俊哉・石井　実編），p.15，文教出版，1998．
大澤省三：サイアス，**5**(2)：6-13，2000．
Parker, G. A. : Behavioural Ecology : An Evolutionary Approach (Krebs, J. R. and Davies, N. B. eds), pp.214-244, Blackwell Scientific Publication, 1978.
Ross, H. H. : A Textbook of Entomology, p.55, John Wiley & Sons, Inc., 1956.
佐々治寛之：動物分類学入門，p.60，東京大学出版会，1989．
佐々治寛之：テントウムシの自然史，p.103，東京大学出版会，1998．
佐々木正己：ニホンミツバチ―北限の *Apis cerana*―，p.120，海游舎，1999．
Saunders, D. S. : Insect Clocks, 2nd ed., p.141, Pergamon Press, 1982.
清野　豁・大矢慎吾：植物防疫，**41**：518-522，1987．
志賀正和：植物防疫，**24**：87-94，1970．
志賀正和：植物防疫講座 第2版―害虫・有害動物編―（「植物防疫講座 第2版」編集委員会編），p.50，日本植物防疫協会，1990．
Southwood, T. R. E. : *J. Anim. Ecol.*, **46** : 337-365, 1977.
Tanaka, S. : *Kontyu,* **46** : 135-151, 1978.
Thornhill, R. : *Am. Natur.*, **110** : 529-548, 1976.
積木久明：小蛾類の生物学（保田淑郎・広渡俊哉・石井　実編），p.22，文教出版，1998．
Urquhart, F. A. and Urquhart, N. R. : *Can. Ent.*, **109** : 1583-1589, 1977.
White, M. J. D. : Modes of Speciation, p. 179, W. H. Freeman and Company, 1978.
ウィディアルタ・イ・ニョーマン：植物防疫，**47**：396-399，1993．
Yamane, S. et al. : *Kontyu,* **51** : 435-440, 1983.
山野勝次：しろあり，**108**：12-21．
Yasumatsu, K. and Hirashima, Y. : *Kontyu,* **32** : 175-187, 1964.
Yoshimura, J. : *Am. Natur.*, **149** : 112-124, 1997.

和文索引

ア 行

アオマツムシ 66
アオムシコマユバチ 46, 70, 71, 104
亜科 18
アカイエカ 58
アカエグリバ 143
アカギカメムシ 58
アカスジチュウレンジバチ 23
アカマダラ 55
アキアカネ 58
アケビコノハ 143
アサギマダラ 57, 58
アザミウマヒメコバチ 153
アザミウマ目 13
アジアイトトンボ 58
アズキゾウムシ 69, 102
亜成虫 10
アセチルCoA 113, 115, 116
アデノシン二リン酸 113
アデノシン三リン酸 111, 113
アニュモン 60
アポトーシス 138
アミノ酸置換 129
アミメカゲロウ目 13
アメリカシロヒトリ 53, 68
アラタ体 50, 51, 121, 122, 124
アラタ体ホルモン 49
アラトスタチン 118, 122
アラトトロピン 118, 122
アラームフェロモン 189
アリー効果 86
アリ植物 106
アリストロキア酸類 68
アルファルファタコゾウムシ 46
アレロケミカル 59, 60
アロモン 60
アワノメイガ 58, 69
アワヨトウ 58, 59
安定齢分布 80

イエバエ 58
異翅亜目 13
意志決定 151
イシノミ目 9
囲食膜 126
異所的種分化 26
異性間選択 65, 66
イセリアカイガラムシ 165
一塩基置換 129
1次寄主 55
一時的生息場所 88
1倍体 74
イチモンジセセリ 55, 57, 58
1化性 42, 46
遺伝子型 21, 79, 101, 102
遺伝子型-環境交互作用 92
遺伝子距離 4
遺伝子組換え 3
遺伝子組換え作物 142, 144
遺伝子座 118
遺伝子操作 190
遺伝子重複 130
遺伝子の共有率 75
遺伝子プール 21, 91
遺伝相関 94
遺伝的成功 76
遺伝的浮動 27
遺伝的防除 145
遺伝分散 92
遺伝率 93
移動型 55
移動-定着形質群 94
移動分散 87, 94, 96, 101
イヌワラビハバチ 32
異物同名 17
イーブンスキップト 133
イボタロウムシ 180
囲蛹殻形成ホルモン 118
隠翅目 14
インターバル 138
インターバルタイマー 136-138
イントロン 130

隠蔽的擬態 55
羽化ホルモン 118
羽化リズム 136
ウスキシロチョウ 55
ウスグロヤガ 58
ウスバキトンボ 58
ウスバシロチョウ 65
ウスバツバメ 49
ウラナミシジミ 58
ウリハムシモドキ 49
ウリミバエ 61

英名 17
栄養生理化学 128
エキソン 130
エクジステロイド(受容体) 118-123
エクジソン 51, 120
餌資源 68
エジプトヨトウ 162
エジプトワタミムシ 162
エスケープ 104
エゾシロチョウ 52
エゾスズ 49
エゾスズシロ 68
越夏 56, 58
越冬 56
エネルギー出力 116
エネルギー代謝 111
エピスタシス分散 92
エポキシ環 123
エリクロシド 68
エリサン 122
エリシモシド 68
嚥下因子 128
塩酸グアニジン 137
エンマコオロギ 22

王 74
王・女王の分化阻害物質 60
黄色蛍光灯 143
往復移動 56

大あご 19
オオカバマダラ 46,56,57
オオキンカメムシ 58
オオギンヤンマ 58
オオクロバエ 58
オオタバコガ 143,162
オオニジュウヤホシテントウ 49
オオマルハナバチ 172
オオミズアオ 55
オオミノガ 158
オオムラサキ 181
オオヨコバイ 145
オキサロ酢酸 115
2-オキソグルタル酸 115
オスカー 132
オスグロトモエ 55
オドリバエ 67
オンシツコナジラミ 142

カ 行

科 17
外因性休眠 45
外顎綱 7
階級(分化フェロモン) 35,60
カイコ 47,127,128,139,164, 186
カイコガ 3,45,46,49,50,63, 68,117,122,124,131,137
概日(リズム)時計 135,137
概日リズム振動機構 136
解糖系 111,113,114,116
外部生殖器 19
外部捕食寄生者 70
カイロモン 60,71
花外蜜腺 106
化学受容器 61,68,69
化学生態学 59,127,128
化学的隔離 25
核移行シグナル 119
革翅目 11
カクタス 132
核内受容体 123
学名 17
隔離 21,25
カゲロウ目 10
可食性 30
寡食性 68
下唇 19
カースト(分化) 54,73,123

数の反応 103
化性 42,53
化石分子 129
過疎(効果) 86,87,100
下層ジェット気流 59
活動相 42
活動リズム 136
カドマルエンマコガネ 107
カーバメート剤 140,141,157, 162
カブトムシ 16,64
カブラハバチ 89
花粉銀行 170
カマアシムシ目 9
カマキリ目 12
過密(効果) 86,87
カメムシ目 13,73,105
カラシ油配糖体 68
顆粒細胞 73,126
カルデノライド 68
過冷却点 52
過齢脱皮 123
ガロアムシ目 11
カワゲラ目 10
環境収容力 85,146
環境信号 49
環境的隔離 25
環境の改変 145
環境分散 92
還元型ニコチンアミドアデニンジヌクレオチド 114
カンザワハダニ 154,155
カンシャコバネナガカメムシ 91,92
感受期 45,52,53
干渉色 183
完全複製 131
完模式標本 17
寒冷麻痺 43

キイロタマゴバチ 72
キオビホオナガスズメバチ 181
機械的隔離 25
気管腮 10
基幹的防除手段 146,154
起源地 53
気候の種分化 28
寄主昆虫 69
寄主植物 55,68,69

寄主制御 72
寄主選択(性) 29,68,128
寄主転換 55-56,58
寄主特異性 30
希少種 40
寄生(性昆虫) 70,71,129
寄生者複合体 70
基節 18
季節型 54,55
季節信号 47,56
季節生活環 42,44,52-56
季節多型 54,125
季節適応 42
季節的隔離 25
季節の種分化 28
キタテハ 55
キチョウ 54
キチン 180
キチン合成阻害 141
起動フェロモン 60
絹タンパク 173
機能の反応 103
機能分化 117
忌避法(剤) 143,145
ギフチョウ 49,65
偽ペニス 66
ギャップ突然変異体 133
求愛行動 61
求愛ソング 136
嗅覚信号 70
休止相 42,52
吸収型口器 20
旧翅類 8
休眠 44,45,47-53,87,94, 124,125,137
休眠覚醒 46
休眠間発達 50,137
休眠(の)消去 46,49,50,52
休眠ホルモン 50,51,124
休眠卵 91
競合的種間関係 102
共進化 68,105,121,129
共生(種) 79,129
共生の相互関係 105
共生微生物 128,130,188
競争種 79
共有原始形質 37
共有派生形質 37
極細胞 135
局所個体群 77

和 文 索 引

局所的配偶者争奪競争　72
ギルド　106
近紫外線除去フィルム　143,145
筋収縮　110
筋肉疲労　110,113,116
キンモンホソガ　157
ギンヤンマ　58
近隣結合法　37

空間認識機構　131,133
クチクラ層　127
クビキリギリス　58
グリセリン　52
グリセロール-3-リン酸　114
グリセロール-3-リン酸デヒドロゲナーゼ　113,114
グリセロールリン酸シャトル系　111
クリタマバチ　166
グルコブラッシシン　68
クロキアゲハ　68
クロスズメバチ　176
群集(構造)　79,106
群集生態学　80,108
群集パターン　106
群生相　54,87

経済的被害許容水準　144,145,147
形質群　87
形質転換　186,187,191
脛節　19
形態学的種概念　16
形態形成　45,50
系統発生　38
系統分類(学)　35
警報フェロモン　60
系列漸進論　39
血縁度　75
血縁淘汰　76
血縁度係数　75
血糖　113
血糖上昇ホルモン　125
ケナガカブリダニ　158
ゲノム　135
解発フェロモン　60
検索表　16
絹糸腺　117
ゲンジボタル　184

現状維持作用　122
現存量　150
減農薬防除体系　158
原尾目　9

綱　18
抗エクジステロイド活性物質　121
高エネルギー化合物　114
光温曲線　53
光温図表　53
口器　18
後期パフ　119
高級脂肪酸　71
後胸　18
抗菌性タンパク質　126,177
抗菌物質　127
抗原・抗体反応　126
咬咬因子　127
交互作用　92
交雑帯　28
高次寄生者　70
光周期　47
抗集合フェロモン　60
光周反応(曲線)　47
耕種的防除　144
向上進化　26
恒常性害虫　145
広食性　69
交信攪乱(法)　140,159,162
合成ピレスロイド剤　141,157
抗生物質　142
酵素阻害剤　138
コウチュウ目　13,61
咀虫目　12
行動学的隔離　25
行動生態学　59
交配前隔離　25
交配後隔離　25
交尾拒否姿勢　61
交尾栓　65
交尾前ガード　66
交尾後ガード　66
口吻　20
肛葉　10
広腰亜目　15
抗利尿ホルモン　125
コガタルリハムシ　169
ゴキブリ目　12,61
国際動物命名規約　17

コスト-ベネフィット(関係)　149,151,156
古生物学　39
個体群　77
個体群管理システム　144
個体群サイズ　78
個体群生態学　79
個体群統計　91
個体群動態　95,102
個体群パラメータ　82
個体群密度　78,85
コーダル　132
骨形成タンパク質　133
孤独相　54,87
コドリンガ　159
コナガ　16,58,59,68
コブノメイガ　58,59
ゴマダラチョウ　46
コマユバチ科　70
こみあい効果　87
こみあい過ぎ　87
こみあわなさ過ぎ　87
コムシ目　9
固有派生形質　38
コロラドハムシ　99,189
婚姻贈呈　67
昆虫寄生性センチュウ　142
昆虫機能　139
昆虫綱　7
昆虫成長制御剤　123,140,144
昆虫培養細胞　139

サ 行

催淫物質　61
最節約法(規準)　37,38
サイトカイン　126
細胞性防御反応　73,126
細胞培養　180
最尤法　37
細腰亜目　15
サクサン　168
叉状器　9
雑種崩壊　100
殺生物剤　142
殺虫剤抵抗性　2
サナギタケ　99
サボテンガ　169
左右軸　133
サルコソーム　116
三栄養段階相互作用　105

酸化型ニコチンアミドアデニン
　　ジヌクレオチド　114
酸化的リン酸化　114
産卵刺激物質　68
産卵雌虫　55
産卵阻害物質　67

視覚的信号　61
時間依存的EIL　149
時間認識機構　131
時間別生命表　80
色彩多型　54
ジグザグ飛翔　61
シグモイド曲線　85
資源利用様式　107
自己崩壊　118
シシガシラハバチ　31
脂質　69
脂質動員ホルモン　125
自種寄生　70
刺針　20
指数的増加　101
システムズ分析　144
システムズモデル　144,151
自然感染性微生物　145
自然制御作用(要因)　142,154
自然選択　64,87,91,101,130
自然日長　52
翅多型性　89,90
実現遺伝率　93
シトクローム系　114
シトクロームc　129
シトラール　127
シニグリン　68
シノモン　60,70
ジヒドロキシアセトンリン酸
　　113
脂肪体　117,123
死亡要因　81
死亡率　81
シマハナアブ　172
シミ目　10
翅脈　19
シミュレーションモデル　151
社会性(昆虫)　3,54,110,125
社会生物学　3,59
ジャコウアゲハ　68
種　15,17
周期性　100
周期ゼミ　42,100

周期的大発生　99
集合効果　86
集合性昆虫　86
集合フェロモン　60
集団越冬　57
周辺種分化　26
収斂　36
種間(相互)関係　79,102
種間競争　102,103,106
縮合　115
種小名　17
受精のう　66,71
種多様性　7
種特異性　63
種分化　21,26
準新翅群　8
純増殖率　83
小あご　19
上位分類群　18
上位ホルモン　122
上科　18
消化管　117
消化共生系　106
条件づけ効果　31
鞘翅目　13
ショウジョウバエ　27,118,131-
　　136,139,187
少食性　69
上唇　19
小進化　38,79
情報(化学)物質　60
漿膜細胞　73
小卵多産　88
女王(物質)　60,74
初期(後期)パフ　119
職アリ　74
食道下神経節　50,51,124
食糞性コガネムシ群集　107
食毛目　12
食物選択　128
触覚　61
触角　18
除脳蛹　122
シラネワラビハバチ　32
シラミ目(虱目)　13
シリアゲムシ目　14,67
シルバーポリフィルム　143,
　　145
シロアリ(目)　12,73,185

シロアリモドキ目　10
シロイチモジヨトウ　70,143
人為選択　93
進化　64
進化的に安定な戦略　59
進化分類法　38
神経分泌細胞　49,50,51,121
神経ホルモン　45
人工飼料　128
信号物質　60
真社会性　73
新翅類　8
侵入昆虫　53
真皮細胞　127

水分代謝　109
水平転移　130
数量分類学　35
スジマダラメイガ　63
ステアリン酸　71
ステロール　69
スプライシング　120

生活史(形質)　42,91
生活史(戦略)　87
精子移送量　67
精子競争　65
精子(の)置換　65,66
精子の優先度　65,66
成熟促進ホルモン　123
生殖隔離　63
生殖休眠　50,54
生殖細胞(形成機構)　135
生殖虫　74
性選択　61,64,65
生息場所　77
生息場所鋳型説　89
生息密度　55
生存曲線　82
生存率　81
生態種　30
生態的地位　102
生態的ニッチ　34
生態的誘導多発生　104
生体防御(機構)　72,126
生体防御タンパク質　126
成虫分化　49
成長モデル　82
性的二型　54,64
生得的な行動パターン　61

性比　71
性フェロモン　60,61,63,71,
　140,144,157,162
生物学的種概念　16
生物間相互作用　107,127
生物群集　79,102,106
生物(的)多様性　5,6,106
生物地理学　38
生物的防除　144
生物時計　135
生物農薬　144,166
精包　71
生命表　80
セイヨウオオマルハナバチ　170
セイヨウミツバチ　16,170
生理生態活性物質　59
蜻蛉目　10
積算温度の法則　44,52
赤色素凝集ホルモン　125
襀翅目　10
赤色化ホルモン　125
セグメンテーション遺伝子　133
セグメント・ポラリティー　133
セグロカブラハバチ　89
セクロピア　121
セクロピアサン　49,50
セコイトール　68
セジロウンカ　58,64
セスキテルペノイド構造　122
セスキテルペン類　70
絶翅目　11
接種的放飼　142
接触化学覚　61
摂食刺激(物質)　68,69
摂食阻害物質(剤)　68,142
絶対密度　81
絶滅危惧種　40,77
セミオケミカル　60
前胸　18
前胸腺　49,51,118,120,121
前胸腺刺激ホルモン　118,121
前後(軸)　131,132,134
潜在害虫　145,159
漸進進化　39
選択交尾　31
選択差　93
選択性殺虫剤　146

選択蓄積　68
選択に対する反応　93
全能　135
相加遺伝分散　92
総合的害虫管理　2,108,140
総合的抵抗性管理　162
総合防除　140
創始者効果　27
双翅目　14
総翅目　13
増殖(パラメータ)　80,101
相対密度　81
双尾目　9
総尾目　10
ゾウムシコガネコバチ　102
相利共生　105
族　18
属　17
側系統群　38
側所的種分化　28
側心体　125
側方神経分泌細胞　121
俗名　17
属名　17
組織形成　118
組織崩壊　118
咀嚼型口器　19
ソルビトール　52

タ 行

体液性防御反応　126
体温調節　55
耐寒性　52
対抗的相互関係　103
体細胞(クローン動物)　131,135
第3級アミン類　140
体軸(決定遺伝子)　131,133,134
代謝活性　45
大進化　38
ダイズアザミウマ　154
胎生雌　55
腿節　19
代替戦略　89
耐凍性　52
体内時計　61
大卵少産　88
対立遺伝子　92

大量放飼　142
タイワンキドクガ　71
タイワンツマグロヨコバイ　95,96
他感(作用)物質　60
多型　22,54
タケウチトガリハバチ　32
多食性　68
多新翅群　8
唾腺染色体　118
脱顆粒化　73
脱皮刺激ホルモン　118
脱皮阻害　141
脱皮ホルモン(様作用)　120,141
タバココナジラミ　162,163
タバコスズメガ　189
タマネギバエ　68
多面発現　94
単為生殖　90
単眼　18
単系統群　38
短翅型　54,90,101
短日昆虫　47
短日反応　47
単食性　68,69
タンデム　66
置換型競争種　145
チチュウカイミバエ　187
チビフシオナガヒメバチ　58
チャタテムシ目　12
チャノコカクモンハマキ　63
チャバネゴキブリ　61
中胸　18
中腸上皮細胞　126
チューダ　135
聴覚　61
長距離移動(性害虫)　57,77
長翅型　54,90,101
長時間交尾　65,66
長時間昆虫　47,49
長日反応　47
長翅型　14
チョウ目　15,61,69
直翅目　11
直接密度依存　96
貯穀害虫　44
チリカブリダニ　166
地理的隔離　26

地理的変異　48

ツノコガネ　107
ツマグロガガンボモドキ　66
ツマグロヨコバイ　16,58,95,96,145

低温処理　49,50
低温耐性　49,52
低血糖ホルモン　125
抵抗性　157,159,161,162
抵抗性品種　144-146,189
抵抗性物質　99
定状脱皮　51
定所的モデル　28
ディスパルア　63
貞操帯　65
低代謝活性　49
適応度　59,65,74,91
デトリタス食性　106
テラトサイト　73
テルペン類　70
電子伝達　114
撚翅目　14
転写(調節)因子　119,120,122,134
転節　18
天敵育種　5
天敵昆虫　166
天敵真空空間仮説　104
天敵農薬　145
天敵微生物　142
伝統分類法　35
点変異　129

糖アルコール　52
同義置換　130
凍結感受性　52
同翅亜目　13
同時出生群　80
等翅目　12
同所的種分化　29
同性内選択　65
同族交配　30
糖代謝　111
同定　16
動的 EIL　149
同物異名　17
同胞種　16
蟷螂目　12

ドクガタマゴクロバチ　71
毒素タンパク　189
時計遺伝子　136
ドーサル　132
突発性害虫　145
トビイロウンカ　58,64,68,77,84,101,145
トビケラ(目)　15,58
トビムシ目　9
トランス-アコニット酸　68
トランスポゾン　187
トリカルボン酸サイクル　115
トール　132
トルソ　132
トレードオフ　94
トレハラーゼ　113
トレハロース　52,113,125
貪食作用　126
トンボ目　10

ナ　行

内因性休眠　46,49
内顎綱　7
内的自然増加率　82,91,101
内部共生　129
内部捕食寄生者　70
内分泌攪乱物質　2
ナシケンモン　48
ナシハダニ　158
ナシヒメシンクイ　157
夏休眠　46,47,49
ナナフシ目(竹節目)　11
ナナホシテントウ　46,58
ナノス　132,135
ナミアゲハ　16,52,55
ナミテントウ　23
ナミハダニ　158,160
ナミヒメハナカメムシ　154,155
南方定点　59

ニカメイガ　1,46,49,52
肉食性昆虫　69
2次寄主　55
2次代謝物　68
ニジュウヤホシテントウ　155
ニッチ　102
日長反応　47
2倍体　74
ニホンカブラハバチ　89

ニホントガリシダハバチ　30
ニホンミツバチ　187
二名式　17
乳酸　110,113,114,116
乳酸デヒドロゲナーゼ　113,114
ニンギョウトビケラ　70

ネオニコチノイド　140-142
ネジレバネ目　14
熱麻痺　43
粘管目　9

脳(ホルモン)　121,122
ノシメマダラメイガ　63
ノジュール形成　126
ノミ(目)　14,70

ハ　行

バイオテクノロジー　139
バイオリアクター　173
配偶行動　61,63
配偶者ガード　65
配偶者選択　66
背腹(軸)　131,132,134
ハエダニ　66
ハエ目　14,61
バキュロウイルス　178
ハキリアリ　110
バーサ　135
ハサミムシ目　11
バーシコン　118
ハジラミ目　12
ハダニアザミウマ　158
働きアリ　74
働きバチ　74
ハチ蜜　175
ハチ目　15,61,73
蜂ろう　176
発育休止　44,45
発育限界温度　44
発育零点　44
発生タイマー　138
バッタ目　11
ハネビロトンボ　58
パフ(誘導)　118
ハマベバエ　58
ハミルトン則　75
パルミチン酸　71
半翅目　13

和　文　索　引

繁殖成功　59
繁殖なわばり　65
ハンチバック　132
反応基準　22,92
半倍数性　71,75

非還元性二糖類　113
非休眠発育　43,44,47
ビコイド　132
飛翔筋(細胞)　110,111,114,
　116
微生物農薬　145
非対称的種間競争　107
必須アミノ酸　69
ビテロジェニン　123
20-ヒドロキシエクジソン　120
ヒメアカタテハ　58
ヒメイエバエ　58
ヒメシロモンドクガ　46
ヒメトビウンカ　58,64
表形分類法　35
表現型　21
表現型分散(変異)　92,102
標的細胞　122
ピルビン酸　113-116
ピレスロイド系剤　140
便乗　71
貧新翅群　8

フィードバックループ機構
　137
フィブロイン　174
フェノールオキシダーゼ(系)
　126,184
フェロモン(腺)　59-61,145,
　147,158
複眼　18
複合交信攪乱剤　157,158
副交尾器　10
副次的防除法　146,154
副模式標本　17
父権の確保　65
フシタラズ　119,133
跗節　19
ブドウトラカミキリ　61
ブナアオシャチホコ　99
不妊カースト　73
不妊虫放飼法　144,145,172
部分化性昆虫　42
蜉蝣目　10

冬休眠　46-49
プラズマ細胞　73,126
プラスミド　178,188,189
プロテオーム　135
n-プロピルメルカプタン　68
プロポリス　176
プロモーター　120
プロリン(の酸化系)　111,115,
　116
分化刺激物質　60
分岐進化　26
分岐図　38
分岐分類法　37
分散多型性　90
分子系統学(樹)　4,36,129,130
分子進化(学)　129,130
分子進化中立説　130
分子時計　130
分節遺伝子　133,134
分断平衡論　39
フンバエ　66
分布様相　39
分類群　35

ヘアペンシル　61
ペアー・ルール(突然変異体)
　133
兵アリ　74
平均距離法　38
平均棍　20
平均世代時間　83
平行現象　36
平衡密度　103
ベクター　187
ペダリアテントウ　165
ベニシジミ　54
ペプチドホルモン　122
ヘリックス-ターン-ジッパー
　119
ヘリックス-ターン-ヘリックス
　構造　134
変異(速度)　21,129
変化日長　49
変態　111,117,118,121,122,
　125
変動主要因(分析)　95,96
片利共生　105

包囲(化)作用　73,126
防衛物質　60

包括適応度　59,75
紡脚目　10
防御機能　121
防御物質　68,99
放飼増強法　142
飽和密度　85,101
ホシホウジャク　58
補償作用　150
捕食寄生者(性)　69,79,103,
　104,145
捕食細胞　126
捕食性(者)　69,79,103,145,
　159
母性因子　132
保全生態学　79
ホソヒラタアブ　58
ホソヘリカメムシ　46,49
ボタンヅルワタムシ　3
ボトムアップ　99,108
ポプラハバチ　52
ホメオティック遺伝子　133
ホメオドメイン　134
ホメオボックス　134
ポリドナウイルス　73
ポリネーション　169
ホルモン　60,118
ボンビキシン　122
ボンビコール　63

マ　行

マイマイガ　42,46,63,68
膜翅目　15
末端電子伝達系　114
マツノキハバチ　103
マミー　70
マメコバチ　172
マルハナバチ　170

ミカントゲコナジラミ　166
ミカンハダニ　151
ミズバチ　70
道しるべフェロモン　60
密度依存(的)要因　86,96,145
密度逆依存　86
密度効果　86
密度調整フェロモン　60
密度調節機構　96
密度独立的　86
ミツバチ　164,185,187
ミツバチヘギイタダニ　187

ミトコンドリア　135
ミナミアオカメムシ　58,82
ミナミキイロアザミウマ　153-156
ミナミマダラスズ　90
ミミフシアブラムシ　180
脈翅目　13
ミヤマクロバエ　58

ムギクビレアブラムシ　55
ムギガ　58
無菌飼育　128
無翅(型)　54,55,90
無翅亜綱　7
ムモンクサカゲロウ　58

メスグロトガリシダハバチ　32
メタ個体群　77
メチルエステル　123
メラニン化　125
免疫記憶　126

毛翅目　15
網翅目　12
目　17
モモアカアブラムシ　55
モモシンクイガ　157
門　18
モンシロチョウ　42,45,46,49,55,58,61,68,70,71,104

ヤ 行

ヤサイゾウムシ　68
野生生物の破壊　2
ヤノネカイガラムシ　166

ヤマトアザミテントウ　98
ヤマトシロアリ　74

誘引因子(物質)　68,127,145,147
誘引阻害物質　63
有か無か型の反応　49
有機塩素(系)剤　140,141
有機リン(系)剤　140,141,157,162
有効積算温度　44,52
誘殺法　140
有翅(型)　54,55,90
有翅亜綱　7
有翅胎生雌　55
有性虫　56
優性分散　92
誘導多発生　2,157,159,161
誘導抵抗性　99
誘導防御反応　99,105
幼若ホルモン(様作用)　51,94,118,141,181
要防除密度　149,162
ヨツボシクサカゲロウ　58
ヨツモンマメゾウムシ　69,102
ヨトウタマゴバチ　69
ヨーロッパアワノメイガ　168
ヨーロッパハサミムシ　160

ラ 行

卵黄形成　51
卵黄タンパク質　123
卵吸収　98
卵形成神経ホルモン　125

卵形成-飛翔形質群　94
卵巣　117,123
卵巣トレハラーゼ　124
ランダム交配　72

利他行動　74
利尿ホルモン　125,189
両賭け戦略(説)　90,91
量的遺伝学　91
量的形質　91,92
臨界日長　47-49,53
リンゴコカクモンハマキ　63
リンゴハダニ　158
リンゴワタムシ　159,166
鱗翅目　15

ルシフェラーゼ　184
ルビーロウカイガラムシ　166
ルリホシカムシ　58

齢別生命表　80
レクチン　126
レフティ　133

ロジスティック曲線　85
ロジスティック成長　84
六脚上綱　7
ローヤルゼリー　175

ワ 行

ワーカー　73,74
ワタアカミムシ　162,191
ワタアブラムシ　154,155,162
和名　17

欧文索引

A

α-GP(サイクル)　111, 114–116
abdomen　18
Actias artemis　55
active phase　42
adipokinetic hormone, AKH　125
Adoxophyes honmai　63
Adoxophyes orana fasciata　63
ADP　113, 115
Adris tyrannus　143
age specific life table　80
aggregation effect　86
Agriotypus gracilis　70
AKH/RPCH(ファミリー)　125
Aleurocanthus spiniferus　166
all or none response　49
allatostatin　118
allatotropin　118
Allee effect　86
Allomyrina dichotoma　16
allopatric speciation　26
altruistic behavior　74
Amblyseius longispinosus　158
Anabrus simplex　67
anagenesis　26
Anisopteromalus calandrae　102
Anoplura　13
antenna　18
Antheraea pernyi　168
antiaggregation pheromone　60
Apanteles glomeratus　104
Aphis gossypii　154
Aphodius elegans　107
Aphodius haroldianus　107
aphrodisiac　61
Apis mellifera　16
Aporia crataegi　52

Apterygota　7
Araschnia levana　55
Archaeognatha　9
Arge nigrinodosa　23
assortive mating　30
Athalia infumata　89
Athalia japonica　89
Athalia rosae ruficornis　89
ATP　111, 113, 114, 116
ATPase　137, 138
Atrachya menetriesi　49
Atrophaneura alcinous　68
attractant　68, 127
augmentation　142
autoapomorphic character　38
autoparasitism　70

B

β-シトステロール　127
Bacillus thuringiensis　142
Bactrosera cucuribitae　61
behavioral ecology　59
Bemisia tabaci　162
bet-hedging　90
bicoid　132
binomen　17
biocide　142
biological control　144
biological species concept　16
biomass　150
bioreactor　173
biting factor　68, 127
Blattaria　12
Blattella germanica　61
Bombus hypocrita　172
Bombus terrestris　170
bombykol　63
Bombyx mori　3, 16
Bombyxin　122
bone morphogenetic protein, BMP　133

BT剤　142
bursicon　118

C

Cactoblastis cactorum　169
cactus　132
calling　61
Calliphora lata　58
Calliphora vomitoria　58
Callosobruchus chinensis　69
Callosobruchus maculatus　69
Calyptotrypus hibinonis　66
Camnula pellucida　69
carnivorous　69
Carposina niponensis　157
carrying capacity　85, 146
Catopsilia pomona　55
caudal　132
Cavelerius saccharivorus　91
Ceranisus menes　153
Ceratitis capitata　187
Ceroplastes rubens　166
changing photoperiod　49
chemical control　144
chemical ecology　59
chemical isolation　25
Chilo suppressalis　1, 49
Cicadella viridis　145
circadian clock　135
cladistic method　37
cladogenesis　26
cladogram　38
Clania formosicola　158
class　18
Cnaphalocrocis medinalis　59
coefficient of relatedness　75
coevolution　68, 105
cohort　80
cold hardiness　52
cold torpor　43
Coleoptera　13
Collembola　9
Colophina clematis　3

欧文索引

commensalism 105
community 79
compensation 150
compound eye 18
conservation 142
control threshold 149
conventional method 35
convergence 36
Cordyceps militaris 99
corpora allata 121
corpus allatum 50
Cotesia glomeratas 70
Cotesia marginiventris 70
coxa 18
critical photoperiod 47
crowding effect 87
cultural control 144
Cydia pomonella 159

D

Danaus plexippus 56
dCLK-CYC（タンパク質）136
Decapentaplegic 132
decision making 151
defence substance 60
delayed density-dependent 96
density-dependent 86, 145
density effect 86
density-independent 86
Dermaptera 11
DHAP 113, 114
Dianemobius fascipes 90
diapause 44
diapause development 50, 137
diapause hormone, DH 124
diapause induction 47
diapause termination 46
Didymuria 28
Diplura 9
Diptera 14
direct density-dependent 96
disparlure 63
dispersal polymorphism 90
DNA 結合領域 119
DNA 破壊 129
dormant phase 42
dorsal 132

DPP 133
dpp 133
Drosophyla 27
Dryocosmus kuriphilus 166

E

E-EcR（複合体）119, 122
E-EcR-USP（複合体）119
EA 4 124, 137, 138
Earias insulana 162
ecdysis triggering hormone, ETH 118
ecdysone 120
ecdysteroid receptor, EcR 119, 122
ecdysteroids 118
eclosion hormone, EH 118
ecological nitch 34
ecological resurgence 104
economic injury level, EIL 144, 147, 149, 150
EcR（アイソフォーム）119
EcR（遺伝子）119
Ectognatha 7
ectoparasitoid 70
Elcysma westwoodi 49
Embioptera 10
encapsulation 73, 126
endocrine disrupter 2
endoparasitoid 70
Entognatha 7
Ephemeroptera 10
Ephestia cautella 63
Epilachna niponica 98
Epilachna vigintioctopunctata 155
Epiphyas postvittana 159
Ericerus pela 180
Eriosoma lanigerum 160, 166
Eristalis cerealis 172
ethological isolation 25
Euproctis taiwana 71
Eurema hecabe 55
Eurytoma sp. 70
eusociality 73
Euxoa oberthueri 58
Euxoa sibirica 58
evolutionarily stable strategy, ESS 59
evolutionary method 38

external genitalia 19

F

facultative diapause 45
family 17
feeding deterrent 68, 142
feeding stimulant 68
femur 19
fibroin 174
fitness 65, 91
Forficula auricularia 160
founder effect 27
freezing tolerance 52
functional response 103
fundamental tactics 146
FXPRL（アミドファミリー）125

G

Gastroidea atrocyanes 169
genepool 21
generic name 17
genetic correlation 94
genetic drift 27
genotype 21
genotype-environment interactions 92
genus 17
geographical isolation 26
Goera japonica 70
GPDH 114
graded response 49
Grapholita molesta 157
growth 80
guild 106

H

habitat 77
habitat isolation 25
habitat selection 30
habitat templet 89
hair pencil 61
haiter 20
handling time 104
haplodiploidy 75
Harmonia axyridis 23
head 18
heat torpor 43
Helicoverpa armigera 143
Hemitaxonus athyrii 32

Hemitaxonus japonicus 30
Hemitaxonus melanogyne 32
Hemitaxonus paucipunctatus 32
Hemitaxonus sasayamensis 31
Hemitaxonus takeuchii 32
Henosepilachna vigintioctomaculata 49
Heteroptera 13
Hexapoda 7
holotype 17
homonym 17
Homoptera 13
host acceptance 70
host finding 70
host habitat location 70
host selection 29
host suitability 70
HSS 仮説 98
hunchback 132
hybrid zone 28
Hylemya antiquaha 68
Hylobittacus apicalis 67
Hymenoptera 15
hyper-trehalosemic hormone, HrTH 125
hyperparasitoid 70
Hyphantria cunea 53
hypopharynx 19

I

Icerya purchasi 165
identification 16
implementation 150
inclusive fitness 75
individual fitness 74
inducible resistance 99
inhibitory substance 60
inoculative release 142
insect growth regulator, IGR 123, 140, 141, 145, 147, 155, 162
Insecta 7
insecticidal crystal protein, ICP 189
integrated control 140
integrated pest management, IPM 2, 140, 142, 143, 147, 150, 153, 157

integrated resistance management, IRM 162
International Code of Zoological Nomenclature 17
intersexual selection 65
interval timer 136
intrasexual selection 65
intrinsic rate of natural increase 82
inundative release 142
inversely density-dependent 86
isolation 21
Isoptera 12

J

JH acid 123
JH diol 123
juvenile hormone, JH 118, 122-124

K

K strategy 88
key 16
key factor 95
key factor analysis 95
kin selection 76

L

labium 19
labrum 19
larval survival 30
lefty-1,2 133
leg 18
Lepidoptera 15
Leptinotarsa decemlineata 99, 189
life history strategy 87
life table 80
Listoderes obliquus 68
local mate competetion, LMC 72
local population 77
logistic growth 84
long-day insect 47
long-day response 47
Luciola cruciata 184
Luehdorfia (属) 65
Luehdorfia japonioca 49
Lycaena phlaeas 54

Lymantria dispar 42

M

Macrocheles muscaedomesticae 66
Mallophaga 12
mandible 19
Manduca sexta 189
Mantode 12
mass trapping 140
mate choice 66
mating behavior 61
mating disruption 140
maxilla 19
maximum parsimony criterion 38
mean generation time 83
mechanical isolation 25
Mecoptera 14
mesothorax 18
metapopulation 77
metathorax 18
Microcoryphia 9
microevolution 79
migration-colonization syndrome 94
moderate crowding 87
molecular clock 130
molecular phylogeny 36
monophagous 68
morphological species concept 16
mouthparts 18
mtlrRNA 135
multivoltine 42
mutualism 105
Mycerothrips glycines 154
Myzus persicae 55

N

NAD^+ 114
NADH 114, 115
nanos 132
natural selection 64, 91
Neodiprion sertifer 103
Neoptera 8
Nephotettix cincticeps 16
Nephotettix virescens 95
net reproductive rate 83
Neuroptera 13

Nezara viridula 82
Nilaparvata lugens 77
NJ(法) 37
NLS 119
nondiapause development 44
Notoptera 11
numerical response 103
numerical taxonomy 35
nuptial gift 67

O

obligatory diapause 46
ocellus 18
Odonata 10
Oligoneoptera 8
oligophagous 68
Oncopeltus fasciatus 94
oogenesis-flight syndrome 94
Oraesia excavata 143
order 18
Orius sauteri 154
Orthoptera 11
oskar 132
Osmia cornifrons 172
Ostrinia nubilalis 69
overcrowding 87
overcrowding effect 86
oviposition deterrent 68
oviposition stimulant 68

P

Palaeoptera 8
Panonychus citri 151
Panonychus ulmi 158
Papilio polyxenes 68
Papilio xuthus 16
parallelism 36
Paraneoptera 8
parapatric speciation 28
parasite 69
parasite complex 70
parasitic 69
parasitoid 69, 79
paratype 17
Parnara guttata 55
Parnassius(属) 65
partivoltine 42
patch 77

Patysamia cecropia 49
Pectinophora gossypiella 162
peptidyl-inhibitory needle, PIN 138
per(遺伝子) 136
PER(タンパク質) 136
*per*DNA 136
peripatric speciation 26
phagocytosis 126
Phasmida 11
phenetic method 35
phenotype 21
pheromone biosynthesis activating hormone, PBAN 124
phoresy 71
photoperiodic response curve 47
photothermograph 53
phyletic gradualism 39
Phyllonorycter ringoneella 157
phylum 18
physical control 144
phytoecdysteroid 120
phytophagous insect 68
Phytoseiulus persimilis 166
Pieris rapae 42
Pieris rapae crucivora 104
Plecoptera 10
pleiotropy 94
Plodia interpunctella 63
Plutella xylostella 16
pollen bank 170
polydnavirus 73
Polygonia c-aureum 55
polymorphism 22
Polyneoptera 8
polyphagous 68
population 77
population density 78
population size 78
postmating isolation 25
predator 79
predatory 69
premating isolation 25
proboscis 20
prothoracic glands 118
prothoracicotropic hormone, PTTH 118, 121, 124

prothorax 18
Protura 9
Pseudaletia separata 59
Psocoptera 12
Pteronemobius nitidus 49
Pterygota 8
punctuated equilibrium theory 39

Q

Quadricalcarifera punctatella 99
quantitative response 49
queen substance 60
quiescence 44

R

r 選択 87
r 戦略 88
r-K(選択説) 87
r-K(連続体説) 88
rank 35
razing of wild life 2
reaction norm 22, 92
realized heritability 93
red pigment-concentrating hormone, RPCH 125
regulator 142
reproduction 80
residue 2
resistance 2
response to selection 93
resurgence 2
Rhagoletis 29
Rhopalosiphum padi 55
Riptortus clavatus 49
Rodolia cardinalis 165

S

Sasakia charonda 181
saturation density 85
Scatophaga stercoraria 66
Schlechtendalia sp. 180
scientific name 17
Scolothrips takahashii 158
seasonal isolation 25
seasonal lifecycle 42
selection differential 93
selective insecticide 146
sensitive stage 45

sequestration 68
sex pheromone 61,140
sexual selection 64
short-day insect 47
short-day response 47
sibling species 16
Siphonaptera 14
sociobiology 59
Sorex cinereus 103
speciation 21
species 15,17
specific name 17
sperm competition 65
sphragis 65
Spirama retorta 55
Spodoptera exigua 70
Spodoptera littoralis 162
stasipatric model 28
stationary ecdyses 51
sterile method 172
stimulating substance 60
Strepsiptera 14
stylet 20
subesophageal ganglion, SG 124
subfamily 18
suboesophageal ganglion 50
subsidiary tactics 146
summer diapause 46
superfamily 18
surpercooling point 52
survivorship curve 82
swallowing factor 68,128
sympatric speciation 29
Sympetrum frequens 58
symplesiomorphic character 37

synapomorphic character 37
syndrome 87
synonym 17
systematics 35
systems analysis 144
systems model 144

T

tandem 66
tarsus 19
taxon 35
TCA(サイクル) 111-116
Telenomus euproctidis 71
Teleogryllus emma 22
termination 49
Tetranychus kanzawai 154
Tetranychus urticae 158
thorax 18
Thrips palmi 153
Thysanoptera 13
Thysanura 10
tibia 19
TIM 136
TIME-EA 4 137
time specific life table 80
toll 132
torso 132
transgenic crop 142
Trialeurodes vaporariorum 142
tribe 18
Trichiocampus populi 52
Trichogramma evanescence 69
Trichoptera 14

tritrophic interaction 105
trochanter 18

U

ultra spiracle, USP 119,122
Unaspis yanonensis 166
undercrowding 87
undercrowding effect 86
univoltine 42
UPGMA(法) 36

V

Vandiemenella 28
variation 21
Varroa jacobsoni 187
vein 19
Verhurst-Pearl(係数) 85
Vespula lewisi 176
Vespula media 181
Viminia rumicis 48
vitellogenin 123
voltinism 42

W

wing 19
winter diapause 46
worker 73

X

Xylotrechus pyrrhoderus 61

Z

Zn(フィンガー構造) 119
zooecdysteroid 120
Zoraptera 11
Zygentoma 10

著者略歴

中筋 房夫（なかすじ ふさお）
1942年　兵庫県に生まれる
1965年　九州大学農学部卒業
現　在　岡山大学農学部教授
　　　　農学博士

内藤 親彦（ないとう ちかひこ）
1942年　兵庫県に生まれる
1972年　大阪府立大学大学院
　　　　農学研究科博士課程
　　　　修了
現　在　神戸大学農学部教授
　　　　農学博士

石井 実（いしい みのる）
1951年　神奈川県に生まれる
1983年　京都大学大学院理学
　　　　研究科博士課程修了
現　在　大阪府立大学農学部
　　　　教授
　　　　理学博士

藤崎 憲治（ふじさき けんじ）
1947年　福岡県に生まれる
1978年　京都大学大学院農学
　　　　研究科博士課程単位
　　　　取得退学
現　在　京都大学大学院農学
　　　　研究科教授
　　　　農学博士

甲斐 英則（かい ひでのり）
1942年　大阪府に生まれる
1966年　名古屋大学大学院
　　　　農学研究科修士課程
　　　　修了
現　在　鳥取大学農学部教授
　　　　農学博士

佐々木 正己（ささき まさみ）
1948年　東京都に生まれる
1975年　東京大学大学院農学
　　　　研究科博士課程修了
現　在　玉川大学農学部教授

応用昆虫学の基礎　　　　　　　　　定価はカバーに表示

2000年4月10日　初版第1刷
2021年2月25日　　　第17刷

著　者　中　筋　房　夫
　　　　内　藤　親　彦
　　　　石　井　　　実
　　　　藤　崎　憲　治
　　　　甲　斐　英　則
　　　　佐々木　正　己
発行者　朝　倉　誠　造
発行所　株式会社　朝倉書店
　　　　東京都新宿区新小川町6-29
　　　　郵便番号　162-8707
　　　　電　話　03（3260）0141
　　　　FAX　03（3260）0180
　　　　http://www.asakura.co.jp

〈検印省略〉

© 2000 〈無断複写・転載を禁ず〉　　　壮光舎印刷・渡辺製本

ISBN 978-4-254-42023-4　C 3061　　Printed in Japan

JCOPY　〈出版者著作権管理機構 委託出版物〉
本書の無断複写は著作権法上での例外を除き禁じられています．複写される場合は，
そのつど事前に，出版者著作権管理機構（電話 03-5244-5088, FAX 03-5244-5089,
e-mail: info@jcopy.or.jp）の許諾を得てください．

好評の事典・辞典・ハンドブック

火山の事典（第2版）	下鶴大輔ほか 編	B5判 592頁
津波の事典	首藤伸夫ほか 編	A5判 368頁
気象ハンドブック（第3版）	新田 尚ほか 編	B5判 1032頁
恐竜イラスト百科事典	小畠郁生 監訳	A4判 260頁
古生物学事典（第2版）	日本古生物学会 編	B5判 584頁
地理情報技術ハンドブック	高阪宏行 著	A5判 512頁
地理情報科学事典	地理情報システム学会 編	A5判 548頁
微生物の事典	渡邉 信ほか 編	B5判 752頁
植物の百科事典	石井龍一ほか 編	B5判 560頁
生物の事典	石原勝敏ほか 編	B5判 560頁
環境緑化の事典	日本緑化工学会 編	B5判 496頁
環境化学の事典	指宿堯嗣ほか 編	A5判 468頁
野生動物保護の事典	野生生物保護学会 編	B5判 792頁
昆虫学大事典	三橋 淳 編	B5判 1220頁
植物栄養・肥料の事典	植物栄養・肥料の事典編集委員会 編	A5判 720頁
農芸化学の事典	鈴木昭憲ほか 編	B5判 904頁
木の大百科［解説編］・［写真編］	平井信二 著	B5判 1208頁
果実の事典	杉浦 明ほか 編	A5判 636頁
きのこハンドブック	衣川堅二郎ほか 編	A5判 472頁
森林の百科	鈴木和夫ほか 編	A5判 756頁
水産大百科事典	水産総合研究センター 編	B5判 808頁

価格・概要等は小社ホームページをご覧ください．